辽河油田 50 年勘探开发科技丛书

辽河油田复杂目标精细地震处理

主编◎郭 平 柳世光

副主编◎高树生 高 源 卢明德 孙晶波 张 高

石油工业出版社

内 容 提 要

本书以辽河油田地震资料处理形成的技术系列为主要内容，依托技术推广应用实例，从辽河油区的地震勘探及地震处理技术发展历程、复杂目标地质及地震特征、叠前精细预处理、宽频宽方位处理、高精度偏移成像几个方面，总结了针对性处理技术在辽河油田的应用效果，展示了取得的成果。

本书适合勘探开发技术人员及大专院校相关专业师生参考使用。

图书在版编目（CIP）数据

辽河油田复杂目标精细地震处理 / 郭平，柳世光主编 . —北京：石油工业出版社，2022.12
（辽河油田 50 年勘探开发科技丛书）
ISBN 978-7-5183-5804-5

Ⅰ. ①辽… Ⅱ. ①郭… ②柳… Ⅲ. ①油气勘探－地震资料处理－研究－盘锦 Ⅳ. ① P618.130.8

中国版本图书馆 CIP 数据核字（2022）第 236679 号

出版发行：石油工业出版社
（北京安定门外安华里 2 区 1 号　 100011）
网　 址：www.petropub.com
编辑部：（010）64523736
图书营销中心：（010）64523633
经　 销　全国新华书店
印　 刷　北京中石油彩色印刷有限责任公司

2022 年 12 月第 1 版　2022 年 12 月第 1 次印刷
787 毫米 ×1092 毫米　开本：1/16　印张：16
字数：409 千字

定价：92.00 元
（如出现印装质量问题，我社图书营销中心负责调换）

《辽河油田50年勘探开发科技丛书》

编委会

主　　编：任文军

副 主 编：卢时林　于天忠

编写人员：李晓光　周大胜　胡英杰　武　毅　户昶昊

　　　　　赵洪岩　孙大树　郭　平　孙洪军　刘兴周

　　　　　张　斌　王国栋　谷　团　刘宝鸿　郭彦民

　　　　　陈永成　李铁军　刘其成　温　静

《辽河油田复杂目标精细地震处理》

编写组

主　　编：郭　平　柳世光

副 主 编：高树生　高　源　卢明德　孙晶波　张　高

编写人员：（按姓氏笔画排序）

于洪雪　王国雷　孔祥占　卢　志　孙宇驰

吴佳乐　张　波　张　晴　袁安龙　聂　爽

高晨阳　董兵波

辽河油田从 1967 年开始大规模油气勘探，1970 年开展开发建设，至今已经走过了五十多年的发展历程。五十多年来，辽河科研工作者面对极为复杂的勘探开发对象，始终坚守初心使命，坚持科技创新，在辽河这样一个陆相断陷攻克了一个又一个世界级难题，创造了一个又一个勘探开发奇迹，成功实现了国内稠油、高凝油和非均质基岩内幕油藏的高效勘探开发，保持了连续三十五年千万吨以上高产稳产。五十年已累计探明油气当量储量 25.5 亿吨，生产原油 4.9 亿多吨，天然气 890 多亿立方米，实现利税 2800 多亿元，为保障国家能源安全和推动社会经济发展作出了突出贡献。

辽河油田地质条件复杂多样，老一辈地质家曾经把辽河断陷的复杂性形象比喻成"将一个盘子掉到地上摔碎后再踢上一脚"，素有"地质大观园"之称。特殊的地质条件造就形成了多种油气藏类型、多种油品性质，对勘探开发技术提出了更为"苛刻"的要求。在油田开发早期，为了实现勘探快速突破、开发快速上产，辽河科技工作者大胆实践、不断创新，实现了西斜坡 10 亿吨储量超大油田勘探发现和开发建产、实现了大民屯高凝油 300 万吨效益上产。进入 21 世纪以来，随着工作程度的日益提高，勘探开发对象发生了根本的变化，油田增储上产对科技的依赖更加强烈，广大科研工作者面对困难挑战，不畏惧、不退让，坚持技术攻关不动摇，取得了"两宽两高"地震处理解释、数字成像测井、SAGD、蒸汽驱、火驱、聚 / 表复合驱等一系列技术突破，形成基岩内幕油气成藏理论，中深层稠油、超稠油开发技术处于世界领先水平，包括火山岩在内的地层岩性油气藏勘探、老油田大幅提高采收率、稠油污水深度处理、带压作业等技术相继达到国内领先、国际先进水平，这些科技成果和认识是辽河千万吨稳产的基石，作用不可替代。

值此油田开发建设 50 年之际，油田公司出版《辽河油田 50 年勘探开发科技丛书》，意义非凡。该丛书从不同侧面对勘探理论与应用、开发实践与认识进行了全面分析总结，是对 50 年来辽河油田勘探开发成果认识的最高凝练。进入新时代，保障国家能源安全，把能源的饭碗牢牢端在自己手里，科技的作用更加重要。我相信这套丛书的出版将会对勘探开发理论认识发展、技术进步、工作实践，实现高效勘探、效益开发上发挥重要作用。

査卫之

辽河油田的地震勘探工作已走过近 60 年历程。目前，在辽河油田的三大凹陷、滩海及外围开鲁盆地，大部分区域已完成了三维地震采集，部分重点目标区域已经完成了"两宽一高"精细目标地震采集，在宜庆地区也开始逐步部署和实施三维地震采集工作。从二维地震技术发展到三维地震技术，从水平叠加处理技术到叠后偏移技术，再到叠前偏移处理技术，每一次地震勘探技术的飞跃都促进了辽河油田新的重要勘探发现，这充分说明了地震勘探技术在油气勘探开发中发挥着不可替代的作用。

随着辽河油田勘探开发的不断深入，勘探开发目标越来越复杂多样，对地震资料的需求也越来越精细。为满足复杂目标油气藏勘探开发的需求，辽河油田勘探开发研究院地震资料处理中心开发了包括高精度静校正、一致性处理、叠前保幅去噪等关键技术的叠前精细预处理技术流程；开发了包括宽频保幅处理、宽方位处理、叠前弹性反演等关键技术的宽频保真处理技术流程；开发了包括叠前时间偏移、深度域速度建模、叠前深度偏移等关键技术的高精度偏移成像技术流程，并应用于辽河油田各个生产项目中。通过技术应用，兴隆台地区中生界潜山的偏移成像效果得到提升，潜山顶、底不整合面反射特征清晰，内部三层结构特征清楚，满足了中生界潜山内部结构精细解剖和岩性预测需求，落实了兴隆台地区中生界顶界构造，中生界新增含油面积 36.2km^2；清水地区信噪比和分辨率明显提高，主频较老资料提高 10Hz，地震资料分辨能力由以往 50m 提高到30m，冲积扇体顶、底反射特征清楚，空间展布范围有效落实，为地震解释人员准确预测岩性提供了宝贵的基础资料，取得了较好的成效；大民屯地区充分利用"两宽一高"地震资料优势，目的层沙四段反射特征改善明显，新成果主频提高 11Hz，分辨能力提高 16m，岩性相变点和页岩油反射信息可以清晰识别，小断裂成像精度提高，信息更加丰富，厘清了大民屯凹陷沙四段内部四级层序构造特征；宜庆地区宁 51 井区新三维地震资料处理成果与二维地震资料处理成果相比，成像质量明显改善，成果数据与宁古 3 井在中生界和古生界都有非常好的对应关系，中生界断层平面展布特征清楚，侏罗系古河道、披覆构造、地层超覆特征清晰，上古生界地质现象丰富，水下分流河道平面展布特征清楚，奥陶系碳酸盐岩层系地质现象丰富，为新矿权区的精细勘探奠定了基础。

为总结辽河油田 50 年勘探开发科技的发展，特别是辽河油田地震资料处理取得的成果，以实际地震资料处理技术流程为主线，以现已形成的地震资料处理技术系列为主要内容，以针对性处理技术在辽河油田成功推广应用实例为依托，精心撰写了本书。

本书为《辽河油田 50 年勘探开发科技丛书》之一，共分六章，由郭平、柳世光等组织编写。第一章简要介绍了辽河油区的地震勘探历程及地震处理技术发展历程，有助于理解之后章节中针对性的地震资料处理技术，由张高执笔。第二章简述了辽河油田复杂构造、复杂岩性及外围双复杂区等不同勘探目标的地质和地震特征，有助于从宏观上把握不同勘探开发目标的特征和地震处理需求，由孙晶波、张高、卢明德执笔。第三章阐述了叠前偏移前的数据准备所需的所有资料处理技术，包括静校正、一致性处理、噪声压制等，由吴佳乐、张波、孔祥占执笔。第四章主要介绍了宽频保幅处理的难点、技术和质控方法，宽方位资料的特殊处理技术和应用，以及叠前弹性反演相关理论技术和应用实例，由于洪雪、张晴、高晨阳执笔。第五章重点叙述了叠前时间偏移、叠前深度偏移的方法原理和流程、各向异性偏移的探索实践，还特别详细地阐述了深度域速度模型建立的实践过程，由聂爽、卢志、王国雷、孙宇驰、董兵波执笔。第六章以兴隆台潜山油气藏、清水地区砂岩油气藏、大民屯页岩油气藏及宜庆地区薄储层为应用实例，展示了针对性处理技术的应用效果与取得的成果，由张高、孙晶波、卢明德、袁安龙执笔。

本书大量图片资料来自辽河油田勘探开发研究院地震资料处理中心的实际生产项目，是多年来地震资料处理中心全体科研人员智慧和汗水的结晶。通过本书的编写促进了地震资料处理人员更深入地探索物探方法原理和处理新技术，进一步提高了辽河油田地震资料处理技术水平和科研创新能力，提升了地震成果的精度，满足了越来越复杂的勘探开发目标需求，为辽河油田的油气新发现作出了贡献。

本书详实地反映了辽河油田精细的地震数据处理技术水平和能力，采用理论结合实践、图文并茂的写作风格，历时 8 个月编写完成。本书对从事地震资料处理、地震资料解释的人员是一本很好的、很实用的参考材料。

由于时间及水平等所限，书中难免存在不足，恳请读者批评指正。

第一章 概 述

目前，辽河油田拥有探矿权区块 40 个，面积 $20.18 \times 10^4 km^2$，包括辽河坳陷、外围开鲁盆地和宜庆等矿区。截至 2020 年底，辽河探区共完成二维地震资料采集 103810km、三维地震资料采集 23218km²。

第一节 辽河油田地震勘探发展历程

辽河油田地震勘探工作始于 1961 年，整体上可划分为模拟二维地震、数字二维地震、一次三维地震、二次精细三维和目标地震攻关五个阶段。

一、模拟二维地震阶段（1976 年以前）

辽河油田会战初期，地震勘探工作主要以概查、普查为主，使用的主要技术装备为西安石油仪器厂生产的 DZ—661、DZ—663、DZ—701 模拟磁带地震仪，野外采集可以在 15~80Hz 范围内记录地震信息，动态范围可达 40dB 以上，能记录较强的地震信号。1961 年，地质部地震四队、六队在辽河坳陷进行区域剖面测量。1972 年以前，野外采集方法基本是 600m 排列、300m 炮间距、中间激发的单次覆盖普通施工方法。1972 年，开始试验应用多次覆盖观测方法进行地震勘探。

二、数字二维地震阶段（1976—1983 年）

20 世纪 70 年代中期，辽河油田开始应用数字地震技术，是国内最早应用数字地震仪的油田之一。数字地震仪是野外地震数据采集的关键技术装备，与光点地震仪、模拟磁带地震仪相比，可以说是划时代的进步，其动态范围可达 90~110dB，记录频带宽度可达 3~125Hz，能较好地满足地震信息对记录仪器的要求，可实现遥测数据传输，抗干扰能力强，并且可实现计算机管理，自动化程度高，体积小，原始磁带可反复处理，不增加噪声。1974 年开始，辽河油田陆续引进 SN338B、SDZ—751、SN338HR 和 DFS—V 数字地震仪，辽河探区地震工作全部实现数字化。

三、一次三维地震阶段（1984—2002 年）

20 世纪 80 年代中期，辽河坳陷历经二十多年的勘探，大的含油气构造相继发现，勘探对象更为隐蔽复杂，常规的多次覆盖技术难以满足地质任务的要求，而三维地震采集技术是勘探复杂构造和隐蔽油气藏的有效方法。1984 年冬至 1985 年春，辽河油田物探公司投入 1 个三维队，利用 2 台 DFS-V 数字地震仪，在大民屯凹陷静安堡地区进行联机试生产，完成 4236 炮、27.3km^2 的三维地震采集，取得了第一次三维勘探的成功经验。"七五"后期（1988 年冬至 1990 年春）辽河盆地进入大规模三维地震勘探时期。到 2002 年，三维地震采集迅速覆盖了辽河油田的三大凹陷，累计完成 93 个区块，面积 8834km^2。一次三维采集在扩展勘探和深化勘探阶段，促进了勘探大发现，辽河坳陷正向二级构造带预探基本发现，新发现 26 个油气田，探明石油地质储量 15.2×10^{8}t，为辽河油田 1986 年原油产量突破千万吨及 1995 年原油产量达最高 1552×10^{4}t 做出了重要贡献。

四、二次精细三维阶段（2003—2012 年）

随着勘探开发程度的不断提高，辽河油田原油产量递减加快和资源接替不足的矛盾逐年凸显出来。辽河探区仍有很大勘探潜力，制约储量增长的核心问题是对复杂断块油气藏、岩性油气藏，以及潜山油气藏的地质认识不清，现有的一次三维地震资料品质已无法满足复杂地质目标研究需求。

2003 年开始，针对复杂地质目标研究需求，开始实施二次精细三维地震勘探。地震勘探采取整体部署分步实施的原则，针对全凹陷或构造单元进行整体部署，彻底搞清凹陷构造形态。技术设计从满足地质需求角度来确定最佳技术方案，通过增大排列长度和增加横向覆盖次数来提高深层资料品质。施工方法也有所改进，首先开展精细的表层地质调查，采用每平方千米 1 口微测井调查表层岩性和速度，为采集井深设计提供科学依据；选择在高速层界面下最佳井深和岩性中激发，提高单炮记录的信噪比；采取组合井激发拓展地震资料频带宽度；通过增加人抬钻机、农用车轻便钻机打井提高了复杂障碍区的钻井实施率。实施现场质量监督小组制度，每个采集项目不仅都成立现场监督小组，同时还采用现场资料处理方式全面地分析试验资料和线束叠加剖面，控制施工质量。2003—2012 年期间共完成二次三维采集满覆盖面积 7575km^2，实现了勘探新发现，累计新增探明储量 5.1×10^{8}t，累计新建产能 1500×10^{4}t，为辽河油田千万吨稳产 30 年打下了坚实的资源基础[1-2]。

五、目标地震攻关阶段（2013 年至今）

"十三五"以后，辽河油田进入了目标勘探阶段，面临着复杂构造带潜山及断块油气藏、岩性油气藏、火成岩油气藏、致密油气藏、外围低信噪比地区等多个复杂地质目标的严峻挑战。针对这些地质难题，辽河油田紧密跟踪物探技术发展潮流，开展了一系列"两宽一高"地震勘探技术攻关工作，取得了较好的地质效果。

2005 年，辽河油田与法国 CGG 公司合作，在辽河油田西部凹陷欢喜岭地区开展 Eyd-D 技术攻关试验，这是辽河油田开展"两宽一高"地震勘探技术攻关的起点。2010 年，辽河油田在外围陆西凹陷包 32 井区开展"两宽一高"地震勘探技术试验应用，是国内东部最早开展该项技术的探区。2013 年开始，辽河探区开始全面推广应用"两宽一高"地震勘探技术。"两宽一高"三维地震采集、处理及解释研究都较以往发生了根本的改变，至此，辽河油田地震勘探进入了大数据时代。

第二节 辽河油田地震资料处理技术发展历程

辽河油田地震资料处理工作始于 20 世纪 70 年代中期。在近 50 年的发展历程中，辽河油田勘探开发研究院地震资料处理中心设备能力逐步增强，处理手段日趋丰富，资料处理质量也不断提高，有力支撑了辽河油田勘探开发研究工作。

自 1990 年以来，地震资料处理中心共进行了五轮大规模的软硬件引进升级，截至 2020 年，形成了 8804 核 PC 集群、159744 核 GPU 集群，以及 1200TB 存储空间的设备能力，并同时拥有 Omega、CGG、GeoEast 等多套处理系统，具备了 $3000\sim4000km^2$ 三维地震资料的年处理能力。软硬件的引进升级带动了地震资料处理技术的不断发展，从 1990 年到 2020 年，辽河油田地震资料处理技术的发展整体上可分为四个阶段，即叠后偏移成像处理、叠前时间偏移成像处理、叠前深度偏移成像处理和"两宽一高"地震资料处理。

一、叠后偏移成像处理

20 世纪 90 年代初期，随着辽河油田 GRISYS、CGG 及 Omega 等三套处理系统的引入，各种全三维处理技术，如串联反褶积技术、倾角时差校正（DMO）及叠后偏移成像等技术得以实现，标志着全三维地震资料处理技术在辽河油田全面推广应用。1997 年辽河油田完成第一块三维地震资料叠前连片、叠后时间偏移的处理项目——西部凹陷中部三维叠后时间偏移连片处理项目，满覆盖面积 $620km^2$，标志着辽河油田常规叠后处理技术走向成熟。

二、叠前时间偏移成像处理

伴随着计算机硬件发展，特别是并行机群的出现，叠前偏移技术成为地震成像的主导技术。1998—2001 年，辽河油田对叠前时间偏移处理技术进行了理论研讨和数据测试工作。

2002 年，为满足辽河油田勘探开发对地震资料品质的需求，辽河油田新引进 16 个节点的 IBM RS6000/p690 处理机和 64 个节点的计算集群，进一步增强计算机处理能力，使得叠前时间偏移处理技术有条件得以较好地开发和应用。2003 年，辽河油田首次开展叠前时间偏移处理生产项目，对大民屯凹陷西部陡坡带满覆盖面积 $280km^2$ 的地震资料进行叠前时间偏移处理。通过该项目研究，形成了适合辽河探区地震资料特点的叠前时间偏移处理技术思路和流程，同时有效改善了大民屯凹陷西部陡坡高角度走滑逆断层的成像效果。2005 年起，辽河油田开始全面推广叠前时间偏移处理技术，陆续完成了辽河油田东部凹陷、外围、大民屯凹陷等地区的三维地震资料的叠前时间偏移处理工作。2006 年，辽河油田勘探开发研究院大规模引进了 608 个计算节点的 IBM HS20 和 APPRO 刀片集群，并分别安装了 CGG、Omega、MARVEL、EPOS 等地震资料处理软件。2 套 PC 集群的投入使用，进一步提高了辽河油田叠前时间偏移处理能力，使叠前时间偏移处理纳入了常规地震资料处理流程。同年，针对滩海西部地区 26 块满覆盖面积 $1350km^2$ 的一次采集地震资料开展连片叠前时间偏移处理，使得资料品质有了较大改善，为下一步勘探部署提供了可靠的依据。

2008—2010 年，在辽河油田公司"整体研究、整体认识、整体勘探、整体评价"思路的指导下，相继在西部凹陷南部、西部凹陷北部、东部凹陷等地区开展大面积连片叠前时间偏移处理工作，使得大面积连片叠前时间偏移处理技术逐步走向成熟，同时也为辽河油田勘探提供了高成像质量的地震资料。

三、叠前深度偏移成像处理

"十一五""十二五"期间，随着地震资料处理技术的不断发展、勘探目标的日趋复杂，辽河油田逐步引入叠前深度偏移技术，开展地震资料处理工作。2007—2008 年，以兴隆台地区 326km² 三维地震资料为基础，对西部凹陷兴隆台潜山带开展了叠前深度偏移成像技术攻关。该次攻关研究了多种去噪技术来提高深层潜山资料信噪比，开发了消除偏移划弧现象的各种特殊处理技术，并创造性地采用了自动反演法、交互速度分析加目标线偏移扫描法，以及沿层速度分析法。这三种方法分层次、联合应用的叠前深度偏移建模流程，是由宏观到精细，既提高了模型的精度，又保证了建模的效率。同时，对 Kirchhoff 偏移、炮域波动方程偏移及逆时偏移三种叠前深度偏移方法进行了深入的理论研究、模型测试和实际数据偏移结果对比，证明了叠前深度偏移是解决潜山成像的有效方法，形成了叠前深度偏移处理技术流程，总结出了针对潜山成像的经验和方法，开启了辽河油田潜山内幕油藏勘探开发的新纪元。

此后，辽河油田进入了叠前深度偏移技术的推广应用阶段，在完成生产任务的同时，通过不断的钻研与试验，逐渐形成了辽河油田叠前深度偏移成像处理、高精度速度建模及偏移技术等一系列配套技术流程，软件应用技巧和经验也在不断积累和改进。2013 年，在东部凹陷北部地区 1500km² 地震资料连片叠前深度偏移处理项目中，开发了多域组合去噪、共偏移距矢量体规则化、四维随机噪声衰减和多方法联合速度建模等多项新技术，标志着辽河油田具备了大规模叠前深度偏移处理能力，真正进入了叠前深度偏移技术的工业化生产时代。

四、"两宽一高"地震资料处理

随着勘探要求的提高以及地震采集技术的进步，宽频宽方位高密度三维地震勘探成为必然的发展趋势。针对"两宽一高"地震资料，辽河油田相应开展了"两宽一高"地震资料处理技术研究。2006—2007 年，辽河油田在西部凹陷欢喜岭地区开展了宽方位地震资料的采集处理研究，初步形成了宽方位角资料处理针对性技术流程，当时采用的是分方位角处理技术。2014 年，辽河油田针对西部凹陷雷家湖相碳酸盐岩开展"两宽一高"地震攻关，通过 OVT 域去噪、OVT 域数据规则化、OVT 域叠前偏移、各向异性处理等技术的开发应用，建立了一套针对"两宽一高"地震资料的处理流程，最终，地震资料成像精度得到提高，资料分辨能力得到显著增强，同时提取了蜗牛道集，为后续叠前储层预测、裂缝检测等工作的开展打下了良好的基础。该项目的成功实施也标志着辽河油田已具备了"两宽一高"地震资料处理技术。在后续的多块"两宽一高"地震资料处理中，也均取得了显著效果[1-2]。

五、辽河油田处理技术新进展

"十三五"以来，随着辽河油田勘探程度的不断提高，潜山内幕、火成岩、陡坡带砂砾岩体、致密油等复杂地质目标成为辽河油田公司重点勘探领域。勘探对象越来越复杂，地震资料处理难度越来越大。为了提高地震资料品质，更有效支撑地质研究工作，辽河油田地震资料处理中心积极开展技术攻关，进一步完善地震资料处理技术系列，改善资料处理质量。

2017年，以曙光多元潜山为例，开展了潜山内幕精细成像技术研究，重点针对潜山内幕资料信噪比低、速度建模困难，开发了多信息多方法一体化速度建模技术，综合利用VSP（垂直地震剖面）、测井、地震层位、地质等信息，构建潜山内幕速度场，提高了速度模型精度，改善了潜山内幕地震成像质量和资料信噪比。

2018年，以大民屯地区为例，开展了针对沙四段页岩油的宽频保幅处理技术研究，重点开发了近地表吸收补偿、黏弹性叠前时间偏移等处理技术，形成了以井控、全地层 Q 补偿为代表的宽频保幅处理技术流程，提高了地震成果的分辨能力和保幅性，处理成果支撑了大民屯凹陷沙四段内部四级层序构造特征的分析研究。

"十三五"后期，针对辽河油田外围宜庆地区黄土山地地震资料，重点开发了初至迭代拾取、微测井约束层析反演静校正、综合全局寻优剩余静校正等技术，建立了复杂地表区地震资料静校正处理技术流程，有效解决了外围宜庆地区资料静校正问题，同时探索了起伏地表叠前深度偏移技术，并在实际资料应用中初见成效，提高了地震成像的精度。

地震处理技术的发展日新月异，地震资料处理永无止境。未来，辽河油田地震资料处理将紧密围绕油田勘探重点领域，针对地质需求，持续开展处理技术攻关，不断提升地震成果品质，为油气勘探开发提供更坚实的资料支撑。

参 考 文 献

[1] 张文坡，宁日亮，郭平，等．辽河油田地震资料处理 [M]．北京：石油工业出版社，2007．

[2] 郭平，刘其成，高树生，等．辽河地震资料处理与地质开发实验 [M]．北京：石油工业出版社，2017．

第二章 复杂目标地质及地震特征

辽河探区包括辽河坳陷和外围地区。辽河坳陷由西部凹陷、东部凹陷和大民屯凹陷三大凹陷构成，是典型的富油气坳陷，地下地质条件极为复杂破碎，沉积环境不稳定，储层横向变化快，火成岩大面积发育，有"地质大观园"之称。主要地质目标有潜山、复杂断块、逆掩断裂带等以复杂构造为主的目标，以及火成岩、有利砂岩、致密储层等岩性目标。外围开鲁盆地及宜庆地区也是辽河探区重要的增储上产目标区，这些地方地表条件复杂，储层薄，横向变化快，主要以薄层砂岩、页岩油等为地质目标。

第一节 复杂构造目标地质及地震特征

一、复杂断块和高陡构造地质及地震特征

辽河坳陷为一裂谷型盆地，多期构造运动控制各凹陷的形成和演化。古新世房身泡组沉积期，各凹陷拱张、初显雏形。始新世—渐新世，凹陷处于裂陷期。始新世，断裂开始活动，发育伸展性正断层，主干断裂以北东向展布为主，控制沉积了沙河街组四段、三段。大民屯凹陷在法哈牛断裂的控制下，沉积近1000m厚的沙四段和3500m厚的沙三段页岩、泥岩、砂岩地层。西部凹陷在台安—大洼断裂的控制下，沉积近1600m厚的沙四段和2800m厚的沙三段页岩、泥岩、砂岩地层，但马圈子—兴隆台基底仍处拱升状态，上覆为沙三段，沙四段为超覆沉积。东部凹陷沙四段沉积期仍处拱升状态，沙三段沉积期断裂开始活动，在营口—佟二堡断裂的控制下，伴随着玄武岩岩浆喷发，沉积近3000m厚的沙三段泥岩、砂岩地层。沙三段沉积末期，辽河坳陷有过抬升剥蚀，西部凹陷西斜坡可见与沙二段的不整合关系，但洼陷区不明显。大民屯凹陷和东部凹陷抬升持久，沙二段大部分地区缺失，仅黄金带、牛居有分布。渐新世，断裂作用再次加剧，主干断裂继续活动，次级断层继承性发育，以北东向展布为主的一级、二级断层控制沙一段、东营组沉积和二级构造带的形成与展布。沙一段沉积期，三大凹陷地层最大厚度为600~800m，变化不大。大民屯凹陷发育荣胜堡和三台子两个主要沉降中心及安福屯次要沉降中心，西部凹陷发育鸳鸯沟、清水、陈家、台安、牛心坨多个沉降中心，东部凹陷发育二界沟、驾掌寺、于家房、长滩四个沉降中心。该时期开始，断裂作用进一步加剧和复杂，不仅活动强度显示出差异，还使一些断层发生走滑，甚至局部因拉张应力逐渐转变成挤压应力而发育逆断层。到东营组沉积期，东部凹陷断裂活动最强，且火山活动再次活跃，致使其沉降幅度大于西部凹陷，且表现为南北两头大、中间小，二界沟沉降中心最大厚度3000m，长滩

沉降中心最大厚度 2500m，于家房沉降中心厚度 1400m。大民屯凹陷沉降幅度最小，沉降中心在荣胜堡，厚度在 900m 左右。东营组沉积末期，辽河坳陷整体抬升遭受剥蚀，而后进入坳陷期，接受馆陶组和明化镇组沉积。新近系在大民屯凹陷明显薄于东部凹陷、西部凹陷。到新近纪，辽河坳陷古近系的构造格局已经定型[1]。

西部凹陷陆上南北长 110km，东西宽 15~30km，古近系最大埋深达 8400m。剖面为典型的箕状，西侧为宽缓的斜坡，东侧受台安—大洼断裂控制下发育鸳鸯沟、清水、陈家、台安、牛心坨等多个洼陷，中部为断裂构造带。东部凹陷陆上，南北长 140km，东西宽 14~30km，面积 3300km²，古近系最大埋深 7000m。西侧为大湾—新开—董家岗超覆带，东侧为陡坡，中央狭长地带洼隆相间，由南向北依次发育二界沟洼陷、荣兴屯—大平房构造带、驾掌寺洼陷、黄于热构造带、欧利坨子—铁匠炉构造带、黄沙坨构造带、于家房洼陷、牛居—青龙台构造带、茨西洼陷、长滩洼陷、茨榆坨构造带。大民屯凹陷位于辽河坳陷的北端，东、西、南分别隔东部凸起、西部凸起、中央凸起与东部凹陷、西部凹陷相望，其南北长 55km，东西宽 18~20km，面积 800km²，古近系最大埋深至少 7000m。西侧为安福屯斜坡带，东南端为荣胜堡洼陷，西北端为三台子洼陷，中部夹持有三个正向二级构造带，即静安堡断裂构造带、前进断裂背斜构造带、边台—法哈牛构造带。辽河坳陷南部，渐新世时，中央凸起向南倾没，东部凹陷、西部凹陷相连通，其地表从陆地延伸至辽东湾 5m 水深线，为辽河坳陷滩海地区，面积 3500km²，盖州滩古近系最大埋深至少 9000m。因受数量众多北东向、近东西向二级、三级断层和少数北西向伴生断层共同控制，二级构造带及局部构造呈东西向洼隆相间，即西部斜坡带、笔架岭构造带、海南洼陷、仙鹤—月牙断鼻构造带、海南—月东披覆构造带、月东超覆带、盖州滩断鼻构造带、盖州滩洼陷、太阳岛断裂背斜构造带、燕南潜山带等。

各凹陷二级构造带或三级构造中发育大量断块，初步统计三大凹陷四级断块 505 个。按不同层再细分，五级、六级断块估计达到一两千个，其中面积小于 1 km² 的复杂断块占据了相当的规模。例如，西部凹陷的兴隆台油田的 55 个四级断块中 43 个含油气，其中单块最大的 4.1 km²，最小的 0.14 km²，平均 1.06 km²；欢喜岭油田共划分为 147 个小断块，其中最大的 2.1km²，最小的仅为 0.2km²。

断块根据断层和单斜层位的倾向关系考虑，可分为翘倾断块、掀斜断块等。古近纪晚期，在右旋区域应力场作用下，辽河坳陷产生走滑现象甚至局部应力场由拉张反转成挤压，不仅产生近东西向南倾的东营组同生正断层，更发育北东向的走滑逆断层、挤压逆断层。逆断层在大民屯凹陷的东西两侧、西部凹陷东坡的中部地区、东部凹陷东坡的南部地区比较明显，如大民屯断层、边台断层、冷东断层、燕南断层。这些断层不但自身剖面、平面上形态、性质复杂多变，也使其两侧的地层倾角变大，圈闭更差，完整性、规律性被破坏[2]。

断块在有利生储盖组合下是油气聚集的有利场所，因此往往是勘探开发的目标区域。东营组、沙河街组的断块油气藏已成为重要的产能目标之一，但由于断块构造的复杂性和圈闭生储盖的不一致，各断块的含油性更加复杂，尤其是微小断层和微幅度构造，油气藏规律更是变化多端。由于断层对油气的封隔性较强，各断块含油性会有明显的差别。因此，要搞清断块油藏的分布规律，必先利用包括地震数据在内的多种资料完成断裂分布研究。

复杂断块和高陡构造发育区，地质构造横向变化剧烈，断裂系统错综复杂，导致反射波、断面波、绕射波混叠，地震波场杂乱，精确成像困难，成果资料品质较差，严重制约断块及复杂构造的精确识别。同时，由于辽河坳陷位于辽河下游，地表河流密集，沉积松散，对地震波高频吸收衰减严重，也致使复杂断块区反射能量较弱，地震分辨率低，信噪比较低。而高陡构造，其地层倾角大，地震波反射分散，能量损失较大，致中深层资料品质差。

大民屯凹陷西斜坡通常被认为是高陡构造的典型地区。如图 2-1-1 所示，在西陡坡部位，地震剖面上浅层资料的信噪比相对较高，沙一段以上地层反射波组特征明显，但沙一段以下的地层反射波组特征变化较大，资料品质差，信噪比低，部分地段边界断裂仍然未落实，断层下降盘地层层间关系不清，内幕信噪比低；沙四段分辨率低，砂砾岩储层纵向分辨能力不够。

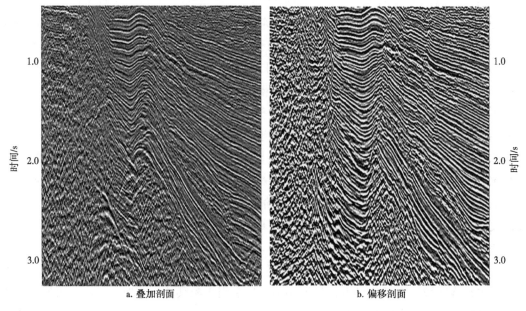

a. 叠加剖面　　　　　　　　　　　　　　b. 偏移剖面

图 2-1-1　大民屯西陡坡叠加剖面与偏移剖面

从西部凹陷冷东—雷家地区三维叠前时间偏移剖面上看，中浅层信噪比还可以，古近系和新近系的角度不整合、基底反射、冷东逆断层清晰，但 2.0s 以下层位同相轴连续性差、小断层断点不清，难以准确落实该区复杂的构造形态以及断裂展布；层间反射信息不丰富，不能满足对沙三段、沙四段小断块及其内部开展精细构造研究和断层分析的需求（图 2-1-2）。

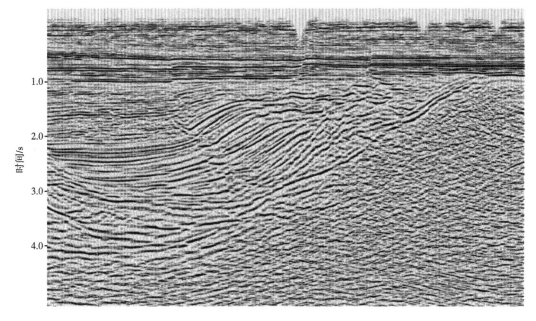

图 2-1-2 冷东—雷家地区叠前时间偏移剖面

由于这些地区断块破碎、倾角陡，波场复杂，地震资料信噪比往往较低，为满足复杂断块及高陡构造的研究需求，需要深入开展高精度深度域速度建模和偏移方法的研究应用，提高复杂断块及高陡构造区的成像品质。

二、潜山及其内幕地质及地震特征

辽河坳陷基底广泛发育着新生古储的潜山圈闭，太古宇、元古宇、中生界都是如此。潜山包括严格意义的凹陷中的古潜山和基底斜坡上的各类断块（图 2-1-3）。大民屯凹陷的潜山主要分布在中部的静安堡、东胜堡和东陡坡的曹台、法哈牛，以及西坡下倾部位的平安堡潜山、安福屯潜山、前当堡潜山。西部凹陷的潜山主要为中部的兴隆台潜山、马圈子潜山，西斜坡下倾部位的齐家潜山、杜家台潜山、欢喜岭潜山和曙光潜山及东坡的高升潜山、牛心坨潜山。东部凹陷的南部发育油燕沟潜山、三界泡潜山，北部发育茨榆坨潜山，另外还有中央凸起倾没端的海外河潜山和赵家潜山。

潜山圈闭埋深不等，凹陷中部的古潜山顶面及其含油层埋藏深，如大民屯凹陷平安堡潜山、安福屯潜山、静安堡潜山，含油层在 2500~3800m 之间，西部凹陷兴隆台潜山含油层可达 4700m；凹陷斜坡和边缘断阶带的断块山顶面及其含油层埋深浅，如大民屯凹陷边台、曹台比较浅，为 600~2000m。圈闭面积一般都较小，大部分小于 10 km²，最大的如静北石灰岩潜山为 25 km²，最小的如曙古 112 潜山、胜 21 潜山都不足 1km²。古潜山的闭合面积由含油幅度确定，含油幅度取决于储层的裂缝和孔洞的发育程度、埋藏深度及其油源距离。辽河油田已上报探明储量区的含油幅度在 200~500m 之间居多，像兴隆台潜山那样含油幅度达到 2000m 以上的较少。

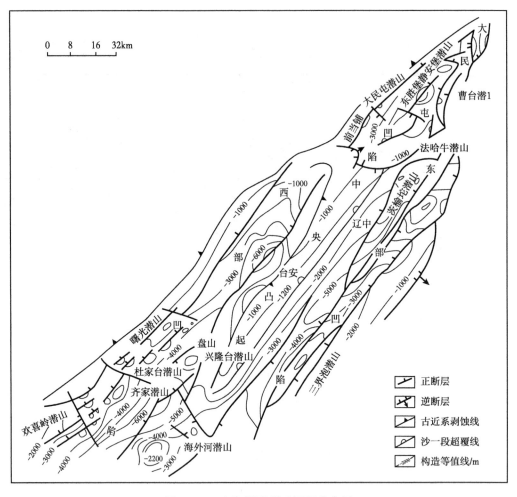

图 2-1-3　辽河坳陷潜山圈闭分布图

按照潜山形态划分，可分为形态相对完整的残丘型古潜山及受断层切割的断块型。前者可细分为基岩古残山和火山喷发堆积而成的火山岩潜山；后者通常位于基底斜坡部位或者凹陷中部，可细分为单断屋脊型或断鼻型、双断地垒型。按油气储集位置，可分为顶面风化壳储油、内幕储油。顶面风化壳储油油气聚集在长期裸露地表、经受构造运动改造并遭受风化剥蚀、淋滤溶蚀的基岩不整合面，上面披覆的较新地层为盖层，如海外河潜山；内幕储油因碳酸盐岩或变质岩的原生、次生孔洞以及构造缝、节理缝、晶间缝发育而使其具备储集能力，油气相对更富集。

按潜山内幕储层时代和岩性划分，潜山圈闭主要有两类。一类是太古宇花岗岩、混合花岗岩等变质岩为主的圈闭，如大民屯凹陷东胜堡潜山、西部凹陷的兴隆台潜山和齐家子潜山、东部凹陷茨榆坨潜山，一般为块状油气藏。太古宇变质岩属鞍山群，分布在三大凹陷基底全区。岩性主要有混合花岗岩、花岗岩、变粒岩、斜长角闪花岗岩、角闪岩、片岩、片麻岩，以片麻岩分布最广。储集空间为晶孔、溶孔、裂缝，以构造裂缝为主，尤其是宏观裂缝（图 2-1-4）。宏观裂缝的延伸方向与基岩断裂的延伸方向一致，裂缝高密度

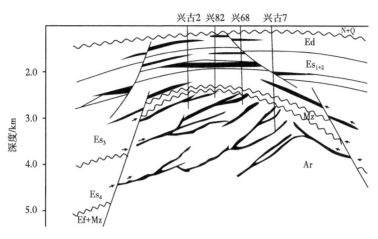

图 2-1-4 太古宇潜山及内幕剖面图

带一般沿基岩断裂分布或集中于基岩断裂密集区。例如，东胜堡潜山和齐家潜山的基岩断裂带，裂缝相当密，裂缝孔隙度可分别达到 1.67%、1.11%；而兴隆台潜山在基岩断裂不发育的局部地区，裂缝孔隙度仅为 0.23%。高产井一般位于基岩断裂发育的地区，且其储层物性好，如大民屯凹陷哈 31 井，孔隙度平均值达到 3.65%，渗透率平均值达到 0.91mD。构造缝主导因素为受力强弱和距离断层位置，同时也与岩性有关，如牛心坨潜山，混合花岗岩裂缝最发育，片麻岩次之，裂缝密度最大达每米 200 条，最小为每米 60 条。另外，溶蚀作用对裂缝起到一定的改造作用。另一类是元古宇泥质白云岩或白云岩为主的碳酸盐岩圈闭，如大民屯凹陷静北潜山、西部凹陷曙光潜山，一般为层状油气藏。还有以流纹岩、凝灰岩为主要岩性的中生界火山岩圈闭，如东部凹陷油燕沟潜山，以及叠置在元古宇、太古宇之上的以海相石灰岩为主要岩性的古生界碳酸盐岩圈闭，如西部凹陷曙光寒武系潜山、东部凹陷三界泡奥陶系潜山。元古宇潜山主要是分布在西部凹陷的曙光潜山、高升潜山和大民屯凹陷的安福屯潜山、静北潜山、边台潜山，残存在太古宇基底之上，为浅海—较深海环境下沉积的一套碳酸盐岩、石英岩、泥质岩。曙光潜山、高升北潜山岩性为长城系高于庄组及蓟县系杨庄、雾迷山、洪水庄碳酸盐岩（图 2-1-5），杜家台潜山、高升潜山岩性为长城系大红峪组石英岩夹板岩；静北潜山岩性为长城系大红峪组、高于庄组的板岩、石英岩、白云岩、结晶石灰岩。储集空间类型复杂，有缝、洞、孔三类。裂缝主要以构造成因的宏观缝和微观缝为主，晶间缝次之。构造缝为有效缝，层理缝为无效缝；洞主要以沿裂缝溶洞和粒间溶洞为主；孔主要以粒间溶孔为主，晶间孔次之，溶孔发育先决条件必须有发育的裂缝。就碳酸盐岩本身而言，灰质含量、溶孔溶洞的发育程度是影响储层性能的主要因素。如曙光潜山，其灰质含量平均为 15% ~25%，且钻井放空 2m 说明溶孔、溶洞十分发育，故出现油田高产井。而静北潜山灰质含量小于 15%、钻井放空只有 0.5m。泥岩或泥质含量对裂缝发育程度的影响也很大，白云质泥岩、泥岩裂缝不发育，含泥白云岩、较纯的白云岩和石英岩裂缝发育，为较好—好储层。白云岩储层孔隙度一般为 1%~10%，渗透率一般为 0.1~50mD；石英岩储层孔隙度一般为 2%~9%，渗透率一般为 0.1~30mD。

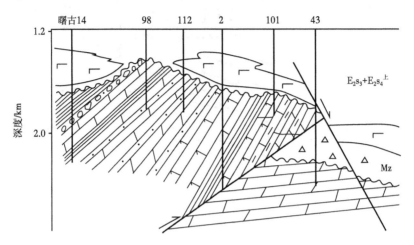

图 2-1-5　碳酸盐岩潜山及内幕剖面图

中生界潜山地层及含油层不发育，各区域岩性亦有差异。例如，西部凸起残存的中生界在欢西地区发育孙家湾组砂砾岩泥岩互层及砂砾岩夹泥岩、阜新组砂泥岩互层及砂砾岩夹煤层，两套碎屑岩皆见良好油层；西部凹陷牛心坨地区为一套蚀变中酸性火山喷出岩，中段大套流纹岩裂缝发育、含油，下部流纹质凝灰岩不含油；而大洼地区中生界从上到下发育有空落堆积相凝灰岩，火山碎屑岩、安山岩、凝灰岩，空落堆积相凝灰岩，溢流相安山岩等共四套，其中顶部的空落堆积相凝灰岩含油最好，第二套次之。

由于基底地层的多重性，有些地区也同时具备多套基岩潜山圈闭。例如，牛心坨地区，不仅发育太古宇潜山圈闭，也发育中生界和元古宇潜山圈闭；曙光地区，既有元古宇潜山圈闭，又有古生界潜山圈闭。

潜山圈闭能否成为油气藏，烃源岩起制约作用。按沙四段、沙三段烃源岩与储集体的空间关系，辽河坳陷富含油潜山成藏模式主要为外生倒置式、侧向接触式。外生倒置式烃源岩位于储集体的上部及四周，油气受到深部的地层压力，"倒灌" 运聚到基岩山风化壳或在浅表的裂缝、孔隙中。残丘型古潜山多为这种成藏，其含油幅度不大，一般为 100~200m；侧向接触式烃源岩位于储集体的侧面和周边，地温、地层压力等因素使油气运聚到基岩裂隙、孔洞中。受落差较大断层控制的屋脊断块山和双断地垒山为这种成藏，其含油幅度受侧向烃源岩的底界埋深制约，可以达到几千米，如兴隆台潜山达到了 2000m。

潜山的岩性分布和裂缝特点、不同岩性的沉积及其储层特征、顶面和内幕裂缝的发育规模及分布特点都受基底断层的活动控制或制约。因此，利用地震资料，查清和落实井间断层的特点，对油气勘探和油气藏评价，都具有重要的意义。

辽河坳陷基岩潜山的地震资料特点，主要有以下几方面：一是潜山内外新老地层岩性不一，地震反射系数较大，潜山顶面是强阻抗界面；二是潜山面内外地层的强波阻抗差导致进入潜山内幕的地震波能量微弱，潜山内幕信噪比低；三是潜山及内幕断裂发育，导致地震反射波场杂乱，内幕地震资料分辨率较低、成像不清晰。

结合西部凹陷兴隆台潜山地震资料情况分析，该区地形平坦，高程变化较小，地表主要以稻田、旱田、养殖区、苇地和城镇等为主。区内村镇分布密集，禁炮区范围较大，市区采用可控震源激发。该区潜水面埋藏较浅，一般为1.5~5m；表层结构简单，多为二层结构，包括低速层、降速层。低降速带厚度较大，一般为7~12m，低速层速度为300~450m/s，降速层速度为800~1200m/s。高速层速度为1650~1750m/s。激发岩性基本为青细砂和含泥砂。地震资料中深层信噪比不足，剖面波组特征差，部分断点不清，基底反射能量弱、构造形态不清（图2-1-6）。如图2-1-7所示，潜山内幕频率较低，地震波场杂乱，地层反射系数小，地震响应弱，导致速度建模难度大，成果资料信噪比低，达不到构造精细解释和高精度勘探的需求。

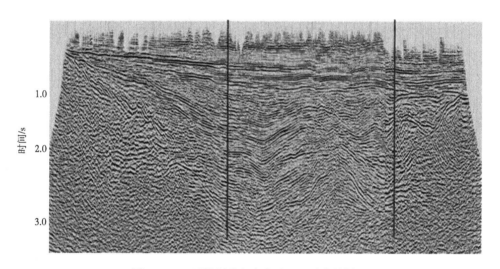

图 2-1-6 西部凹陷兴隆台地区地震成果剖面

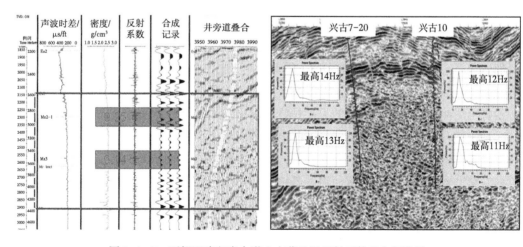

图 2-1-7 西部凹陷兴隆台潜山内幕地层反射系数及主频分析

为改善深层基岩潜山及内幕的地震资料成像质量，需要深入攻关潜山内幕低信噪比区的速度建模方法及先进的偏移成像方法，提高潜山及内幕的成像精度。

第二节 复杂岩性地质及地震特征

一、砂岩岩性油气藏地质及地震特征

辽河坳陷在复杂的基底结构背景上，经历了"拱张""裂陷"和"坳陷"三大构造演化阶段，在发育背斜、断块等构造油气藏的同时，也发育了大量的、类型多样的、主要受地层和岩性变化控制的、具有一定分布规律和复杂多变性的地层岩性油气藏。岩性油气藏是当前辽河油田油气勘探开发的主要领域之一。

砂岩岩性油气藏主要分布于凹陷的斜坡部位、坡洼过渡带和洼陷区。坡洼过渡带处于缓坡下倾方向向洼陷的转折部位，常处于滨浅湖环境，是各种扇体前缘的主要分布区，发育大量分支河道、河口沙坝及浊积砂体，储层厚度大、分布广、物性好，同时由于其紧邻生油洼陷，油源丰富，因此，坡洼过渡带是凹陷中岩性圈闭最为发育的有利区带。陡坡带，因其靠近物源区，所以碎屑物质供给充沛，易形成近岸水下扇砂体，虽然其砂体物性差于坡洼过渡带，但由于其离油源较近，也有利于油气聚集，因此也是凹陷中岩性圈闭发育的有利区带之一；洼陷区，因处于深水部位，砂体常为扇三角洲前缘沉积和前缘滑塌浊积岩体，砂体规模小，虽然砂体储层物性不如中浅层，但也是岩性油气藏勘探不可忽视的地带。

岩性油气藏为由砂岩储层岩性变化形成的含油圈闭，它既可是沉积作用造成，也可由成岩、后生作用所致。除了以地层超覆、刺穿或岩丘、不整合面侧向和上覆遮挡的砂岩岩性油气藏，单纯的砂岩岩性油气藏主要包括砂岩透镜体油气藏、砂岩上倾尖灭油气藏和浊积砂岩油气藏[3]。

砂岩透镜体油气藏是砂岩岩性油气藏中最主要的类型，辽河油田分布众多。这类油气藏是砂体被四周泥岩或非渗透层包围所形成的圈闭，如大民屯凹陷沈635井区沙四段砂岩油气藏。砂体类型主要为河道砂、分支流河道砂、扇三角洲前缘的河口坝砂及浊积砂体。

砂岩岩性油气藏中另一主要的类型是砂岩尖灭油气藏，主要以近岸条件下发育的浊积扇、扇三角洲等砂砾岩扇体为储层。这些扇体横向上大多与烃源岩交互状尖灭，其上、下往往被烃源岩所夹持，并且常常成群成带出现，如茨榆坨高垒带的中低部位。这类油气藏最有利的储集岩体是水下分支流河道砂砾体和扇体前缘席状砂体沉积。这些砂砾岩体置于烃源岩之上或插入、邻接烃源岩之中，广泛形成垂向叠置、侧向交叉连续的多套生、储、盖组合。油气藏的控制因素以岩性为主，油层物性变化大、非均质性强。如曙光潜山西侧的曙古100井区沙四段砂岩岩性油气藏，西侧河道砂向斜坡和潜山尖灭，形成河道砂岩尖灭油气藏。

砂岩岩性油气藏还有一重要类型是浊积砂岩体油气藏。此类砂岩体在冲积扇—扇三角洲沉积体系域，沉积物通过供给水道进入深水区，浊流物质散开堆积成的浊积扇体直接伸入烃源岩中或与油源相通形成的油气藏，其中水下浊积砂体是勘探的重要类型，如大民屯凹陷静 74 井油气藏。浊积砂体，根据所处部位的地势不同，有陡坡类型和缓坡类型两大类。陡坡类型浊积砂体，沉积物沿盆地边界断层的陡坡迅速下滑，与湖水混合形成浊流，到达湖底堆积起来，并向两侧低部位流动，在峡谷间形成浊积砂体，如西部凹陷东坡的雷 64 井区块；缓坡类型浊积砂体，边缘沉积物因斜坡较缓要通过一段距离的水下峡谷滑坡到达盆底，而后被湖水消化变为浊积砂体，如东部凹陷西侧大湾超覆带、开 36 井区一带。西部凹陷沿古大凌河、古饶阳河发育浊积砂岩体，如曙 1-7-5 井区沙三段砂岩岩性油气藏。

岩性油气藏在沙河街、东营组各个含油层系均有分布，但以沙四段、沙三段、沙一段—沙二段砂体为主要产油层。砂体因构造背景、沉积环境、成藏控制因素不同，分布规模差异显著；单层厚度不等，为几米到几十米。各储层非均质性极强，物性变化大：埋藏深度适中的，压实作用小，原生孔隙发育，物性好于深层；溶解作用强烈的，次生孔隙发育，物性相对好；沉积相带中扇三角洲前缘碎屑岩，颗粒大小适中、分选稍好、磨圆较好、泥质含量合适，储层物性最佳。辽河坳陷砂岩储层，孔隙度大多为 15% ~25%，渗透率平均值为 10~500mD，有些区块达到 1000~2000mD，为中孔隙度、中低渗透储层。

砂岩体的速度、密度大于泥岩，即砂岩体与围岩分界面的波阻抗差异及反射系数大，故其外部轮廓的反射应该比较清晰。一般情况下，当砂体的厚度大于地震波长的 1/4 倍时，地震剖面上即可分辨出来。例如，有效地震反射波的主频为 30Hz，速度为 2400m/s 时，厚度大于 20m 的砂体就能被较清晰地识别；同时，由于各亚相、微相的岩性、结构等沉积特征及其速度、密度有差异，当砂体的厚度足够大时，其内部特征也可在地震剖面上反映出来。但因水动力、物源供应等沉积环境的区别，各种类型的砂体其外形和内部结构的地震反射亦有区别。理论认为，在砂体厚度小于 $\lambda/8$ 时，根据反射系数变化显示的地震剖面无法反映砂体。 例如，滩坝砂岩因其单层厚度较薄，一般不到 3m，要显示其砂层，地震成果基本无能为力。

岩性油气藏砂岩储层的主要沉积体包括扇三角洲分流河道砂体、近岸水下扇砂体、近岸砂体前缘滑塌浊积扇体、陡坡深水浊积扇体等。

扇三角洲地震剖面上具有典型的前积特征，一般呈斜交型前积结构，代表着水动力较强、物源供应充足的沉积环境。在垂直物源方向上，一般为宽缓的丘状反射，内部为低频的平行或亚平行结构，同相轴为连续性较好的强振幅反射。

近岸水下扇地震反射成层性和连续性好，顺物源方向上，扇体包络面反射振幅较强，外形一般呈逐渐收敛的楔状体，内部反射呈小角度的发散结构；垂直物源方向上，扇体大多为丘状反射，内部反射为亚平行结构，同相轴为中等连续的中强振幅。

近岸砂体前缘滑塌浊积扇体由于其沉积厚度不是很大，大多呈两端尖灭的透镜状或扁楔形（图 2-2-1），反射振幅中等，连续性较好。该类浊积岩横剖面上，同相轴有小幅度弯曲，呈不太明显的丘状反射。

陡坡深水浊积扇体包络面比较清楚，往往发育在同生断层的下降盘，其反射外形一般呈楔状或丘形（图2-2-2），内部为小角度发散结构或波状、杂乱反射结构。内扇为低频的杂乱反射，中扇因分选好而成层性较好，外扇振幅变弱、连续性变差[4]。

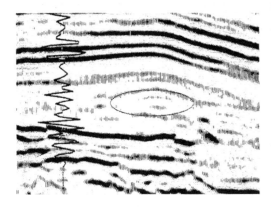

图2-2-1　大民屯凹陷沙四段砂岩体地震相图1

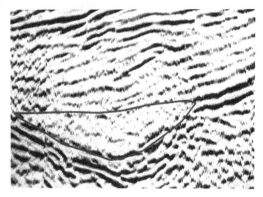

图2-2-2　大民屯凹陷沙四段砂岩体地震相图2

各种砂岩体，因其速度、密度较围岩大，在波阻抗反演剖面上表现得更加清晰，尤其在横波阻抗反演剖面上更明显，如图2-2-3所示，锦325井的沙一段砂体显示清晰且最厚，向上到锦328井不发育，向下到双203井被泥岩分隔为两层。

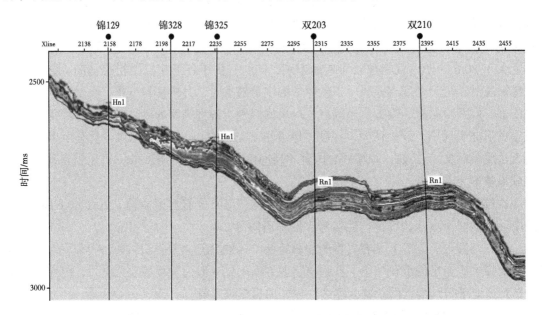

图2-2-3　锦129—双210井横波波阻抗剖面图

岩性油气藏勘探对地震资料的分辨率、保幅性、保真性等方面要求比较高，需开展地震资料宽频保幅处理，在保证成果真实和高信噪比的前提下，拓展有效信号的带宽和主频，以满足薄砂体识别追踪解释、叠前AVO（振幅随偏移距变化）处理、叠前反演和储层预测的要求。

二、致密油气藏地质及地震特征

致密油气藏属于非常规油气资源范畴，是辽河油田目前重要的勘探领域之一，具有资源丰度低、储层品质差、非均质性强等特征。致密油气藏岩性通常为裂缝、孔洞不发育的碳酸盐岩、泥岩、页岩，还扩展到渗透性特别差的砂岩。陆相致密油气藏储层分布稳定性差、非均质性强、流动机制复杂，评价难度大，成藏条件和储层特征具有复杂性和特殊性。

砂岩岩性油气藏中，当其储层含水饱和度大于40%、孔隙度小于5%、渗透率小于 1×10^{-3} mD，即超低物性参数时，便可以认为是致密油气藏。致密油气藏的储层孔隙有粒间孔隙、次生孔隙、微孔隙和微裂缝四种基本类型。粒间孔隙越少，微孔隙所占比例越大，渗透率就越低。低渗致密砂岩受后生成岩作用影响明显，它以次生孔隙（包括成岩作用新生的孔隙和经改造后的原生孔隙两部分）为主，并且往往伴随着大量的微孔隙。不论何种成因，不论其性质有何差异，这类砂岩都具有孔隙连通但喉道细小的特征，一般喉道小于2μm。泥质含量高，并伴生大量自生黏土，这是低渗致密砂岩的明显特征之一。

近几年，辽河油田西部凹陷曙光、雷家地区，大民屯凹陷等致密油气藏，均获得勘探突破，成为勘探领域的"潜力股"。

沙四段沉积期，雷家地区受玄武岩隆起的遮挡制约，处于半封闭湖湾和平缓宽阔的滨浅湖—半深湖沉积环境，气候干燥炎热，湖盆宽阔而平静，滨岸地势平缓而相带宽，边缘水系不发育，物源供给不足，表现为以粒屑灰岩、鲕粒灰岩、灰质白云岩、泥质灰岩、钙片页岩为主的湖湾沉积。该区临近陈家生油洼陷，其中的沙四段巨厚暗色泥岩是良好的烃源岩，为高升油层、杜家台油层致密油气藏的形成提供了有力保证。储集空间中微孔、溶孔、构造缝、成岩缝等能有效改善渗流能力，泥质白云岩物性及含油性较好。例如，在靠近该区东南侧陡坡带的杜三段，发育较厚的泥质白云岩，其储层孔隙度为1.16%~10.22%，渗透率为0.01~2.68mD。雷62井首先在沙四段白云岩中获得工业油流。

裂缝发育程度控制致密油气藏的含油程度。例如，雷家地区微裂缝普遍发育，规模小，裂缝开度主要为10~40μm，但靠近断裂的雷84井、雷88井，构造缝和层理缝都更发育。裂缝密度为2.2~2.4条/m，雷88井日产油达41.6m³。裂缝多以全充填、半充填为主。不同岩性裂缝发育程度不同，泥质白云岩、白云岩的碳酸盐含量高、脆性较强，更易发育构造缝，而泥页岩的泥质含量高、互层产出，层理缝相对发育。

致密油储层作为一类特殊的地质体，对其评价需要开展烃源岩有机质丰度、岩性、物性、电性、含油性、脆性和水平应力各向异性等"七性"关系研究，叠后波阻抗反演及属性分析技术已不能满足需求，地震预测技术需要从叠后走向叠前。因此，致密油气藏地震资料处理应以"两宽一高"地震采集数据为基础，开展OVT域处理等技术攻关，丰富地震处理成果，包括全方位/分方位叠前时间偏移成果数据体、全方位/分方位叠前时间偏移道集以及各向异性速度相关成果，来更好地支撑致密油气藏"甜点"预测研究。

三、火成岩油气藏地质及地震特征

辽河油田中—新生代发育大量的火成岩储层以及与火成岩有关的油气藏。中生界火成岩油气藏主要位于辽河坳陷西部凹陷的牛心坨地区和大洼地区，辽河外围的陆家堡凹陷、张强凹陷和龙湾筒凹陷等地区。其中西部凹陷牛心坨地区主要为义县组流纹岩油气藏，西部凹陷大洼地区主要为中生界玄武质角砾岩油气藏。辽河外围盆地主要为义县组粗安岩油气藏、九佛堂组凝灰质砂岩油气藏。新生界火成岩油气藏主要位于辽河坳陷东部凹陷的黄沙坨、欧利坨子、热河台、红星地区的沙三段中亚段粗面岩油气藏、玄武岩或玄武质角砾岩油气藏；青龙台、小龙湾地区的沙三段中亚段辉绿岩油气藏。

新生代的多期断裂活动，控制了火山岩的发育及其空间展布，根据喷发强度和时空分布规律，岩浆活动划分为4期12次。岩浆活动以沿断裂溢出为主，溢出口附近多呈岩墙、岩锥的形式，远离溢出口则以岩被形式分布。不同时期发育的火山岩，在各凹陷内的分布和发育程度有较大差异。每一期火山活动由若干次喷发组成，且每一次喷发呈弱—强—弱旋回。

古新世房身泡组沉积期，盆地拱张，火山岩浆沿大断裂喷发溢出，其持续时间长、影响范围广。东部凹陷分布最广泛，喷发中心在小龙湾地区，形成大量偏基性的拉斑玄武岩，厚度大于1100m；西部凹陷中北部在斜坡部位发育、南部零星呈现，喷发中心在高升地区，厚度至少1200m；大民屯凹陷仅发育在西坡和北部，且厚度小，一般为100m。

始新世—渐新世，盆地深陷。沙四段沉积期，火山活动一次，且强度弱，火山岩主要分布在西部凹陷北端。沙三段沉积期，共有四次喷发，强度亦弱，只第三次稍强。大民屯凹陷和西部凹陷火山活动基本停歇；东部凹陷火山岩在凹陷的中央区分布，岩性除强碱性的玄武岩外，广泛发育凝灰岩、粗面岩及一些角砾化熔岩，中心在黄沙坨、欧利坨地区，总厚度超过800m，是辽河坳陷主要的火山岩产油层；沙一段沉积期，有两次喷发。火山岩仅东部凹陷南、北两端零星分布，厚度薄，单层为几米到几十米。东营组沉积期，火山继承性活动一次，且强度大于沙一段沉积期。岩性以碱性玄武岩为主，东部凹陷桃园火山岩厚达830m；第四期火山活动在新近纪，只大平房、荣兴屯地区存在薄层安山岩、玄武岩。

火山岩储层首先取决于岩相。爆发相形成于火山口，相带窄、规模小、变化快，难以发展为大型的储集体；溢流相的熔岩流亚相，形成于近火山口，延伸面积大，纵向层系多且厚，接受后期构造作用和溶蚀作用，可为较好储集体。熔岩流形成初期，底部的碎屑沉积物，因骤然冷缩能产生收缩缝等储积空间；发育在熔岩流顶部的火山岩，受后期溶蚀、淋滤、构造破裂等作用最强，储层性能更好，孔隙度大于10%，渗透率大于1mD。熔岩流亚相位于中距离斜坡及油气运移的有利位置，可形成良好油气藏；溢流相的重力流亚相构造位置不如熔岩流亚相，储集性能也差于爆发相。

火山岩的储层物性受岩性制约。气孔玄武岩和角砾化熔岩最优，如欧8井，孔隙度为21%，渗透率为2.4mD；粗面岩次之，如欧26井，孔隙度为10%左右，渗透率为0.1~1.6mD；凝灰岩也可为良好储层，如热105井，孔隙度为28%，渗透率为8.6mD。如果火山岩的储层物性差，见油气显示后，可通过压裂措施提高产能。

各类火山岩，被风化剥蚀或受构造应力作用产生构造裂缝，或火山岩本身原生气孔发育及构造缝的连通，使其具备储集条件。火山岩储集空间为原生气孔和次生溶孔、裂缝，且以溶孔、裂缝为主，常形成溶孔—裂缝系统。火山岩储集体的形成条件是比较苛刻的：岩石要有强的改造作用，其后的岩浆活动期要短。火山必须较长时间被地下水淋滤，才有利于溶孔和溶蚀缝隙的形成；火山岩被较大的断层切割，发育有密集的裂缝。裂缝有水平缝、低角度缝、斜交缝、高角度缝、直辟缝和网状缝。这些缝的个体或混合都是火山岩的主要储油空间。

作为一种特殊储层的火山岩圈闭，要发展成油气藏，还要求其形成早于油气运移、近油源多通道运移聚集等特点。油气藏的类型可为构造油气藏，油气聚集在背斜、断鼻或翘倾断块的高部位；也可为岩性油气藏，油气聚集受火山岩岩性的控制；还可为构造—岩性油气藏，油气分布受二者双重控制，如驾 26 井油层受断层和辉绿岩的双重控制而形成断鼻—岩性油气藏。此外，火山岩还可作为砂岩油气藏的上覆盖层或侧向遮挡。玄武岩往往作为上覆盖层形成砂岩的上倾尖灭油气藏；辉绿岩可形成刺穿接触遮挡，使油气聚集在其侧面的砂体中。

火山岩与围岩有着较大的速度、密度差，因此分界面波阻抗差异大、反射系数大，易形成强反射，这是有利的方面。但是，由于火山岩的速度远远高于上覆层的速度，地震波遇火山岩时会被折射回来，损失一部分向下的透射波；当火山岩厚度较大时，形成很强的屏蔽作用，地震波难以穿透，使地震波不能到达火山岩下伏地层；即使有从深层来的反射波，遇到该界面后会产生大量不规则散射，又返回到深层，减少了地面接收到的有效波能量；由于是强波阻抗界面，因此火山岩引起的多次波非常突出，严重干扰了有效波信号，尤其是层间多次波，且和有效波差异小，不易区分。

地震剖面上，火山岩反射强、频率低，连续性较好，但亦有差别。地震相有四种：一是板状，为火山溢流的体现，产状与上下沉积层一致，因低频、强反射与围岩区别；二是"S"形反射，为岩浆沿断裂带并向外涌出的火山侵出的体现，穿层，外形不规则，或呈蚯蚓状，振幅较强；三是乱岗状，为火山通道的体现，内部无反射或杂乱，可见外形轮廓的反射，周围沉积层同相轴被中断；四是楔状，为次火山岩或岩浆浅层侵入的体现，外边缘反射较清晰，与正常沉积地层呈角度不整合。

以红星地区为例。工区地表平坦，地势较低，海拔高程为 0~7m。近地表条件简单，低降速带厚度为 4~18m，在河流附近相对较厚；高速层速度为 1520~2000m/s。三维地震资料经过多轮处理，但都不能满足解释需求。深层资料信噪比低，沙三段底界不清；关键断层位置不清（图 2-2-4）。岩体边界不清，沙三段岩体不同期次界面识别难度大，地震资料难以追踪解释火山岩及其分布规律（图 2-2-5）。

火成岩油气藏勘探需要高保真成像的地震资料，去识别火成岩体不同期次界面，准确刻画火成岩体，明确火成岩分布规律。为实现火成岩的高品质保真成像，要加强开展地震资料采集处理联合攻关，重点研发火成岩下有效信号能量恢复和补偿、多次波识别与压制等处理技术。

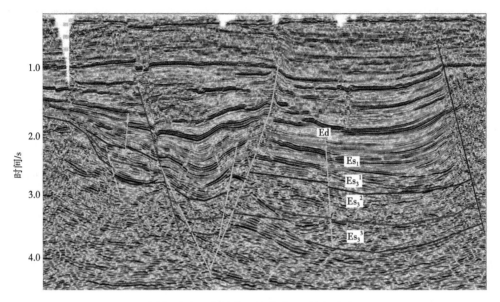

图 2-2-4　大平房—驾掌寺地震剖面图

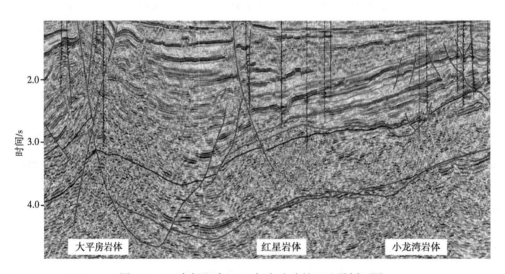

图 2-2-5　东部凹陷 2014 年大连片处理地震剖面图

第三节　外围双复杂区目标地质及地震特征

辽河外围双复杂区指辽河外围开鲁盆地和辽河外围宜庆地区。与辽河坳陷不同，开鲁盆地地表多为沙漠，辽西工区地表皆为山地，地表高差大、起伏变化快，中生代火山岩发育，中生界、中—新元古界各套地层间波阻抗差小，地震反射信号弱；辽河油田宜庆地区通常覆盖有巨厚黄土层，地表沟壑纵横、起伏剧烈。在这种特殊地表条件限制下，地震资料具有其自身的特点，信噪比低，成像比较困难。

一、开鲁盆地地质特征及地震资料特点

辽河探区外围开鲁盆地位于松辽盆地西南隅，包括陆家堡、奈曼、张强、龙湾筒、钱家店等五个主力凹陷，面积 11221km²，属中生代残留盆地。目前的重点勘探目标是中浅层油气。

开鲁盆地油气勘探主要目的层为沙海组、九佛堂组及义县组。九佛堂组是洼陷的主力烃源岩。九佛堂组、沙海组，南侧发育水下扇，北坡发育扇三角洲，深水区则有滑塌扇等储集体。泥页岩的存在使该区具备良好的生储盖组合。除构造圈闭外，陆西凹陷已在五十家子庙洼陷、马北斜坡带探明三角洲前缘和浊积砂体为储层的构造—岩性油气藏或岩性油气藏，如好1块、包14块、包32块油气藏（图2-3-1）。

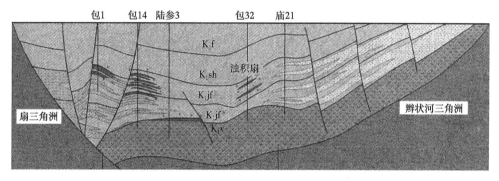

图2-3-1　陆西凹陷地层、断层、油层分布连井剖面图

开鲁盆地内地震条件比较差。地表为干旱缺水的沙漠环境，激发、接收等施工因素差，同时，部分沙丘较大，倾斜干扰、多次折反射、沙丘鸣震严重，且高程、低降速带的变化大，静校正问题突出。因地下固有的地层沉积及其岩性等不利因素，地震反射系数比辽河坳陷小一个数量级，导致有效反射信号差，且深层能量因火山岩的屏蔽而更弱。另外，中深层由于大地对地震波高频成分的吸收衰减更严重，故其信号频带较窄。

地震剖面上，阜新组为一强反射层，连续性较好，火山侵入岩为两个强振幅、中高频、较连续反射；沙海组连续性一般，其层间反射较弱，底部发育油页岩段有一较强振幅、中频、连续反射同相轴；九佛堂组上段层间反射较弱，泥岩段近乎空白反射，下段为杂乱反射，上段、下段分界面连续性不好；义县组火山岩顶反射较强，连续较好，较易追踪。

三维地震资料品质也比较差（图2-3-2）。一是断层，尤其是三级、四级断层，不太清晰，且因两盘层位反射特征不清使断距不确定；二是各套地层的反射及其连续性差，表现在：横向上，洼陷内较好，北部缓坡好于南部陡坡、好于断裂构造带；纵向上，浅中层还算好，尤以沙海组底界的油页岩反射清晰，深层到九佛堂组下段明显差，个别地段九佛堂组上段、下段界限不清。

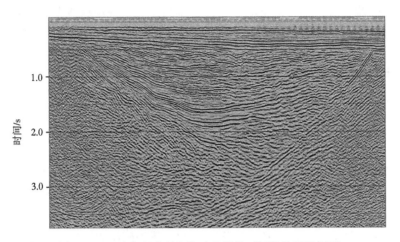

图 2-3-2　陆东凹陷交力格洼陷叠前时间偏移地震剖面

为更深入地开展地质研究，对资料提出了更高的要求。作为重要油气勘探手段之一的地震勘探，则必须改善其成果资料的质量，或采用新技术重新采集，或加大处理采集联合攻关，以满足油田深入勘探的需求。

二、宜庆地区地质特征及地震资料特点

辽河油田宜庆地区矿权总面积 13164km²。其中，灵台—宁县区块和河津—永济区块面积一共 9949km²，宜川—上畛子区块面积 3215km²。宜庆地区石油资源量 5.38×10^8t，天然气资源量 5155×10^8m³，探明率低，是辽河油田增储上产重要接替区。

矿权区主体处于黄土高原区，地形条件复杂，地表侵蚀切割强烈，沟壑纵横，梁、峁广布（图 2-3-3）。构造上处于鄂尔多斯盆地南缘，横跨伊陕斜坡与渭北隆起两大构造单元，地质条件较主体复杂。

图 2-3-3　工区地表分类图

宜庆地区位于鄂尔多斯盆地南缘，但受多期构造运动影响，地层发育特征与盆地主体存在一定差异。宁县—正宁地区已有钻井揭示地层自下而上依次为中元古界长城系、蓟县系，下古生界寒武系毛庄组、徐庄组、张夏组、崮山—长山—凤山组，奥陶系马家沟组，上古生界二叠系太原组、山西组、石盒子组、石千峰组，中生界三叠系刘家沟组、和尚沟组、纸坊组、延长组，侏罗系富县组、延安组、直罗组、安定组，白垩系洛河—宜君组、华池组、环河组，第四系（图2-3-4、图2-3-5）。

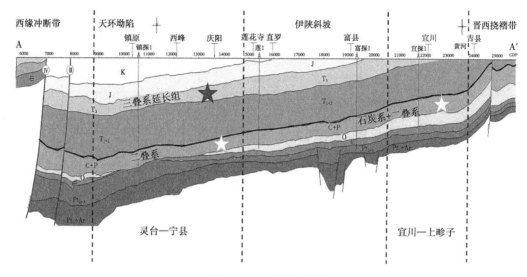

图2-3-4 地质构造图

鄂尔多斯盆地辽河矿权区宁县—正宁地区油气勘探主要存在两个层次，即三大勘探领域、五种主要勘探目标类型。层次一是古生界含气系统，包括上古生界碎屑岩、含铝岩系和下古生界碳酸盐岩两大领域，主要目标类型包括下古生界风化壳及内幕气藏、山西组、盒8段岩性气藏、太原组含铝岩系孔隙—裂缝型气藏，具有天然气规模发现潜力。层次二是中生界含油系统，主要勘探目标类型是长8段、长7段岩性油藏，是实现石油规模增储，快速上产的现实领域（图2-3-6、图2-3-7）。

由于宜庆地区特殊的地表及地下条件，造成地震资料有以下特点（图2-3-8）：

（1）表层黄土层厚度大，对地震信号吸收衰减严重，造成深层资料能量弱，信噪比低。

（2）黄土塬区低降速带横向变化剧烈，造成静校正问题突出。

（3）强界面屏蔽作用引起的地震波能量衰减、多次波干扰严重、速度异常等问题。

（4）受多期构造影响，断裂发育，需要改善断裂复杂区的成像精度。

针对这些特点，在黄土塬地区实施"两宽一高"采集技术方案，采用井震联合激发、精细预案设计和针对性处理技术，使得三维资料品质改善明显，浅层地质现象丰富，分辨率提高，深层资料品质大幅提高，为油田勘探开发一体化开展地质工程"甜点"区预测、水平井轨迹设计打下坚实基础。

鄂尔多斯盆地生储盖组合示意图

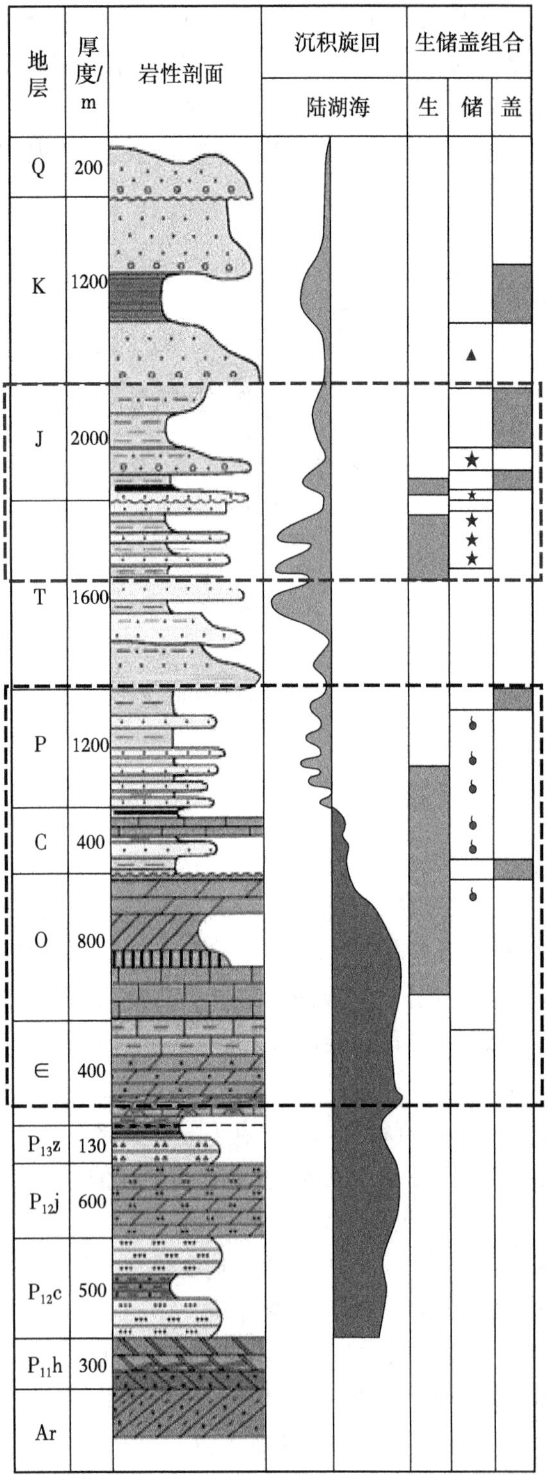

地层	厚度/m	岩性剖面	沉积旋回 陆湖海	生储盖组合 生	储	盖
Q	200					
K	1200					
J	2000				★	
T	1600					
P	1200					
C	400					
O	800					
∈	400					
$P_{13}z$	130					
$P_{12}j$	600					
$P_{12}c$	500					
$P_{11}h$	300					
Ar						

鄂尔多斯盆地地层简表

地层时代 界	系	统	(群)组	厚度/m
新生界	第四系	全新统	秦川群	280
		更新统	三门组	
	新近系	上新统	永乐店群 张家坡组	4500
			蓝田组 灞河组	
		中新统	高陵群	
	古近系	渐新统	户县群 甘河组	
			白鹿塬组	
		始新统	红河组	
中生界	白垩系	下统	志丹群 环河组	1280
			华池组	
			洛河组—宜君组	
	侏罗系	上统	芬芳河组	1100
		中统	安定组—直罗组	550
		下统	延安组	300
			富县组	100
	三叠系	上统	延长组	1200
		中统	纸坊组	500
		下统	和尚沟组	500
			刘家沟组	
上古生界	二叠系	上统	石千峰组	260
		中统	石盒子组	350
		下统	山西组	120
			太原组	80
	石炭系	上统	本溪组	50
下古生界	奥陶系	上统	背锅山组	800
		中统	平顶组	1000
		下统	马家沟组	1000
			亮甲山组	90
			冶里组	70
	寒武系	上统	凤山组	420
			长山组	
			崮山组	
		中统	张夏组	330
			徐庄组	
			毛庄组	
		下统	馒头组	170
			朱砂洞组	
			辛集组	
新元古界	震旦系		罗圈组	180
中元古界	蓟县系			>1000
	长城系			>1000
古元古界	滹沱系			
新太古界	五台群			

图 2-3-5　生储盖组合示意图及地层简表

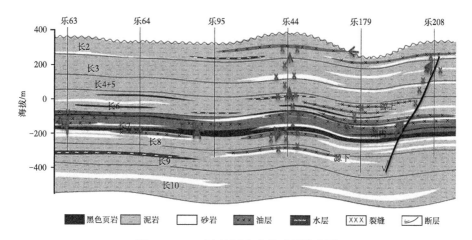

黑色页岩 泥岩 砂岩 油层 水层 裂缝 断层

图 2-3-6 正宁地区中生界成藏模式图

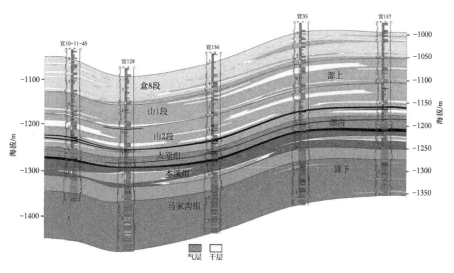

气层 干层

图 2-3-7 宜川地区古生界气藏剖面图

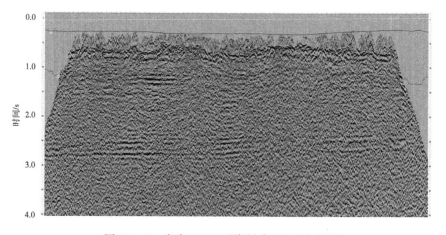

图 2-3-8 宜庆地区地震资料典型初叠加剖面

参 考 文 献

[1] 张方礼，张吉昌，李军生.辽河油区复杂油气藏滚动勘探开发实践与认识 [M].北京：石油工业出版社，2007.

[2] 武毅，王化敏，薛尚义.复杂断块油藏注水开发技术 [M].北京：石油工业出版社，2007.

[3] 张巨星，蔡国刚.辽河油田岩性地层油气藏勘探理论与实践 [M].北京：石油工业出版社，2007.

[4] 陈振岩.大民屯凹陷精细勘探实践与认识 [M].北京：石油工业出版社，2007.

第三章 叠前精细预处理

地震资料处理过程可以分为预处理和偏移成像两部分，其中叠前精细预处理是提高偏移前道集品质的重要环节，也是精确速度建模和地层准确成像的基础。叠前精细预处理主要包含高精度静校正、叠前一致性处理和叠前保幅去噪等内容。

第一节 高精度静校正

几何地震学的理论都是假设观测面是一个水平面，且地下传播介质是均匀的。但实际情况并非如此，观测面并不是一个水平面，通常是起伏不平的，地下传播介质通常也不是均匀的，其表层还存在着低降速带的横向变化。因此，野外观测得到的反射波到达时间，并不满足双曲线方程，而是一条畸变的双曲线。静校正就是用于补偿地表高程变化、风化层的厚度以及速度变化对地震资料的影响。其目的是获得在一个平面上进行采集，且没有风化层或低速介质存在时的反射波到达时间。

静校正中的"静"是相对于动校正中的"动"而言。静，表示它与时间参数无关，只与炮点，检波点的空间位置有关。静校正量可分解为低频分量和高频分量两部分，高频部分对应的静校正量被叫作短波长静校正量，低频部分的静校正量相应的被叫作长波长静校正量。其中，长波长和短波长这两个概念是相对于野外观测系统的排列长度而定的，若波长小于排列长度则称作短波长，相反则称为长波长。不仅如此，这两种静校正量对地震资料的影响也大不一样，短波长静校正量影响共中心点道集的同相性，影响地震剖面信噪比；长波长静校正量引起构造形态畸变，严重影响构造解释成果的真实性和准确性。

以采用的信息源头为标准，静校正方法可大致分为三类：第一类是基于近地表结构调查的静校正计算方法；第二类是基于初至信息的静校正计算方法；第三类是基于反射波信息的静校正计算方法。按照处理流程来分，静校正分为基准面静校正和剩余静校正。其中，第一类和第二类静校正方法属于基准面静校正，第三类静校正方法属于剩余静校正。

对于辽河坳陷来说，地表起伏不大的地区，近地表结构相对简单，长波长静校正问题不严重，通常采用第一类和第三类静校正方法组合就能很好解决，但是对于辽河外围开鲁盆地和鄂尔多斯宜庆地区来说，地表条件十分复杂，高程起伏很大，风化层横向变化剧烈，长波长静校正问题和短波长静校正问题都非常严重，解决该地区静校正问题，往往需要三大类方法组合。下面将介绍这三类方法在辽河油田矿权区的应用情况。

一、基准面静校正

基准面静校正指通过近地表结构模型、基准面和替换速度来求取静校正量，应用基准面静校正量后，消除了近地表变化对地震信号的影响，把起伏地表采用的地震数据校正到统一水平面上。基准面静校正的核心是近地表模型的求取，现阶段主要有两种方法来求取近地表模型：（1）基于近地表结构调查的静校正；（2）基于初至信息的静校正。

（一）基于近地表结构调查的静校正

基于近地表结构调查的静校正是通过一定手段，在野外进行各种专门的观测，获取地表地层的一系列参数数据，然后根据这些参数作为控制量对全区进行插值得到表层速度模型，最后利用模型和基准面来完成对静校正量的计算。野外用到的观测手段一般有小折射、微测井、地形测量等。在获取到野外参数后，将它们外推或内插到地表模型的各个点上；然后确定出基准面或参考面；再按照实测地形高程数据，计算得到每一炮点和检波点对应的校正量。属于此类静校正量计算方法有：

（1）控制点数据线性内插法（小折射、微测井方法等）；

（2）沙丘曲线法（按照沙丘的厚度不同在延迟时曲线上寻找对应的延迟时，再求静校正量）；

（3）相似系数法；

（4）数据库法。

该方法在辽河坳陷内普遍应用，辽河坳陷内地震采集微测井密度比较高，通常在 1 口 /km^2，以辽河东部凹陷红星地区为例，该工区一次覆盖面积 415km^2，表层调查点密度：1 口 /km^2，部分地段及河套区加密，工区内微测井共 799 口。该地区的表层模型建立，以点、线、面的方式逐步对表层调查点进行重新解释和调整，以保证单点准确、单线合理、平面闭合；微测井点之间以层间相关系数法进行平面建模，控制插值半径。如图 3-1-1 所示，从辽河东部凹陷红星地区典型微测井解释成果图中可以看出，该地区低降速带厚度普遍在 10m 左右，高速层速度比较稳定，基本在 1500~1800m/s 之间。如图 3-1-2 和图 3-1-3 所示，通过相关系数插值得到的近地表模型包括近地表厚度图和高速层速度图。根据近地表模型和已知的基准面和炮检点高程，就可以计算全区的静校正量。

红星地区应用模型法静校正量前后叠加剖面对比，可以看出通过模型法静校正后浅层叠加明显变好，同相轴连续性增强，说明在微测井点密度较高的情况下，能够通过微测井得到较准确的近地表模型（图 3-1-4）。

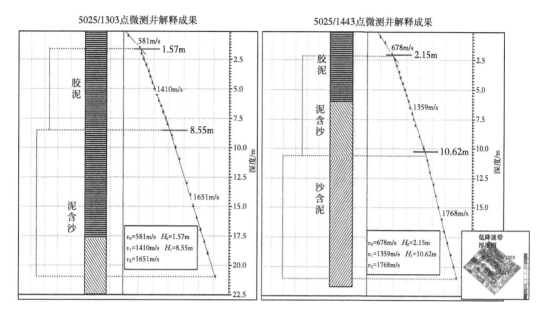

图 3-1-1 红星地区典型微测井解释成果

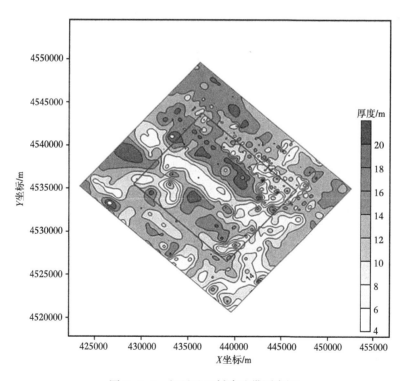

图 3-1-2 红星地区低降速带厚度图

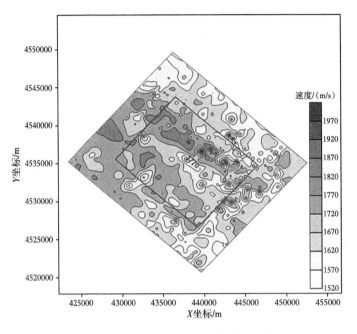

图 3-1-3　红星地区高速层速度图

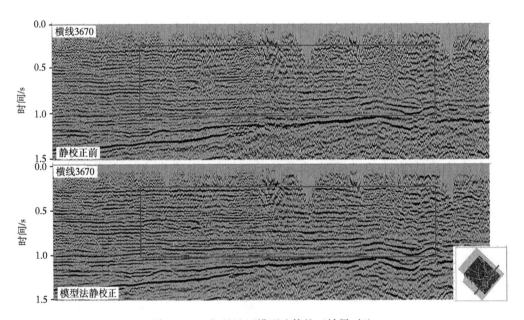

图 3-1-4　红星地区模型法静校正效果对比

（二）基于初至信息的静校正

　　上述野外直接观测表层结构时深关系的方法，由于观测点较少，各炮点、检波点的表层结构靠稀疏的控制点内插得到，所以这种方法只适用于简单层状的地表结构。对于辽河探区外围和鄂尔多斯盆地矿权区复杂的表层结构，这种方法无法准确描述表层结构的变化规律，静校正精度不能满足成像要求，取而代之的是由生产记录的大炮初至进行反演。反演的方法主要利用来自浅层的折射初至反演地表模型，计算基准面静校正，也可以计算剩余静校正。它的优点在于利用了大量的折射初至信息，对每一个炮点或检波点进行了多次覆盖，具有较好的统计性，避免了插值引起的误差。多年来，地球物理工作者发展了许多利用折射信息进行静校正的方法，其中包括基于经典的折射理论，通过反演近地表模型来计算静校正量的技术，即绝对法（确定性方法）折射静校正技术，目前常用的时间延迟法、广义互换法、折射层析法和初至层析反演法等都属于这类方法。

　　常规的时间延迟法要求工区内要有稳定的折射界面，近地表低降速带的速度纵向不变，横向虽可变化但不能太大。但在辽河探区外围开鲁盆地和宜庆地区近地表低降速带的速度不仅横向变化剧烈且纵向上的变化也十分剧烈，常规的时间延迟法不适用于该地区。折射层析法和初至层析反演法对近地表低降速带没有假设，适用于复杂的近地表结构。基于初至信息的静校正方法的效果好坏还取决于初至拾取是否准确，对初至拾取的研究也至关重要。下面将介绍辽河探区外围开鲁盆地和宜庆地区初至精细拾取、折射层析法和初至层析反演法的实际应用情况及效果。

1. 初至精细拾取

　　初至信息是层析反演的数据基础，其准确性直接影响反演结果的好坏。辽河探区外围和鄂尔多斯盆地宜庆矿权区由于地表条件复杂，往往采用可控震源和炸药震源混合激发＋单点接收的采集方式，原始地震单炮信噪比低、背景噪声大，初至拾取非常困难。针对混合采集低信噪比资料初至拾取流程如图 3-1-5 所示。

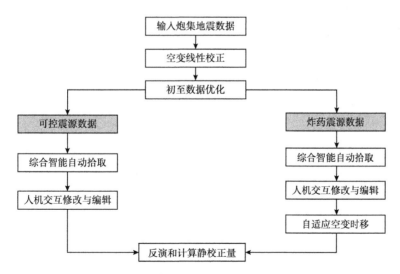

图 3-1-5　混合采集两种震源初至拾取流程图

　　现有的初至自动拾取软件和方法，都需要选取初至拾取窗口，然后在窗口内进行能量或频率属性统计，最后根据给定的阈值来定位初至。辽河探区外围开鲁和宜庆地区由于地形起伏大，初至起伏波动大，对初至数据进行线性校正并应用初步静校正量，可将初至校正在一个稳定的时窗内，有利初至自动拾取。如图 3-1-6、图 3-1-7 所示，通过俞式滤波技术处理后，噪声得到很好压制，初至更加清晰，通过自动拾取能得到较好的效果。通常为了便于拾取，往往拾取波峰当作初至，一种震源静校正处理时误差可能是系统性的，但是混合震源处理时，可能带来较大误差，有研究认为，可控震源初至为波峰，炸药震源初至为第一个零交叉时。这样的话，就需要对炸药震源拾取的初至进行调整，使其落到第一个零交叉时上。如图 3-1-8 所示，采用多道统计自适应变时移技术来自动调整初至，由于不同偏移距频率变化，初至时移并不是一个常数，远偏移距低频道最大时移大约是60ms。初至拾取质量控制主要有以下图件：（1）初至数据优化前后对比图；（2）初至数据与初至时间叠合显示图；（3）共炮点拾取率统计图；（4）共检波点拾取率统计图；（5）初至时间地表一致性图。

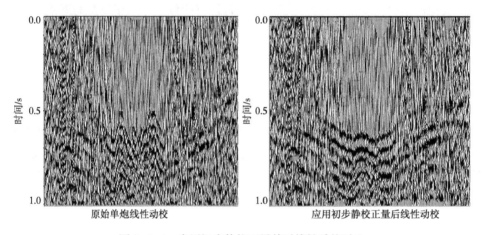

图 3-1-6 应用初步静校正量前后线性动校对比

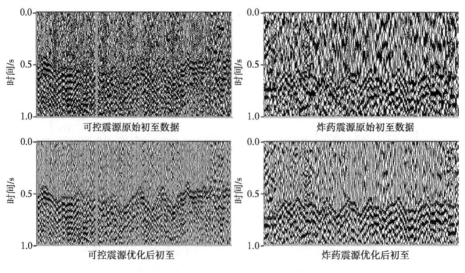

图 3-1-7 俞式滤波初至优化前后拾取对比

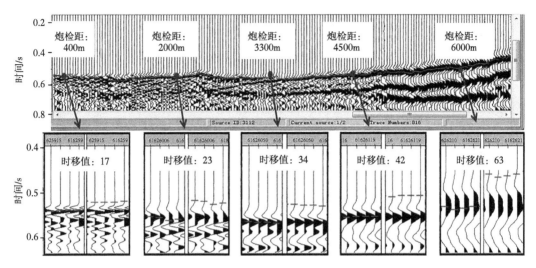

图 3-1-8　多道统计自适应变时移到起跳

如图 3-1-9 所示，炮集和共检波点集内道拾取率在 90% 以上，确保了不出现区域性的炮点低拾取率和不出现区域性的检波点低拾取率。

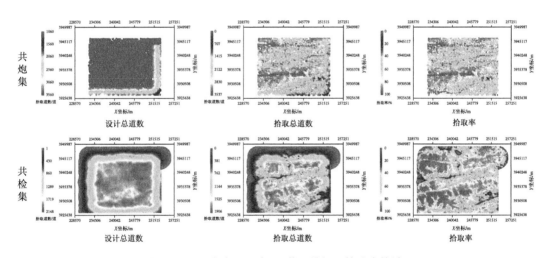

图 3-1-9　宜庆地区宁 51 井三维初至拾取率统计

2. 折射层析法

折射层析法是一种无射线追踪的层析方法，它不依赖于射线路径，根据初至拾取的旅行时来估计近地表速度模型和计算静校正量的方法。与传统折射静校正和射线追踪层析静校正相比，该方法有以下三大优点：（1）它可以同时反演直达波和回转波；（2）无须初始速度模型与射线追踪；（3）对偏移距没有限制。折射层析静校正的实现过程分三步实现：（1）估计视速度和延迟时间；（2）利用 Herglotz-Wiechert 公式计算穿透深度；（3）利用得到的近地表速度—深度模型计算静校正。

1）估计视速度和延迟时

首先该方法认为旅行时能沿着炮—检连线进行分解，这样就可以通过旅行时积分建立起模型：

$$t_{(R_s,R_d)} = \tau_s + \tau_d + \frac{1}{2}\int_0^{X_{sd}} \frac{1}{V_{X,R_1}}\mathrm{d}X + \frac{1}{2}\int_0^{X_{sd}} \frac{1}{V_{X,R_2}}\mathrm{d}X \qquad (3-1-1)$$

式中　V_{X,R_1}、V_{X,R_2}——视速度，m/s；

　　　τ——模型的延迟时函数，s；

　　　R_1——积分路径1，如图3-1-10所示；

　　　R_2——积分路径2，如图3-1-10所示；

　　　X——炮检距，m；

　　　$X_{sd}=|R_s-R_d|$——激发点和接收点的坐标，m；

　　　R_s、R_d、R——地表位置的坐标值，m。

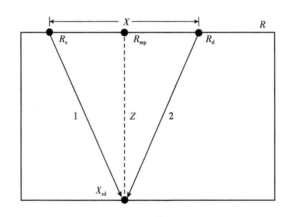

图3-1-10　积分路径示意图

该积分方法中，积分路径是直线，所以相对于视速度 $V_{X,R}$，它是一个线性的反演。在旅行时分解过程中，需要将映射到 $t(R_s,R_d)$ 和 $V_{X,R}$ 上的解进行多次迭代，该过程类似于 Van Del Sluis 等于 1990 年提出的联合迭代重建法（SIRT），经过加权的反向投射对模型进行修改；在模型修改过程中，利用类似 Ryzhikov 等于 1995 年提出的散射归一化的 Guassian 加权法进行空间平滑。经过多次迭代运算，最终求取 $V_{X,R}$ 和 τ。

2）计算穿透深度

该方法的第二步是利用得到的视速度，应用 Herglotz-Wiechert 公式计算折射波穿透深度 Z。Herglotz-Wiechert 方程表示为：

$$Z\left(V_{X_{sd}}, R_{mp}\right) = \frac{1}{2\pi}\sum_{i=1}^2 \int_0^{X_{sd}} \cosh^{-1}\frac{V_{X_{sd}}, R_{mp}}{V_{X,R_i}}\mathrm{d}X \qquad (3-1-2)$$

式中　i——图3-1-10的积分路径；

　　　Z——炮检点中点的深度，m；

$V_{X_{sd}}$——炮点到检波点路径的速度，m/s；

R_{mp}——炮点到检波点中点坐标，m。

如果近地表只有一层，只通过延迟时即可求取深度，视速度代表回转波或直达波在 Z 的瞬时层速度，在一组偏移距内 Z 形成该位置地下速度—深度函数，所有这些函数组成了近地表反演模型。

3）计算静校正量

该方法静校正量计算分为两步。第一步，应用得到的深度模型，用剥离—充填法计算长波长静校正量；第二步，通过对旅行时与反演模型预测旅行时的剩余量进行地表一致性的分解估计短波长静校正量，最终输出的静校正量为这两步静校正之和。

如图 3-1-11 所示，折射层析静校正后叠加剖面浅层明显变好，同相轴连续性变好。

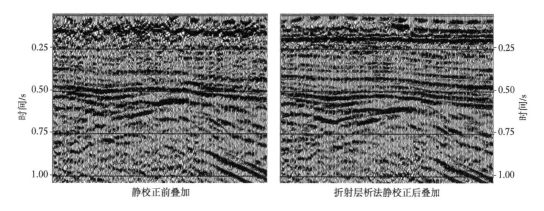

静校正前叠加　　　　　　　　折射层析法静校正后叠加

图 3-1-11　陆东凹陷折射层析法静校正叠加剖面对比

3. 层析反演法

该方法将复杂的地表地质模型微元化，假设微元内介质是稳定不变的，用网络法进行射线正演，获得表层速度模型。当微元趋于很小时，可以认为它能够真实地描述表层结构模型。

设表层模型由各向异性介质和高速折射界面组成，第一个折射波旅行时为 t_i，它与模型参数 $p(z, v)$ 有关：

$$t_i = f_i(p) \qquad i = 1,2,3,\cdots,m \tag{3-1-3}$$

式中，f_i 是一个非线性函数，将给定的初始模型 p_0 线性化可得到

$$t = f_0 + J_1 \Delta p \tag{3-1-4}$$

式（3-1-4）就是旅行时折射成像矩阵，这里 $f_0 = f(p_0)$ 是通过模型 p_0 得到的旅行时向量，J_1 是 $m \times n$ 维的雅可比矩阵；Δp 是模型参数的扰动向量。

设实际观测的旅行时 t_0 与模型计算的旅行时 t_c 之差为

$$\Delta t = t_0 - t_c \tag{3-1-5}$$

将 Δt 按泰勒级数展开，忽略高次项，写成矩阵形式为

$$
\begin{bmatrix}
\dfrac{\partial t_1}{\partial p_1} & \dfrac{\partial t_1}{\partial p_2} & \cdots & \dfrac{\partial t_1}{\partial p_n} \\[2mm]
\dfrac{\partial t_2}{\partial p_1} & \dfrac{\partial t_2}{\partial p_2} & \cdots & \dfrac{\partial t_2}{\partial p_n} \\[2mm]
\vdots & \vdots & & \vdots \\[2mm]
\dfrac{\partial t_m}{\partial p_1} & \dfrac{\partial t_m}{\partial p_2} & \cdots & \dfrac{\partial t_m}{\partial p_n}
\end{bmatrix}
\begin{bmatrix}
\Delta p_1 \\ \Delta p_2 \\ \vdots \\ \Delta p_n
\end{bmatrix}
=
\begin{bmatrix}
\Delta t_1 \\ \Delta t_2 \\ \vdots \\ \Delta t_m
\end{bmatrix}
\qquad (3\text{-}1\text{-}6)
$$

即

$$\Delta \boldsymbol{t} = \boldsymbol{J} \Delta \boldsymbol{p} \qquad (3\text{-}1\text{-}7)$$

雅可比矩阵 $\boldsymbol{J}$ 称为灵敏度矩阵，$\Delta \boldsymbol{t}$ 称为观测误差向量，$\Delta \boldsymbol{p}$ 为近地表模型参数的初始值的修正值，因此模型修正量可以根据矩阵理论求取，对雅可比矩阵 $\boldsymbol{J}$ 进行分解可得到

$$\boldsymbol{J} = \boldsymbol{U}\boldsymbol{D}\boldsymbol{V}^{\mathrm{T}} \qquad (3\text{-}1\text{-}8)$$

其中 $\boldsymbol{U}$ 和 $\boldsymbol{V}$ 分别是 $m \times n$ 和 $n \times m$ 的正交矩阵，$\boldsymbol{D}$ 是由奇异值构成的对角矩阵，令矩阵 $\boldsymbol{J}$ 的广义逆为

$$\boldsymbol{A}^{+} = \boldsymbol{V}\boldsymbol{D}^{+}\boldsymbol{U}^{\mathrm{T}} \qquad (3\text{-}1\text{-}9)$$

则近地表模型的修正量矩阵 $\Delta \boldsymbol{p}$ 为

$$\Delta \boldsymbol{p} = \boldsymbol{A}^{+} \Delta \boldsymbol{t} \qquad (3\text{-}1\text{-}10)$$

为了得到准确的近地表模型，需要进行迭代运算，迭代过程直到满足收敛条件为止。

层析反演静校正具体实现步骤如下：

（1）初至时间拾取，该方法直接利用初至时间来计算近地表的模型，所以准确的拾取初至是至关重要的；

（2）利用野外提供的近地表信息，建立初始速度模型；

（3）进行区域速度—深度函数的反演，建立近地表模型；

（4）利用求得的近地表速度模型，计算每一炮、检波点的静校正量。

层析反演初始模型建立对反演结果影响也很大，初始模型底界过浅或过深不利于射线追踪。通常是通过初至和工区内微测井分析来确定模型底界厚度。为了得到准确的浅层模型，在偏移距范围选择上也要合理。一般来说，近偏移距初至反映极浅层近地表信息，中远偏移距初至反映中深层的近地表信息。实际数据中，往往近偏移距数据覆盖次数很低，中远偏移距数据覆盖次数高，这样并不利于得到准确的浅层模型。在层析反演过程中先应用近偏移距来层析反演得到浅层模型，然后约束远偏移层析反演，最终得到准确的近地表速度模型。

在层析反演过程中，根据迭代收敛曲线、理论初至与实际初至融合对比来质控反演结果的准确与否。如图3-1-12所示，理论模拟初至信息与实际初至信息有非常好的吻合性，

收敛曲线通过 3 次迭代之后快速收敛，最终均方根在 17ms 左右，理论和实际初至吻合好，说明层析反演是准确的。

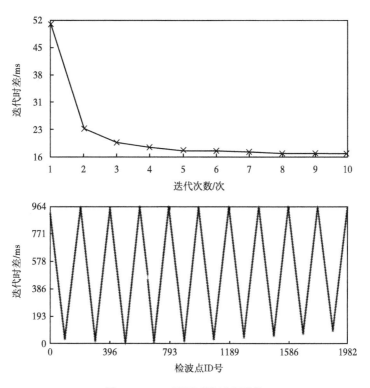

图 3-1-12　层析反演过程质控

如图 3-1-13 所示，模型不仅表层与高程相吻合，而且从浅至深的速度变化与微测井信息也准确吻合，证明近地表模型的构建是准确的。

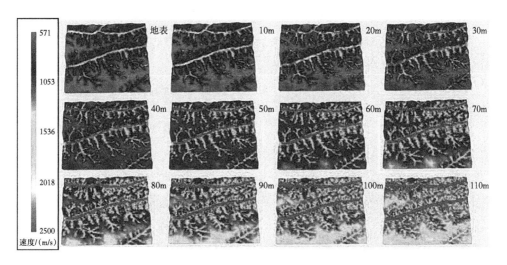

图 3-1-13　近地表模型深度切片（宁 51 井三维）

得到近地表模型后，根据给定的替换速度和基准面，采用"剥离—充填法"计算静校正量，图 3-1-14 是宁 51 井三维应用层析反演得到的静校正平面图。图 3-1-15、图 3-1-16 是宁 51 井三维不同静校正方法单炮和叠加剖面应用效果对比。通过对比可以看出层析反演静校正要好于野外静校正和折射层析静校正，单炮初至更加平滑，叠加剖面连续性更好，工区浅层潜水面更平，说明层析反演能够更好地解决复杂地表静校正问题。基于初至和叠加的质检是面向时间偏移处理的质控方法，对于深度偏移来说，更关心模型是否能用于深度偏移，通过研究静校正原理，提出从高速层顶进行深度偏移，通过标准层成像效果判断表层模型是否准确。如图 3-1-17、图 3-1-18 所示，在高速层顶进行深度偏移效果要好于叠前时间偏移，说明近地表模型准确，能够用于深度偏移。

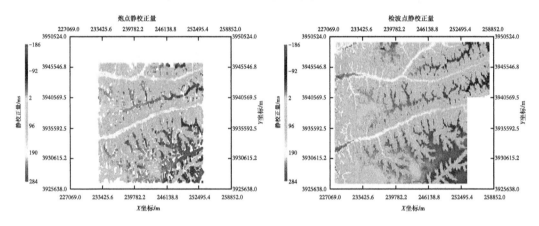

图 3-1-14　宁 51 井三维静校正量平面图

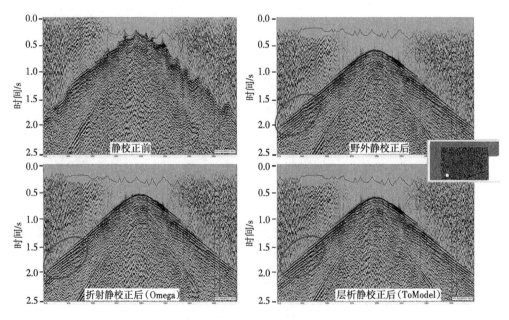

图 3-1-15　不同静校正方法单炮应用对比（宁 51 井三维）

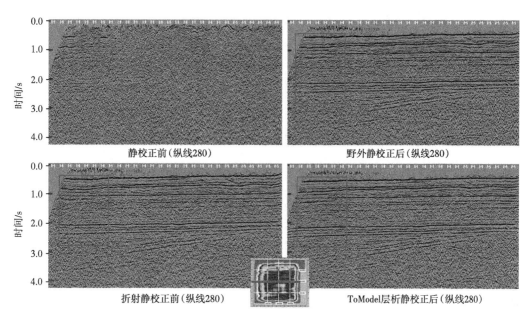

图 3-1-16 不同静校正方法叠加应用对比（宁 51 井三维）

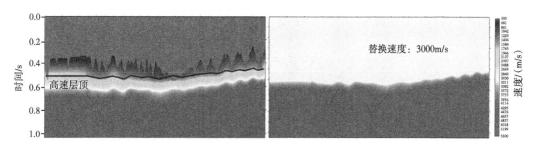

图 3-1-17 近地表模型高速层顶及速度替换后模型（宁 51 井三维）

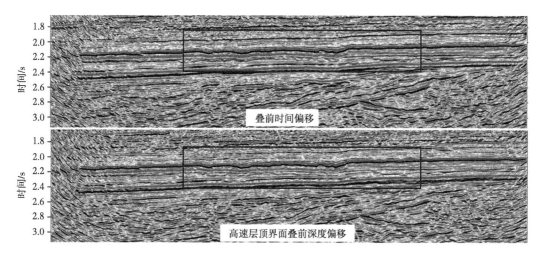

图 3-1-18 高速层顶界面叠前深度偏移效果对比（宁 51 井三维）

二、剩余静校正

剩余静校正就是基准面静校正没有校正到位而剩余的一部分校正量。无论什么方法得到的近地表模型，只是实际近地表模型的近似。因为，各种静校正方法本身就是对复杂问题的一种近似，最终用于计算静校正的厚度、速度模型都是对地质结构的一种简化。另外，还有近地表调查方法产生的误差，如仪器固有误差、方法假设条件产生的误差、小折射、微测井记录初至拾取的误差等。这些误差使基准面静校正后，在道集上来自同一反射层的时距曲线产生畸变，动校正后相位之间仍存在一定的时差，时差的大小取决于基准面静校正的精度，"剩余"静校正指的就是这部分时差。下面简要地介绍几种解决剩余静校正量问题的静校正方法及实际资料处理情况。

（一）最大能量法剩余静校正

假设地震记录已进行了动校正。测线上各炮点、检波点的静校正量如果正确，则静校正、叠加后地震剖面的能量就大，反之则小。因此，求解炮、检点静校正量就可以将叠加能量作为判别标准，对静校正量进行搜索，对应于最大叠加能量的静校正量即为所求。

于是，求解剩余静校正量的问题就可以转化为以叠加能量为目标函数，以炮点、检波点处的静校正量为模型参数的一个反演问题。用公式表示为

$$E\left(\Delta\vec{t}_s,\Delta\vec{t}_g\right)=\sum_y\sum_t\left[\sum_h d_{yh}\left(t+\Delta t_{s_i}+\Delta t_{g_j}\right)\right]^2 \tag{3-1-11}$$

式中　Δt_{s_i}——第 i 个炮点处的炮点静校正量，ms；

　　　Δt_{g_i}——第 j 个检波点处的检波点静校正量，ms；

　　　E——剖面叠加能量；

　　　y——炮检中点坐标，m，$y=(s_i+g_i)/2$；

　　　h——半炮检距，m，$h=(s_i-g_i)/2$；

　　　d_{yh}——相对于炮点 s_i 和检波点 g_i 的动校正后地震记录道。

令 $\vec{x}=\left(\Delta\vec{t}_s,\Delta\vec{t}_g\right)$，则静校正反演问题的目标函数变为 $E\left(\vec{x}\right)$。

解决这类反演问题既可用线性化方法，也可用非线性方法。线性化方法就是最大能量法，而非线性方法包括模拟退火法、遗传算法、神经网络法等。

（二）模拟退火法剩余静校正

线性化最大能量法的主要特点是每一次改变模型参数静校正量后计算叠加能量，若能量变大则保留改变值，否则保留原值（即总向能量变大的方向移动）。

模拟退火法来源于固体退火原理，是基于 Monte-Carlo 迭代求解策略的一种随机寻优算法。当能量变小时并非一定拒绝保留改变值，而是按照一定概率来决定是否保留改变值。这个概率为：

$$p(x=x_i)=\frac{\exp\left[-E(x_i)/T\right]}{\sum_{x_i}\exp\left[-E(x_i)/T\right]} \tag{3-1-12}$$

式中　T——绝对温度，玻尔兹曼常数假设为 1。

模拟退火静校正采用的是最优化方法。实现过程是先求炮点静校正量：设第 i 个炮点的静校正量 S_i 有一系列可能的值 S_{i1}，S_{i2}，$\cdots$，S_{im}，用它们静校后得到一系列叠加能量 Q_{i1}，Q_{i2}，$\cdots$，Q_{im}，求得概率函数：

$$p(m)=\exp\left(\frac{Q_m}{T}\right)\Big/\sum_{m=1}^{M}\exp\left(\frac{Q_m}{T}\right) \tag{3-1-13}$$

式中　T——温度函数按此概率函数选取该炮点的静校正量。

仿此求得全部炮点的静校正量。给定一个初始温度 T_0，逐步降低温度 T，反复迭代，直到收敛。可求得全部炮点和检波点的静校正量。

在模拟退火静校正的实际应用中，关键问题是最低温度的选择。一般常规只能用尝试的方法确定它，既费时又不可靠。为此，提出了新的局部势能平均法的方法，能在较短的时间内较准确地确定最低温度。

（三）剩余静校正的实际处理

在资料处理中，对静校正处理好坏的检查，一般以反射波自动剩余静校正程序求出的静校正量最终迭代收敛到一个采样间隔范围以内作为标准。最常规的判断准则是借用剖面的叠加成像效果以及同相轴的连续光滑程度来判断静校正量的处理效果，并从自动剩余静校正处理程序输出列表中，找到每一次迭代后算出的静校正量，随着迭代次数的上升，估算出的静校正量幅度逐渐减小，为达到尽量精细，其幅度应小于一个采样间隔。处理采样间隔越小，说明要求处理的精度越高，对静校正量的估算精度要求越高。静校正精度对信噪比的提高有重要影响，不同的频率成分对静校正的精度要求不同，对于某一个频率成分来说，如果静校正误差超过 1/4 周期，则这一道参与叠加起消极作用，可见高频成分要求更高的静校正精度，这就要求静校正量要控制在一个样点以内，以保证高频信号进行同相叠加。

为了更精确地求取剩余静校正量，保证各个频率成分静校正量的准确，采用分频静校正处理技术。首先取优势频段做地表一致性静校正，然后取高频段做静校正，并与速度分析—水平叠加多次迭代，尽量保护好信号的高频成分，提高动、静校正的精度，保证叠加的同相性，争取进一步提高资料信噪比，多次剩余静校正和速度分析及速度扫描的迭代处理是叠前提高信噪比和分辨率的稳妥而有效手段之一。

通过以上理论分析，资料处理采用的具体流程如图 3-1-19 所示。剩余静校正输入的是动校正后 CMP 道集，通过 CMP 道集建立模型道，模型道的起始位置选在反射层信噪比较高的地方。利用迭代方法，求取每一道的时间偏差，然后进行动校叠加，质量控制检查静校正效果。

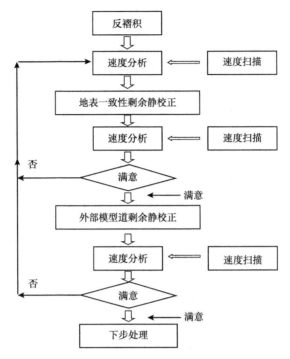

图 3-1-19　速度分析和高精度剩余静校正多次迭代的过程

　　如图 3-1-20 所示，剖面的有效同相轴变得更为连续。如图 3-1-21 所示，模拟退火法在一些地区资料处理中存在一定优势。如图 3-1-22、图 3-1-23 所示，解决了由于近地表低速层的厚度变化造成的剩余静校正问题，达到提高资料的信噪比的目的。

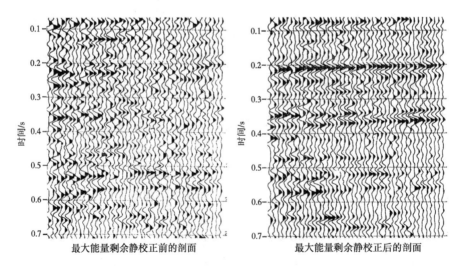

最大能量剩余静校正前的剖面　　　　　最大能量剩余静校正后的剖面

图 3-1-20　最大能量剩余静校正叠加剖面前后对比

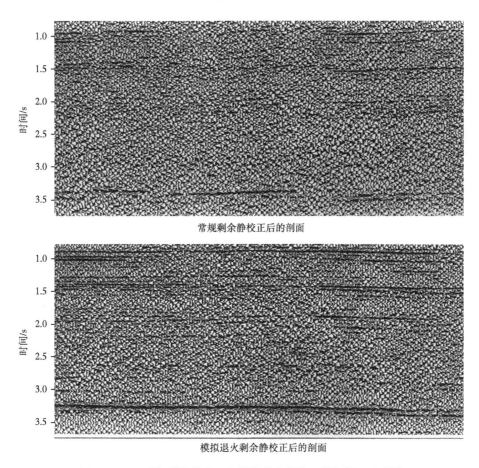

常规剩余静校正后的剖面

模拟退火剩余静校正后的剖面

图 3-1-21　常规剩余静校正与模拟退火静校正叠加剖面对比图

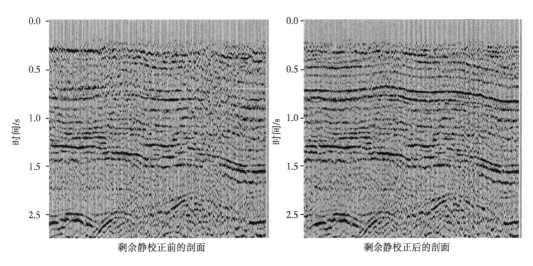

剩余静校正前的剖面

剩余静校正后的剖面

图 3-1-22　剩余静校正前后叠加剖面对比图

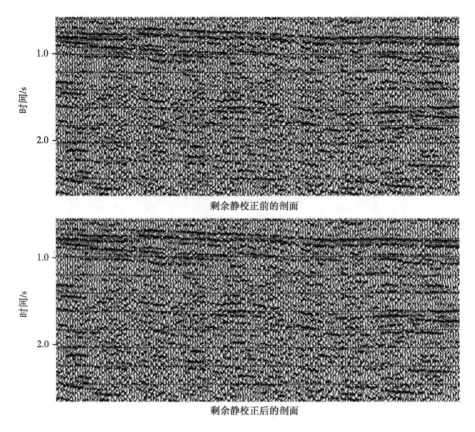

剩余静校正前的剖面

剩余静校正后的剖面

图 3-1-23　外围测线剩余静校正前后剖面对比

三、几点认识

通过对辽河地区资料的静校正分析，利用实例对静校正处理进行了分析，得出以下认识：

（1）在辽河坳陷地区采用模型法静校正和剩余静校正能够基本解决静校正问题，但是在表层调查点不够的情况下，应开展层析反演静校正代替模型法静校正；

（2）开鲁盆地和宜庆地区采用面向深度偏移的层析反演静校正，转变观念，从关注初至变平滑、连续性变好到关注模型精度和长波长准确性，注重微测井信息的应用；

（3）对于开鲁盆地和宜庆低信噪比地区，剩余静校正也是提高信噪比的重要手段。

第二节　叠前一致性处理

辽河矿权区内地震采集经历了三个阶段，涉及有几百个采集区块。一方面由于地质勘探目标、投资、技术、周期等制约，另一方面受地表条件、采集仪器、施工参数（震源类型、药量、井深、激发组合、检波器类型、检波器组合等）等影响，以及地下地质构造和岩性差异等众多因素影响，导致原始地震数据在相邻区块间、甚至同一区块内的观测系统、面元大小、覆盖次数、方位角、偏移距、能量、信噪比、相位和频率等众多地震属性存在差异，造成原始地震资料一致性比较差。如果对这些差异处理不到位，会直接降低地震资料品质。例如静校正、极性、时差等问题不解决好，会出现同相轴扭曲、错断；覆盖次数差异、面元属性不均匀等问题解决不好，会产生偏移划弧、降低数据保真度，在地震剖面上可能会产生地质假象，误导地质解释人员。甚至因不满足输入要求而导致一些处理技术无法开展。特别是在多块连片处理中，一致性处理更是极为重要的一项工作。

叠前一致性处理是要以统一的处理网格、针对性的处理技术流程和参数，消除因非地质因素产生的众多地震属性在空间上的不一致性，力求达到与整体同时采集、处理相近的剖面效果，使地震数据突显地下地质的客观响应，提高地震数据的整体品质和整体解释的可信度。因此，研究地震数据一致性处理方法具有非常重要的现实意义和实用价值。叠前一致性处理主要工作可归纳成面元属性一致性处理、纵向一致性处理和横向一致性处理三个方面。

一、面元属性一致性处理

辽河油田地震资料采集年度跨度大，不同区块针对不同的地质目标，采集施工参数的观测系统、面元大小、覆盖次数、偏移距、炮线炮点距、接收线点距等参数差异很大（表 3-2-1），导致块间、块内不同面元间地震属性分布存在很大差异。在涉及多个区块连片处理时，必须以统一的处理面元划分为基础，尽可能地提高处理面元间地震属性的均匀性和规则程度，保证后续处理和剖面质量。

表 3-2-1　西部凹陷部分区块采集参数简表

采集年度 与区块	仪器	震源 类型	观测系统	面元 /m²	覆盖 次数	炮点 / 炮线 距 /m	接收点 / 线距 /m	最大炮检 距 /m
1999 年，双台子	System-II	炸药	8L10S100R 正交	25×50	40	100/250	50/200	4675
2003 年，清水	SN388 I/O IMAGE	炸药	12L24S168R 斜交	25×25	72	50/350	50/200	4498.3
2006 年，兴隆台	408XL	炸药 可控	16L16S192R 斜交 20L32S192R 斜交	25×25	96	50/400	50/200	5130
2009 年，曙北南	Scorpion	炸药	24L12S168R 正交	25×25	252	50/200	50/200	4905
2009 年，曙北北	408X	炸药	24L12S168R 正交	25×25	252	50/200	50/200	4905
2008 年，曙光	428XL	炸药	18L6S400R 正交	6.25×12.5	90	25/250	12.5/150	3279
2007 年，牛心坨	ARIES	炸药	14L4S288R 正交 19L24S288R 正交	12.5×25	126 216	50/200	25/200	3842

采集年度与区块	仪器	震源类型	观测系统	面元/m²	覆盖次数	炮点/炮线距/m	接收点/线距/m	最大炮检距/m
2013年，雷家高升	G3i	炸药可控	32L10S352R 正交	10×10	256	20/200	20/220	4743
2005年，欢喜岭	408XL	炸药	12L12S196R 斜交	25×25	84	50/350	50/200	5065
1989年，海外河	mds16 SN368	炸药	4L6S60R 正交	25×50	20	100/150	50/200	3050
2000年，西八千	SN388	炸药	12L18S120R	25×25	60	50/300	50/150	3623

（一）统一处理面元网格划分

统一处理面元网格划分是三维连片处理中一项十分重要的技术，它是整个地震资料处理最基础也是最重要的环节之一。统一处理面元网格划分应遵循如下原则：连片后各面元的几何属性参数是否基本均匀、是否有利于后续处理、是否有利于地质任务的完成等。

通常各块三维地震采集的面元大小和测线方位不完全相同，为了保证全区的统一拼接，需要在详细统计和分析的基础上，从连片处理的全局出发进行全区网格统一定义，重点是确定统一的面元尺寸和主测线方位角，应优先考虑如下四个因素：

（1）面元大小和主测线方位角的选取，应尽可能与单区块资料中占绝大多数的相应参数保持一致，同时要保证连片后地震资料的信噪比和分辨率；

（2）面元大小通常要考虑勘探目标的大小和横向分辨率要求，确保对目标体的识别，同时避免产生空间假频；全面考虑各块资料的相关属性，统一确定连片后面元的大小；

（3）主测线方位角应根据地下地质目标的构造走向和地层倾向，统一确定；

（4）依据地下构造成像的精度要求，全面考虑各块资料的相关属性，应尽量满足连片后覆盖次数、炮检距分布和炮检方位分布的合理性。

（二）数据规则化

由于辽河油田地表条件复杂导致采集变观频繁，采集参数变化导致地震属性空间差异大，造成空间采样不足或采样不规则，资料的直接表现为面元内各道偏离中心点位置，地震道缺失、方位角、覆盖次数及偏移距分布不均等。这种空间采样稀疏和分布不规则的数据，满足不了后续处理和偏移成像对地震数据空间规则性采样的要求，会产生偏移噪声，使振幅发生畸变，严重影响连片资料的偏移成像质量（图3-2-1、图3-2-2）。因此，数据的规则化和插值方法成为关键的处理步骤。通过数据规则化处理，提高数据的空间采样密度和规则分布程度，以降低偏移频散噪声，提高振幅保真性。

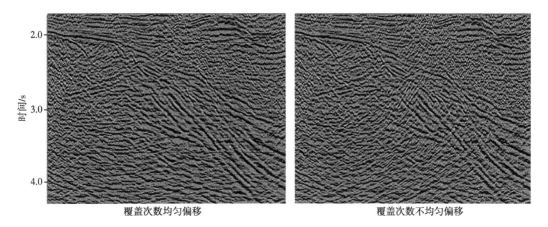

图 3-2-1 覆盖次数不均导致的叠前时间偏移对比

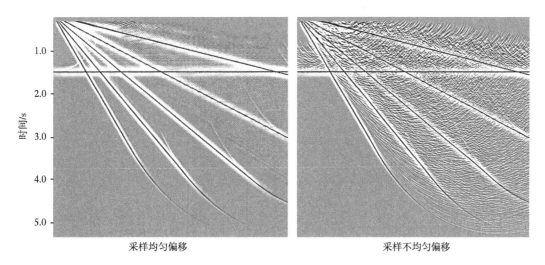

图 3-2-2 空间采样不均导致合成记录成像噪声

数据规则化方法很多，目前业内均采用五维数据规则化技术。五维指炮、检波点的 X、Y 坐标四个空间维度加上时间维度，在不同坐标系下，前四个维度可以有不同的含义或表示方式，可以是 CMP 的 X、Y 坐标加上炮检距在 X、Y 方向的投影；或者是 CMP 的 X、Y 坐标加上绝对炮检距和炮检方位角。五维叠前数据规则化利用非均匀傅里叶重构技术，在不同坐标系下同时进行前四个维度空间方向的规则化或插值处理，在一定意义上重建缺失的地震道，使空间方向不均匀采样得到规则化重建，从而改善炮检距、覆盖次数等属性的均匀性。相比三维数据规则化，该方法利用数据信息更多，保真效果好，既可有效弥补数据空洞，也能解决因覆盖次数差异导致的偏移划弧现象，提升资料信噪比和一致性。

如图 3-2-3 至图 3-2-7 所示，规则化后炮检点空间分布更加均匀，数据空洞被有效弥补，覆盖次数和偏移距分布更合理，资料空间一致性大幅提升，偏移剖面上的划弧现象被有效消除，储层关键部位的断裂、断点成像更加精确可靠。

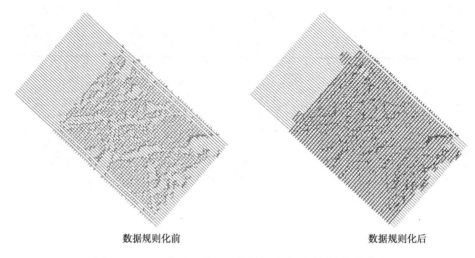

数据规则化前   数据规则化后

图 3-2-3   双台子区块五维数据规则化前后的炮检点分布
×—炮点；○—检波点

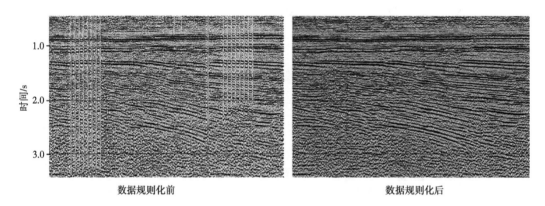

数据规则化前   数据规则化后

图 3-2-4   双台子区块五维数据规则化—插值前后叠加对比

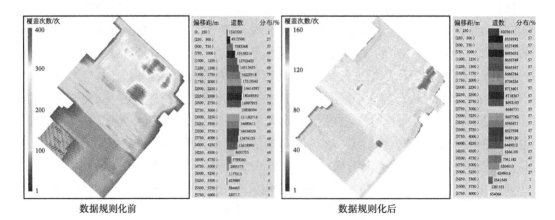

数据规则化前   数据规则化后

图 3-2-5   五维数据规则化前后覆盖次数及偏移距分布对比

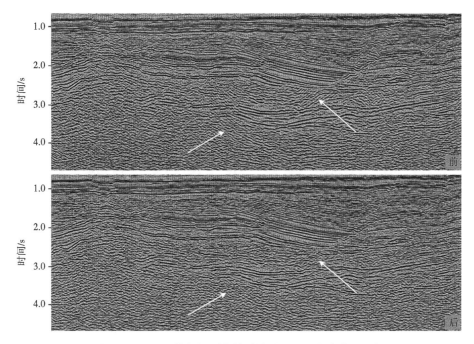

图 3-2-6　五维数据规则化偏移效果对比（兴隆台地区）

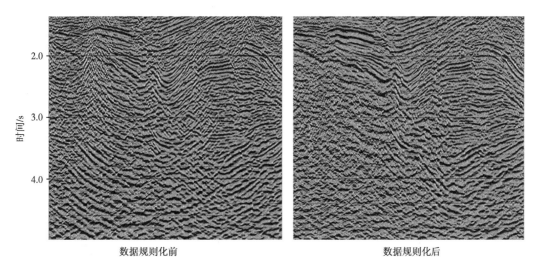

数据规则化前　　　　　　　　　　　　　　　数据规则化后

图 3-2-7　五维数据规则化偏移效果对比（曙光地区）

二、纵向一致性处理

在区块间或区块内不同线束间由于采集仪器不同会产生系统延迟时差，地震波振幅向下传播过程中的吸收衰减及特殊岩性体的屏蔽作用导致地震资料浅中深层能量差异大，深层信号能量相比浅中层要弱得多，这些纵向的不一致性问题必须通过相应的处理手段进行消除，提高资料纵向一致性，提升剖面成像精度。

（一）球面扩散补偿

在地震波传播过程中由于球面扩散而造成的能量衰减，可以利用球面扩散补偿技术来使浅、中、深层能量得到均衡，它需要根据工区区域速度变化规律来合理选择几何球面扩散补偿参数。如图 3-2-8 至图 3-2-10 所示，补偿后的单炮和叠加剖面中、深层能量得以恢复，同时浅、中、深层能量比例关系合理。补偿后横向上的能量差异，后续可通过地表一致性振幅补偿进一步消除。

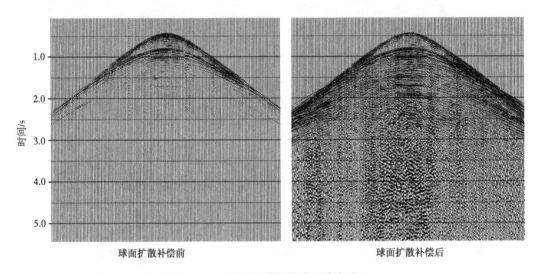

图 3-2-8　球面扩散补偿前后单炮对比

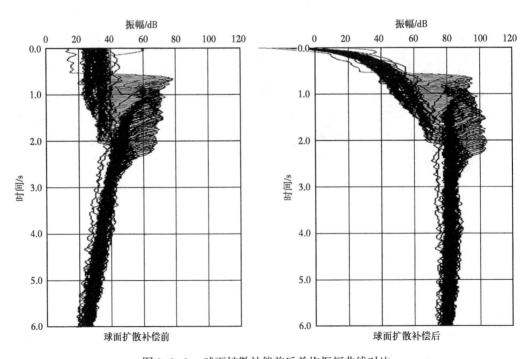

图 3-2-9　球面扩散补偿前后单炮振幅曲线对比

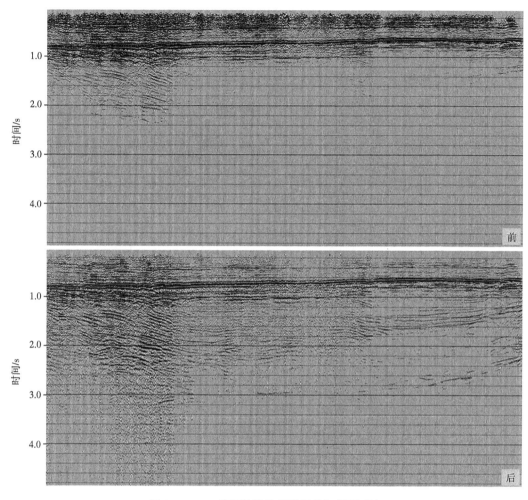

图 3-2-10　球面扩散补偿前后叠加剖面对比

（二）时差极性调整

区块间或区块内时差问题来源有两个方面：一是不同采集仪器间会有系统延迟时间，会导致块间块内产生时差，二是不同区块间计算静校正量时选取的基准面不同，会产生块间时差。在多块连片处理时，时差校正通常采用先调整块内时差再调整块间时差、边缘区块向核心区块靠拢的原则。实施过程首先是对重叠区资料进行叠加，其次选取高信噪比数据进行互相关分析确定时差量，最后将时差量应用的数据进行校正。

如图 3-2-11 所示，由于区块内和区块间的时差导致资料纵向错断。处理中通过互相关确定时差，先解决清水—马圈子块内时差，12~13 束上提 22ms，再以兴隆台—冷东区块为基准调整区块间时差，清水—马圈子整体上提 9ms，曙北南整体上提 12ms。时差调整后的互相关值基本分布在零值附近，区块内不同线束及不同区块间时差得到消除（图 3-2-12、图 3-2-13），实现了"无缝拼接"，资料一致性得到加强。

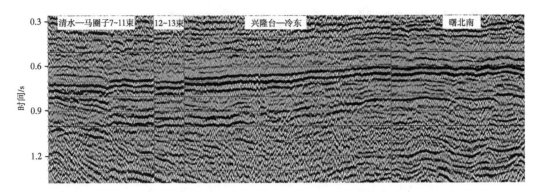

图 3-2-11 时差调整前叠加剖面

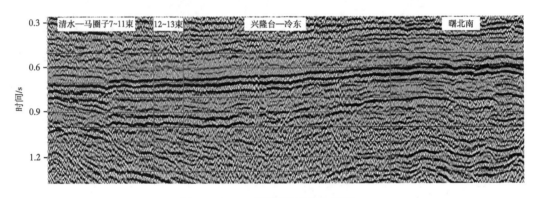

图 3-2-12 时差调整后叠加剖面

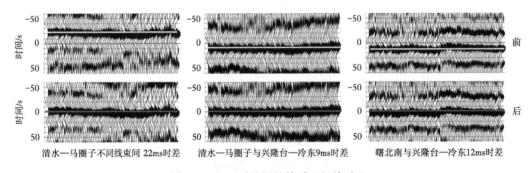

清水—马圈子不同线束间 22ms时差　　清水—马圈子与兴隆台—冷东9ms时差　　曙北南与兴隆台—冷东12ms时差

图 3-2-13 时差调整前后互相关对比

三、横向一致性处理

横向一致性处理指消除由于采集因素、近地表结构、不同区域噪声发育差异、静校正差异导致地震资料在块间、块内、炮间、道间产生的横向差异，如振幅差异、静校正差异、频率特征差异、信噪比差异等。针对这些横向不一致性问题，通过应用统一基准面静校正、地表一致性振幅补偿、近地表吸收补偿和地表一致性反褶积等处理技术进行解决，提高资料振幅、频率等地震属性的一致性，改善剖面同相轴的连续性和波组特征。

（一）基准面静校正

静校正问题一般是由近地表高程、风化层速度和厚度的变化引起的。静校正的目的是获得在一个平面上进行采集，且没有风化层或低速层介质存在时的反射波到达时间。静校正量的求取只与炮点和接收点的地表位置有关、而与地震波传播路径无关的静态时延量，并对地震道进行时差校正。有关静校正量的求取在本章第一节已阐明，此处只阐述如何消除基准面静校正量对横向一致性的影响。

在复杂地表区中，不同年度采集的单块三维地震资料，由于野外静校正量求取过程中所选取的基准面、替换速度、高速顶界、计算方法等不尽相同，各三维区块之间存在着严重的静校正闭合差。因此，解决好连片各三维区块的野外静校正闭合问题是做好复杂地表区三维连片处理的关键之一。对于低降速带厚度、岩性、速度变化大的地区，如果采用高程校正而不考虑低降速带横向变化问题，危险性很大，很容易造成地下构造形态的扭曲。因此，只有将多个三维区块进行基准面静校正统一连片重新计算，使用统一的静校正计算方法、基准面、替换速度和高速顶界来计算静校正量才能较好地消除区块间的闭合差问题。

在近地表结构复杂区域，当表层低降速度带的厚度比较厚、低降速度带的底界变化比较剧烈、局部高速层出露、近地表调查密度低时，采用野外测量法、折射波法无法精细刻画出低速度带的厚度和速度，基准面静校正难以取得良好效果。针对这样的情况，为了较好地解决基准面静校正问题，在连片三维处理中通常采用基于全数据初至信息的三维网格层析反演静校正技术，该技术适用于低降速带纵横向变化剧烈情况。层析静校正是一个流程，并非一个方法或一个模块，流程包括多个处理步骤，如初至拾取、初始速度模型建立、层析反演、高速顶界面识别、静校正量计算与应用等，其中层析反演是层析静校正中的一个关键步骤。其实现方法是在精确拾取全区大炮初至的基础上，利用网格层析反演方法获取准确的近地表速度模型，选取合适的高速层顶界和替换速度进而计算全区统一的基准面静校正量，从而解决区块间静校正不闭合和局部长波长静校正问题。

（二）振幅级别调整

由于采集中存在混合震源激发（炸药、可控震源、气枪等），不同震源地震资料振幅级别差异巨大，后期振幅补偿技术无法使其振幅级别达到一致，必须先进行级别调整。首先通过分析不同震源单炮各自的能量级别，在确定主从关系基础上，由局部向全局靠拢进行调整。如图 3-2-14 所示是不同震源激发数据能量对比分析，可以看到，可控震源激发资料的振幅能量大约是炸药震源的 10^9 倍；如图 3-2-15 所示，振幅调整后的剖面上两种震源资料振幅级别基本达到同一等级，资料一致性明显改善。

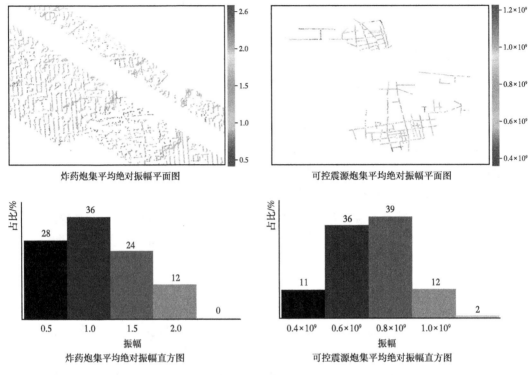

炸药炮集平均绝对振幅平面图 可控震源炮集平均绝对振幅平面图

炸药炮集平均绝对振幅直方图 可控震源炮集平均绝对振幅直方图

图 3-2-14　炸药震源与可控震源数据能量对比分析

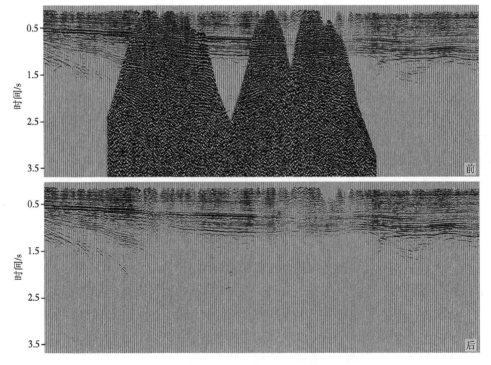

图 3-2-15　可控震源数据能量调整前后叠加剖面对比

（三）地表一致性振幅补偿

　　地震数据的振幅差异经过球面扩散补偿和振幅级别调整后，还存在由于近地表的激发、接收条件横向变化导致道与道之间、炮与炮之间的能量差异。这种波形和能量上的差异严重影响着反褶积、动校正、静校正和速度分析的精度。因此，在叠前进行振幅补偿显得尤为重要。地表一致性振幅补偿技术只消除由近地表因素引起的振幅异常，而更好地保留地下反射振幅横向变化信息。

　　地表一致性振幅补偿由地表一致性振幅补偿分析、分解和应用组成：

　　第一步，在给定的时窗内，根据均方根振幅统计准则、平均绝对值振幅统计准则或自相关振幅统计准则对地震数据每个样点的振幅值进行统计测算；

　　第二步，对统计的地震数据振幅利用高斯—塞德尔算法进行地表一致性分解，得到地表一致性振幅补偿因子，该因子可分为炮点项、检波点项、炮检距项和构造项分量；

　　第三步，是应用地表一致性振幅分解得到的振幅补偿因子对数据道振幅进行校正，消除由于激发、接收等因素引起地震记录在横向上的能量差异，从而实现地震数据的横向能量均衡。如图 3-2-16 所示，补偿后横向能量更加均匀。

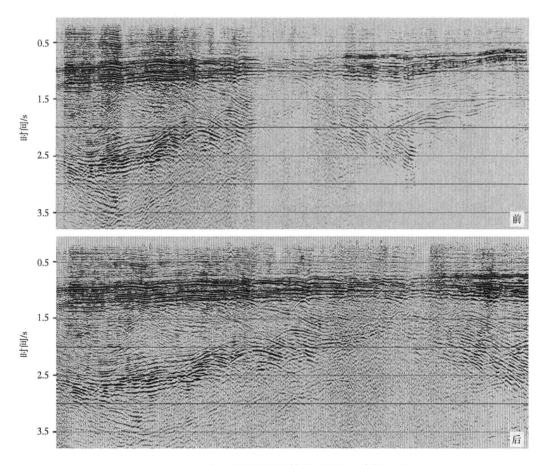

图 3-2-16　地表一致性振幅补偿前后叠加纯波剖面对比

（四）地表一致性反褶积

由于地表地质条件的变化及不同的激发、接收条件导致地震子波横向上在子波振幅、频率、相位等方面不一致。通过上述多步振幅处理解决振幅差异后，如何消除子波的频率和相位差异是横向一致性处理的重要工作。地表一致性反褶积可以一定程度地解决不同激发、接收条件下三维地震数据在频率、相位等方面的差异，为后续的子波整形创造条件。它具有抗干扰能力强、增强地震子波横向稳定性的优点，但对频谱的拓展不足、对子波的压缩程度有限。单道预测反褶积对子波的压缩能力强，但反褶积算子的稳定性差。结合二者的各自优势，在处理中一般采用地表一致性反褶积后进行单道预测反褶积，反褶积参数的选择应重视质量控制工作，使用测井资料制作合成记录进行标定约束；通过比较反褶积前后自相关函数、频谱分析，来优选反褶积参数，减少不同区块间子波的差异（图3-2-17、图3-2-18）。

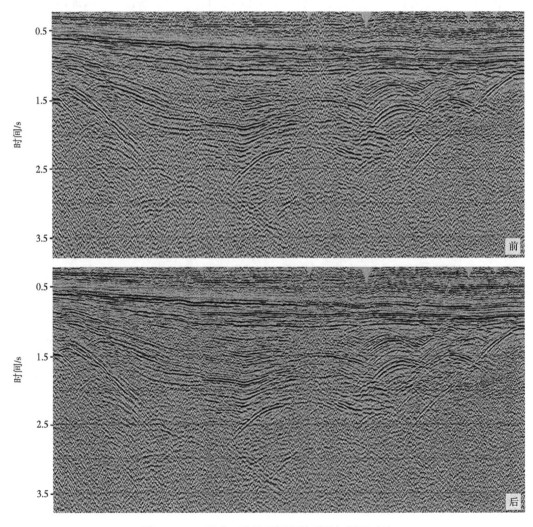

图 3-2-17　地表一致性反褶积前后叠加剖面对比

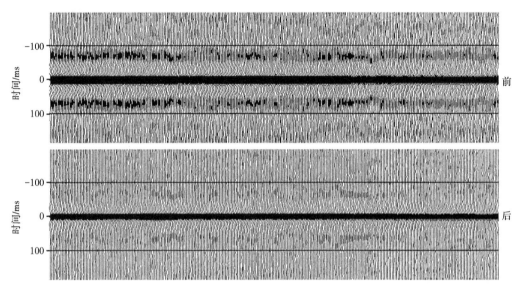

图 3-2-18　地表一致性反褶积前后自相关对比（1.0~3.0s）

（五）子波整形

不同时期采集地震数据在振幅、频率、相位等方面存在的差异，经上述一致性技术处理后基本被消除，地震数据的一致性大幅提升。但是还存在由于不同激发因素和接收因素引起的固有差异，且确定性方法难以有效消除。针对这种差异利用子波整形技术可以取得较好效果。子波整形技术就是通过统一的期望输出地震子波，逐步将不同区块受多种不同因素影响的多样化的地震子波整形到统一的期望输出地震子波上来，从而消除连片数据体中的频率、相位差，以达到不同区块数据在同一 CMP 面元内同向叠加的目的。

子波整形遵循的一般原则是：品质差的资料向品质好的资料靠拢，老资料向新资料靠拢，小区块向大区块靠拢，可控震源、气枪资料向炸药资料靠拢，水检向陆检靠拢。消除每个区块内因采集因素不同造成的内部差异后，还要在统一处理网格下，对不同区块之间拼接点位置进行调查处理。通过一系列子波整形处理技术的应用，消除参与连片的各区块间和块内地震子波的差异。主要思路是：首先将不同采集因素的数据单独叠加，全面调查分析三维块间和块内不同激发接收因素变化区是否存在时差与相位差，然后进行块内不同检波器、不同震源拼接整形处理，最后进行块间子波整形处理。在整形完成后，要对整个工区再次进行检查质控，判断子波整形处理是否合适。

如图 3-2-19 所示，通过子波整形技术很好地消除了不同接收检波器资料的相位差；如图 3-2-20 至图 3-2-22 所示，通过仔细分析资料特点，采用双因子分区匹配滤波处理后的资料，剖面信噪比和一致性更优。

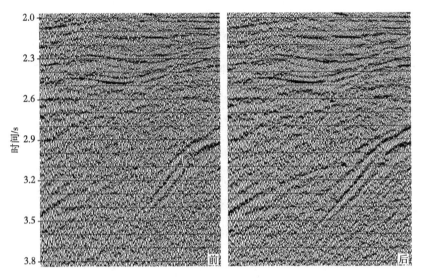

图 3-2-19　水检、陆检资料整形处理前后叠加对比

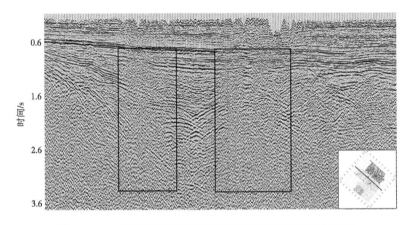

图 3-2-20　可控震源与炸药震源资料匹配处理前叠加剖面

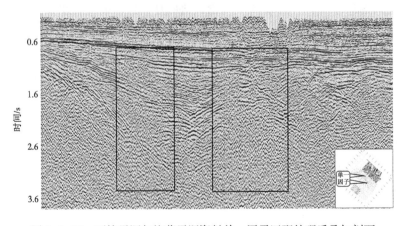

图 3-2-21　可控震源与炸药震源资料单一因子匹配处理后叠加剖面

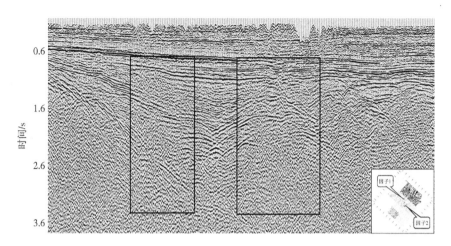

图 3-2-22 可控震源与炸药震源资料双因子分块匹配处理后叠加剖面

原始地震数据由于受人为活动、点源等的影响，异常振幅和随机噪声等空间分布差异大；另外，地下特殊岩性体（火成岩、碳酸盐岩等）的强阻抗界面可导致多次波的干扰空间分布差异大。这些因素会造成资料的信噪比存在差异，降低资料的一致性，因此，必须开展针对性去噪处理压制噪声，进而提高资料一致性，具体如何进行去噪下一节有详细介绍，这里不再赘述。

四、应用效果

现阶段随着油气勘探工作的不断深入，对区域整体构造特征和油气总体分布认识的需求不断增加，致力于辽河老区精细勘探和整装区带突破及规模储量发现。但经叠后拼接而成的成果资料在应用中存在诸多问题，不同年代采集、处理的地震资料由于采集、处理的参数不同等因素，造成拼接部位存在振幅、相位、频率以及能量的不一致性，使得对断裂展布规律认识及整体构造特征研究存在偏差，特别是在地震属性分析和地震储层预测方面，叠后拼接的资料更是不具备可操作性。

为了适应辽河油田公司"精细勘探、效益勘探"的工作思路，以现有处理软硬件平台为基础，开展大面积精细一致性连片处理研究，一方面消除非地质因素导致的资料特征差异，另一方面解决好小块块间连接处可能出现地质信息丢失或地质构造假象问题，提高地震资料的一致性和信噪比，提高区块边界的成像质量，无论对区域整体勘探评价还是精细目标评价，都具有重要的现实意义。下面以东部凹陷北部和西部凹陷南部两个处理项目为例，展示精细一致性连片的处理效果。

东部凹陷北部处理工区，共包括 7 个三维采集区块（5 块 2000 年以后二次采集资料，2 块 1990 年左右采集的老资料），处理满覆盖面积 1500km²。通过细致原始资料分析，总结处理难点主要有四个方面：（1）受河套影响，低频化现象和静校正问题严重；（2）受地表障碍以及地质双重影响，噪声和信噪比问题比较突出；（3）受激发、接收因素影响，能量、频率、信噪比存在明显差异;(4)受地表障碍影响,小偏移距较少,偏移距分布不均匀。

处理过程中聚焦难点问题,一是重点做好多块拼接的一致性处理工作,保证新老资料无缝拼接,为后续处理奠定坚实基础;二是做好潜山内幕整体偏移速度模型构建,提高潜山内幕及东西陡坡带成像精度。与单块资料相比,连片处理地震成果较好地消除了多块拼接的边界效应,资料品质提高,成像质量明显改善;整体波组反射特征清楚,整体构造和地层接触关系落实,主干断裂成像更加清楚可靠(图3-2-23)。

西部凹陷南部地区,构造上跨越西八千、欢喜岭、齐家、曙光、双台子、兴隆台等多个高低潜山,以及鸳鸯沟、清水、盘山三个洼陷,涉及12个三维采集区块(9个新采集区块、3个老区块)。由于以往采集、处理都是分批、分块进行,各区块间差异很大,并存在边界效应,拼接带部位反射成像精度差,资料的可信度低,不利于整体解释和评价。

通过一系列有针对性的叠前一致性处理技术研究与应用,新处理地震成果资料实现了滩海、陆地、城市等各种复杂资料的无痕迹拼接,改善了中深层和潜山成像效果,为后续整体解释和评价提供了真实可靠的基础资料(图3-2-24)。

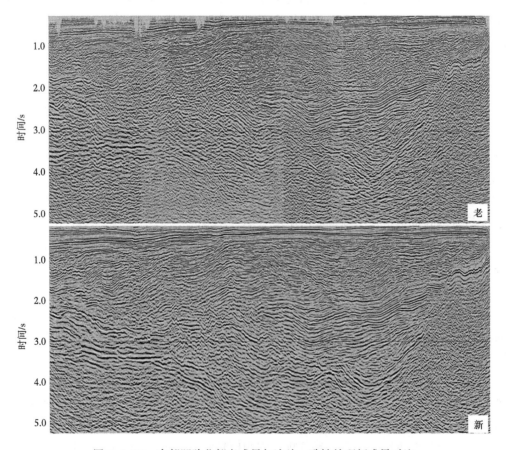

图3-2-23　东部凹陷北部老成果与连片一致性处理新成果对比

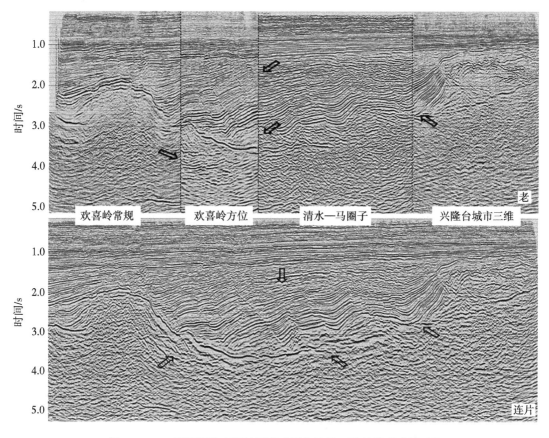

图 3-2-24 西部凹陷南部地区老成果与连片一致性处理成果对比

第三节 叠前保幅去噪

辽河探区地表类型多样、地下地质构造复杂、速度横向变化剧烈，噪声发育，经过多年对噪声产生原因及类型的研究，处理人员提出有效的去噪思路，并采用了有针对性的高精度保真去噪技术系列。这些技术系列的有效应用，为辽河探区提供了高信噪比的地震资料，为后续的地质构造精细刻画、有利储层预测奠定了坚实的基础。

一、辽河探区地震资料噪声类型及产生原因

辽河探区地质条件复杂，地表条件农林地区植被茂盛，工业地区机械设备繁多，输电线路林立，公路干线较多；滩涂地区淤泥遍布，养殖业发达，浅海油区钻井平台较多；辽河外围黄土山地丘陵、沟壑密布。复杂的地表条件使得采集的资料发育各种类型的噪声，严重影响后续的提高信噪比等工作及最终偏移成像，如何有效去除不同类型的噪声是提高资料品质的关键[1]。通常将地震记录噪声分为规则噪声和不规则噪声（即随机噪声），不同的噪声类型有不同的特点和相应的去噪方法。

规则噪声具有确定的物理意义，其特征是在时间和空间上具有一定主频和一定视速度。这些干扰波包括面波、声波、线性干扰、单频干扰（交流电干扰）、浅层折射波、多次波、可控震源谐波及绕射波等。不规则噪声主要指没有固定频率和固定传播方向的波，包括微震、测源干扰、背景干扰等，其在时间和空间上具有随机性，在地震记录中表现为杂乱无章的状态。

（一）面波

面波是地震勘探中最常见的噪声，按传播路径可分为三种：分布在自由界面附近的瑞利面波；在表面介质和覆盖层之间存在的 SH 型勒夫面波；在深部两个均匀弹性层之间存在的类似瑞利面波型的史通利面波[2]。在辽河油田地震资料中，面波是一种常见的干扰波，无论是辽河坳陷，还是外围地区，面波都非常发育。面波具有速度低、频率低、振幅强和衰减慢的特点。频率为 4~13Hz，视速度为 300~800m/s。在辽河油田东部凹陷、西部凹陷、大民屯凹陷，以及辽河油田外围开鲁盆地和鄂尔多斯盆地宜庆地区都广泛发育着面波（图 3-3-1）。

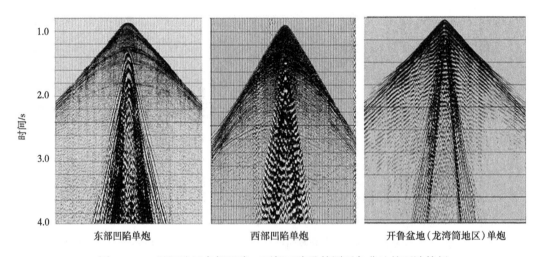

图 3-3-1　辽河油田东部凹陷、西部凹陷及外围开鲁盆地的面波特征

（二）随机噪声

随机噪声可以根据地震噪声的产生原因不同分为三大类型：系统噪声、环境噪声和次生随机噪声。系统噪声的能量主要与采集设备的老化有关，一般能量较小，随机性也不大，几乎可以忽略不计。环境噪声是工业区内固有的噪声，在地震记录上通常表现为杂乱无章的振动，频谱很宽，无一定的视速度，其能量的大小不随施工因素的改变而变化。环境噪声包括电磁干扰和弹性干扰，电磁干扰包括云层放电、50Hz 工业电、电磁波等；弹性波动干扰（远距离传播而来的各种波动干扰）和振动干扰（近距离的机械振动、人动、风吹草动等）。次生随机噪声的强弱，与激发因素的关系非常密切，包括侧源干扰、邻炮干扰（图 3-3-2）。

62

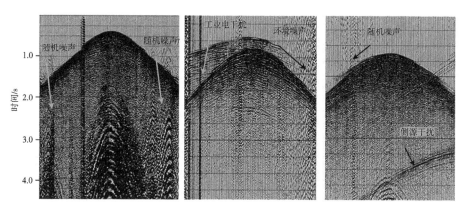

图 3-3-2　异常噪声干扰单炮图

（三）异常高能噪声

在辽河油田东部凹陷及外围宜庆等地区，由于公路、铁路、村镇的影响，环境噪声严重的地区采集地震资料存在异常高能噪声，能量强频率低，严重影响地震资料信噪比。如图 3-3-3 所示为东部凹陷及外围宜庆地区异常高能噪声单炮。如图 3-3-4 所示，由于高能噪声影响资料信噪比非常低。

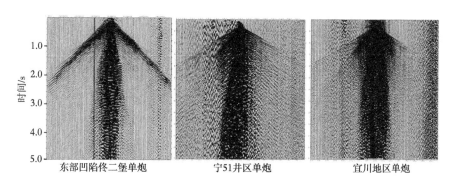

图 3-3-3　高能噪声单炮

图 3-3-4　宜庆地区宁 51 井区高能噪声叠加

（四）线性干扰

复杂地表区及低信噪比地区，由于地表速度横向的剧烈变化，由直达波产生的波场能量较强，形成了一系列的线性干扰波。一般在地震记录上表现为相同或不同斜率的倾斜同相轴（图 3-3-5），线性干扰速度在 300~1600m/s 之间。

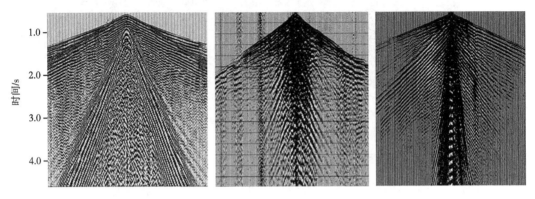

图 3-3-5　开鲁盆地线性干扰单炮

（五）沙丘鸣震及多次折反射

开鲁盆地地表条件复杂，地震记录中包含了沙丘鸣震、多次折反射等强噪声干扰。外围工区地表大部分为沙漠、沙丘、草场为主，工区地表起伏不平，潜水面随地表起伏而变化。低降速带厚度、速度变化较大，埋深在 10~40m 之间。沙漠区表层为沙丘，这种非胶结物质具有明显的低速地球物理特征，沙丘含水分少，潜水面是较强的波阻抗界面。由于沙丘的连绵起伏，在此类地形中激发地震波会在三维空间上产生散射波，这种三维散射波从四面八方传至接收点，形成沙丘散射干扰。如图 3-3-6 所示，平地与沙丘地区反射差别

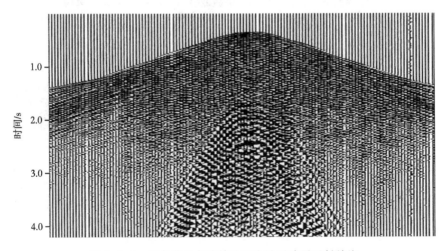

图 3-3-6　开鲁盆地龙湾筒地区含沙丘鸣震反射单炮

很大，沙丘区的鸣震严重干扰了有效波双曲线反射，鸣震频率与有效波相近。该区多次折反射广泛发育，多次折反射能量较强，视速度在2000~3000m/s之间，频率在8~12Hz之间（图3-3-7）。

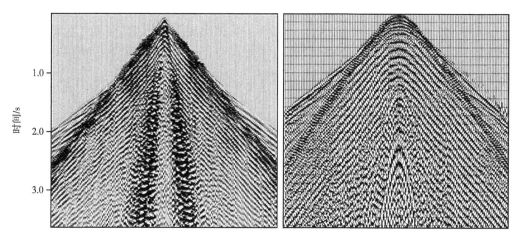

图3-3-7　开鲁盆地龙湾筒地区多次折反射单炮

（六）多次波干扰

多次波产生的原因是因为地表或地下某些反射系数较大的反射界面使一次反射波重新折回地下形成的。反射系数强的反射界面如水与空气交界界面、基岩面、不整合面、火成岩和其他强反射界面都容易产生多次反射波。多次波干扰是地震资料处理中常见的噪声之一。特别是辽河东部凹陷的火成岩发育区地震资料，多次波异常发育。如图3-3-8所示，深层反射基本被多次波淹没。

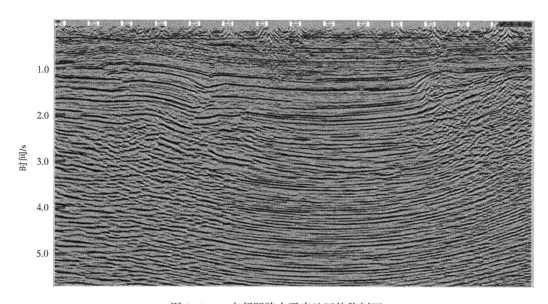

图3-3-8　东部凹陷大平房地区偏移剖面

另外，辽河滩海地震资料由于海面和海底两个强反射界面的影响，多次波也异常发育。多次波的出现往往会被错误地分析成为一次波，容易造成地质假象，因此多次波的压制成为地震资料处理的一个非常重要的环节，在历年的地震资料处理中，人们都不得不把大量的精力放在消除多次波上，几乎所有的处理流程都要包括去多次波这一步骤。

辽河油田在地震资料处理中，能否有效地去除多次波是提高该区资料处理质量的一个重要课题。因此，在历年的地震资料处理中都要围绕这一课题进行一些方法研究及处理流程参数试验，并在地震资料处理实践中取得了一些实效。

二、叠前保幅去噪

地震噪声对深层地震资料的成像精度影响很大，选择有效的去噪方法非常关键。针对辽河地震资料噪声的不同特点，采用相应的去噪技术，有效地提高了深层地震资料的信噪比。

（一）面波压制

前面提到过，无论是辽河坳陷，还是辽河油田外围，面波都非常发育。具有速度低、频率低、振幅强和衰减慢的特点。随着勘探程度不断提高以及地质勘探目标的复杂化，对面波压制的要求也越来越高。对深层火山岩勘探、潜山勘探、岩性勘探，由于深层地震资料的频率低，其频率成分有很大部分和面波重合。为此，要在最大限度保护有效信号前提下压制面波，需要采取保真的面波压制技术，这样在提高地震资料信噪比的同时，深层地震波的有效波振幅不受损失，有利于保幅成像和岩性预测。近些年，辽河油田地震资料处理中心利用现有的三套处理系统（Omega、CGG、GeoEast），研究了自适应面波压制、三维锥体面波压制、面波正演分析去噪等技术，取得了比较明显的效果。

1. 自适应面波压制

自适应面波衰减，利用时频分析的方法，根据面波和反射波在频率分布特征、空间分布范围、能量等方面的差异，检测出面波在时间和空间上的分布特征，再根据面波固有特征对确定的面波进行二次分析，以确定面波能量的频率分布特征，并根据这种特征对其进行加权压制。

该方法只压制面波，对有效信号的低频成分和其他信息保真，是辽河油田地震资料处理过程中面波压制的主要技术，经过数十块资料的生产应用表明，该技术对地震资料的适应性较强，效果比较稳定。如图3-3-9所示，辽河油田大民屯地区利用自适应面波衰减技术去除噪声，从单炮对比看，面波干扰衰减得比较干净。

2. 三维锥体面波压制

该方法是在三维空间进行面波压制的方法，一般在十字交叉排列域实现。该方法的基本原理是将三维地震数据进行三维傅里叶变换，即将数据体变为频率域的锥形，再根据面波的特点设计滤波因子即可进行低频面波的压制。

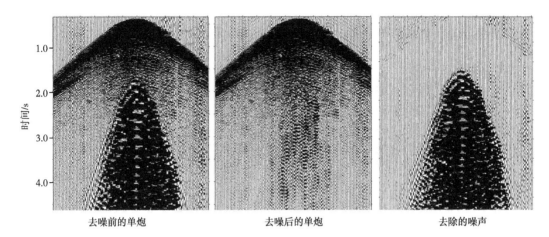

去噪前的单炮   去噪后的单炮   去除的噪声

图 3-3-9 自适应面波衰减前后单炮对比图

将三维地震数据进行三维傅里叶变换后，在 *FKK* 域单炮为圆锥形，根据地震记录面波低频、低速度的特点，容易分析面波在变换域的存在范围，进而设计滤波因子，在三维空间对面波进行压制[3]（图 3-3-10）。

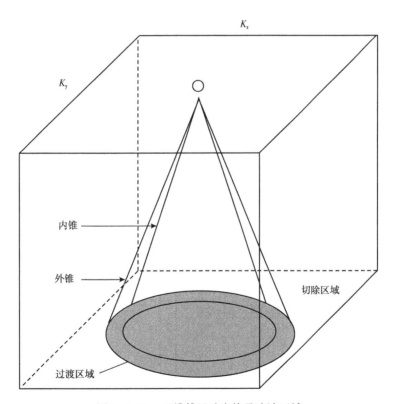

图 3-3-10 三维傅里叶变换及滤波区域

近几年，"两宽一高"地震资料采集在辽河探区已全面推广，该采集方式为十字交叉排列去噪技术的推广提供了非常好的条件，在"两宽一高"地震资料上进行十字交叉排列去噪可以避免空间假频现象，同时也能提升常规去噪技术的去噪能力。如图3-3-11所示，十字交叉排列法面波压制能够比较好地压制低频、近似线性分布的面波。

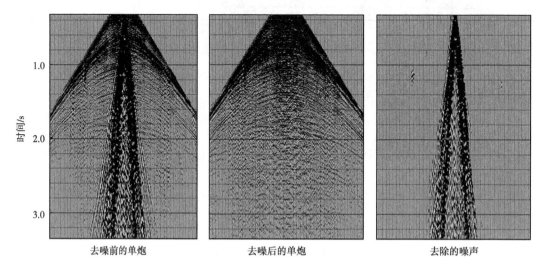

去噪前的单炮　　　　　　　　去噪后的单炮　　　　　　　　去除的噪声

图3-3-11　三维锥体面波压制效果

3. 面波正演分析去噪

面波正演分析去噪（SWAMI）是西方地球物理公司在2015年推出的一项新技术，该技术通过对实际数据中的面波进行分析，反演刻画出产生面波的近地表模型，其中包括横波模型，然后再利用近地表模型去正演出面波，最后将面波从实际资料中减去。

如图3-3-12所示，面波正演分析去噪的效果要好于三维锥体面波压制，SWAMI不仅能够有效地压制面波，而且使有效波振幅得到较好的保持。如图3-3-13所示，SWAMI去除的只是低频端的面波，其他频谱成像没有损失。

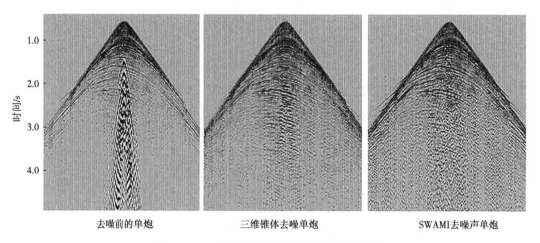

去噪前的单炮　　　　　　　三维锥体去噪单炮　　　　　　SWAMI去噪声单炮

图3-3-12　两种方法面波压制效果对比分析

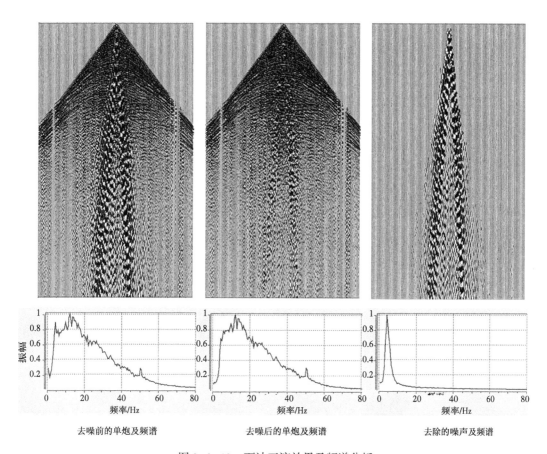

去噪前的单炮及频谱   去噪后的单炮及频谱   去除的噪声及频谱

图 3-3-13 面波正演效果及频谱分析

（二）异常振幅压制

原始地震数据中常常存在着各种各样的异常高能干扰，包括 50Hz 工业电干扰波、公路干扰、仪器干扰等，给叠前多道处理（如地表一致性振幅补偿、统计子波反褶积等）带来了极为严重的影响。在地震记录上，有效信号的分布是有规律可循的，其能量和频率的变化相对缓慢；而强能量噪声则不同，它的横向变化规律与有效信号有较大差异，可以利用这种差异对噪声进行衰减。目前在地震资料处理过程中主要应用分频中值滤波技术和地表一致性去噪技术来压制异常振幅噪声。

1. 分频中值滤波

该技术采用的是频率域中值滤波方法，基本思路是：将叠前共炮点道集或其他域道集由傅里叶变换转到频率域，对频率域的道集分频段应用空间中值滤波，然后将偏离中值振幅的频带置零或用邻道正常频带替换。该方法具有保幅保真、去噪效果好的优点。如图 3-3-14、图 3-3-15 所示，去噪后条带状干扰道基本消除干净，均方根振幅异常值得到有效压制，其他振幅保持不变，说明该技术保幅性很好。

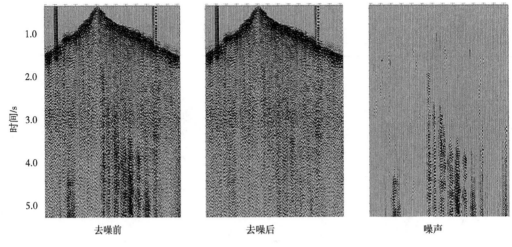

图 3-3-14 共中心点道集上异常振幅压制前后对比图

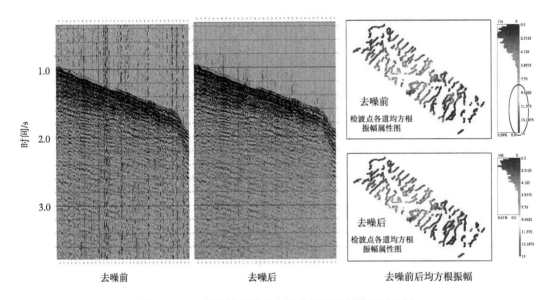

图 3-3-15 共检波点道集上异常振幅压制前后对比图

2. 分频异常高能噪声压制

该技术采用分频统计地震道的振幅值，如平均绝对振幅、最大振幅、均方根振幅等。设置振幅的最大门槛，对高能的强能量噪声进行压制，把高能振幅的能量控制在合理范围内，达到压制高能噪声的效果。该技术是一项多域去噪技术，可以在炮域、检波点域、CMP 域进行大片的异常振幅噪声压制，如图 3-3-16 和图 3-3-17 所示，高能噪声得到很好的压制。近炮点强能量分布与低降速带厚度有关系，低降速层薄的区域，近炮点强能量成三角形，厚的区域成方形，可以进行分区（三角区、方形区）、分频、分时进行去噪。

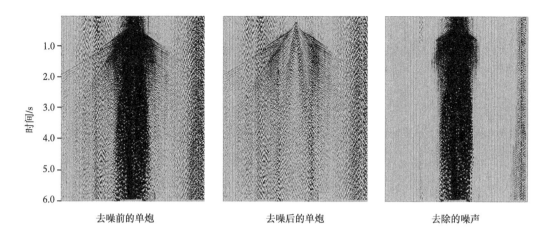

去噪前的单炮　　　　　　　　去噪后的单炮　　　　　　　　去除的噪声

图 3-3-16　分频异常高能噪声压制前后单炮对比及去除的噪声

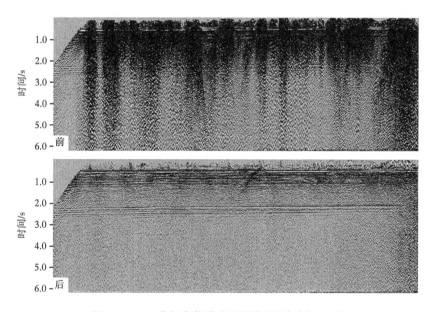

图 3-3-17　分频高能噪声压制前后叠加剖面对比

（三）线性干扰压制

开鲁盆地多为中生代残余盆地，高速的老地层埋深浅或直接出露地表，导致折射波干扰和多次折反射干扰发育，对地震资料影响较大，给后续的速度解释、反褶积、偏移等处理带来较大影响。近些年，研究的 $f—x$ 域预测滤波、径向域滤波去线性干扰方法较传统的 $f—x$ 域倾角滤波更加保幅保真。

1. $f—x$ 域相干噪声压制

$f—x$ 域相干噪声压制是用来压制由炮点激发在三维炮集、检波点道集上产生的相干噪声，包括面波、浅层折射等具有线性特征的噪声。该方法不同于 $f—x$ 滤波方法，它能处理三维观测系统的非规则空间采样的数据。该方法在提供的相干噪声的频率及视速度范围内应用最小二乘法预测每一地震道上的相干噪声，然后从地震道中减去。

$f—x$ 域相干噪声压制共有两种压制模式：一种是按照检波线来压制，即二维模式；另一种是按照方位角来压制，即三维模式。从实际生产应用来看，对于三维资料线性干扰的压制，三维模式的效果要好于二维模式。如图 3-3-18 所示，三维模式对相干噪声的压制效果好。如图 3-3-19 所示，线性干扰和侧源干扰得到较好的压制。

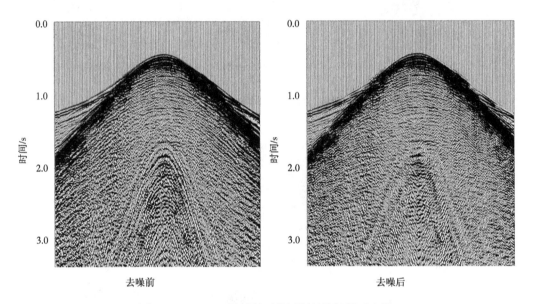

图 3-3-18　$f—x$ 域线性干扰压制单炮效果对比图

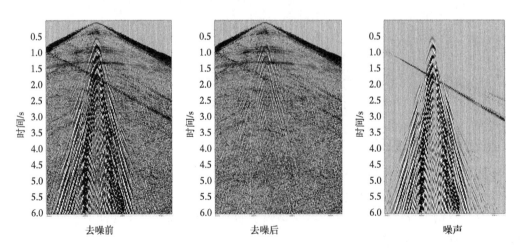

图 3-3-19　$f—x$ 域线性干扰压制单炮效果对比图

2. 径向域线性噪声压制

径向道变换技术是由 Clearbout 于 1975 年首先提出，早期主要用于偏移和成像，1999年 Henley 将径向道变换技术用于消除相干噪声，取得了较好的效果。相比一维频率滤波、$f—k$ 滤波等方法，径向道变换可以通过合理选择原点对局部线性干扰进行处理而不影响其他的地震数据，同时还可以选择不同的滤波参数，对地震记录应用多次径向道变换滤波，压制不同区域不同类型的线性干扰，具有较高的保真度[4]。这项技术在辽河外围盆地资料线性干扰压制过程中取得了较好的效果。

径向域线性噪声压制的基本思路是在径向道数据上线性干扰表达为低频特征，而有效信号的频率不变，通过设计低截滤波器来压制线性干扰。该技术的成功与否关键是径向道上线性干扰是否与有效信号在频率域分开，只有线性干扰的频率与有效信号的频率完全分开才不会伤害有效信号。实际应用过程中，直接在地震资料上进行径向道变换，线性干扰频率同有效信号频率有很大部分重叠，所以要想使用该方法，必须对原始数据进行预处理，通过研究发现，降低线性干扰的速度后，线性干扰在径向道上的频率会得到降低，而有效信息的频率保持不变，这样，就可以对原始资料上的线性干扰进行投影处理，降低线性干扰的速度后，再进行低截滤波处理，就可以去掉线性干扰，同时不伤害到有效信号。

如图 3-3-20 所示，径向变换之后，线性干扰的主要频带（实线）在 0~20Hz 之间，原始有效信号的主要频带（虚线）在 6~30Hz 之间，两者有重叠，显然，采用低截滤波伤害有效信号。

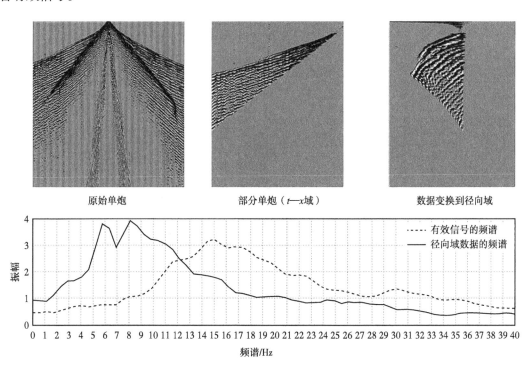

图 3-3-20　原始单炮及径向变换前后数据和频谱对比

图 3-3-21 所示，采用空间变换将原始单炮上线性干扰的速度进行低速投影，径向变换后线性干扰的主要频带（实线）在 0~8Hz，有效信号的主要频带在 9~30Hz 之间，这时采用 6Hz 以下的低截滤波就可以把线性干扰有效压制。

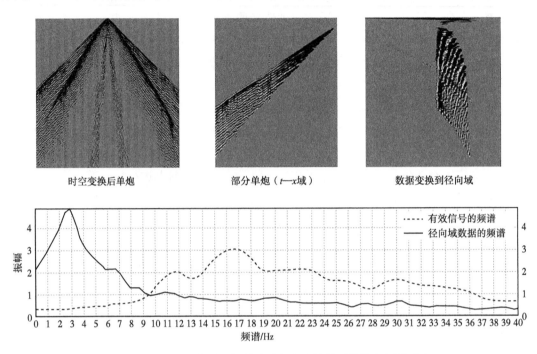

图 3-3-21　时空变换后的单炮及径向变换前后数据和频谱对比

如图 3-3-22 和图 3-3-23 所示，对采用径向域线性干扰压制前后的单炮和叠加剖面进行对比，采用该项技术可以较好地压制线性干扰。目前，这项技术已在辽河外围盆地资料处理中普遍推广。

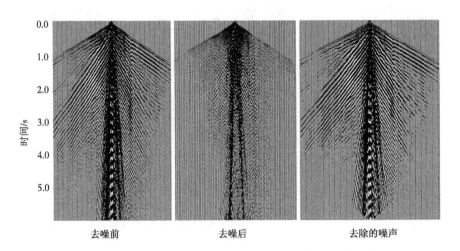

图 3-3-22　时空变换后径向域去噪前后的单炮及去除的噪声

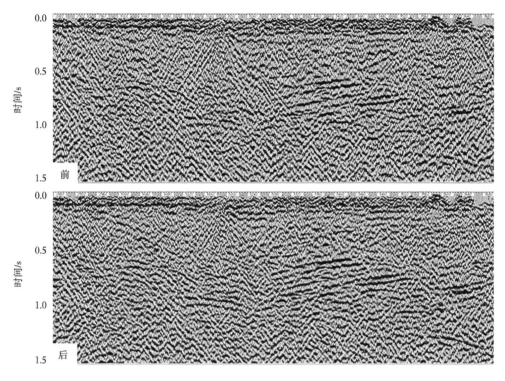

图 3-3-23 径向域线性干扰压制前后的叠加剖面

（四）多次波识别与压制

辽河油田地震资料处理中，能否有效地去除多次波是提高资料处理质量的一个重要课题。因此，在历年的地震资料处理中都要围绕这一课题进行一些方法研究及处理流程参数试验，并在地震资料处理实践中取得了应用实效。

1. 多次波的识别

由于多次波的特征与有效波特征相似，多次波显得更加隐蔽，因此对多次波的识别就尤为重要。通过对东部凹陷、西部凹陷资料的详细分析认为，西部凹陷全程多次波较为发育，东部凹陷全程多次波和层间多次波都发育。如何准确地识别这些多次波，通过多年的研究，根据多次波的特征，总结出七种多次波的识别方法：（1）近偏移距叠加法；（2）自相关法；（3）速度谱分析法；（4）常速叠加法；（5）道集分析法；（6）合成记录标定法；（7）井震对比法。

多次波整体的识别思路：对同一种多次波根据其特征、利用多方法组合识别。根据多次波的周期性的特征，利用近偏移距叠加法 + 自相关的组合法进行识别；根据多次波与一次波的速度差异，利用常规叠加 + 速度谱法进行组合识别。再根据合成记录标定和 VSP井震对比，可以比较好地识别出多次波的时空分布和多次波的速度趋势。图 3-3-24 是东部凹陷红星地区多次波识别的实例。

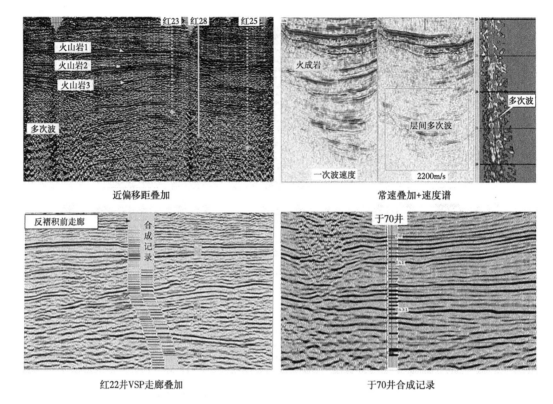

图 3-3-24　利用多种方法识别多次波实例

2. 多次波的压制

叠前去多次波的方法很多，但主要思路不外乎以下两种办法：一是依据多次波周期性压制多次波；二是基于一次波与多次波时差的区别（速度区别）压制多次波。

这些技术包括预测反褶积、中值滤波、$f—k$ 域去多次波、高精度拉冬变换去多次波、内切除、速度域信号重构法多次波衰减、聚束滤波法多次波衰减、自由表面相关多次波衰减（SRME）等。在实际的生产过程中，应用较多、效果较好的多次波压制技术主要有预测反褶积、高精度拉冬变换去多次波技术及 SRME 技术。预测反褶积主要用来压制短周期多次波，高精度拉冬变换去多次波技术主要用来压制长周期多次波，SRME 技术主要用来压制表面相关及层间多次波。通过这三项技术的组合使用，可以比较好地压制辽河油田地震勘探资料中的多次波。

1）$\tau—p$ 域预测反褶积

基于多次波周期性来压制多次波是目前常用的一种多次波压制方法。这类方法主要通过预测反褶积来实现，压制效果的好坏主要取决于多次波的周期性是否明显。常规的时空域数据其周期性往往只在近偏移距表现挺好，在远偏移距其周期性不明显，因此，对远偏移距多次波的压制效果不好。为此，通过将时空域数据变换到 $\tau—p$ 域，多次波的周期性明显变好。

图 3-3-25 是一个共中心点道集在时空域（$t-x$ 域）和 $\tau-p$ 域的自相关对比，可以很明显地看到，在 $\tau-p$ 域里，多次波周期性得到了很好的体现，$\tau-p$ 域做预测反褶积应该是去短周期多次波的首选。$\tau-p$ 变换面临的最大的问题就是反变换后数据失真的问题，这种现象主要是由于信噪比低引起。其实，$\tau-p$ 变换与 $f-k$ 变换非常近似，其目的都是将输入信号分解成平面波，两者之间存在一定的内在联系，这样就可以通过 $f-k$ 变换来实现 $\tau-p$ 变换，这种方法具有更好的保真性。

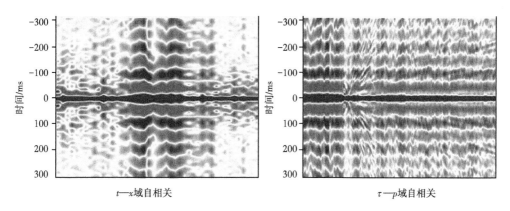

$t-x$ 域自相关　　　　　　　　　　$\tau-p$ 域自相关

图 3-3-25　共中心点道集在不同域的自相关对比

如图 3-3-26 所示，短周期性多次波得到了很好的压制，特别是混杂在一次波速度趋势线上的短周期多次波得到了很好的压制，这也是其他多次波压制方法所不能比拟的。

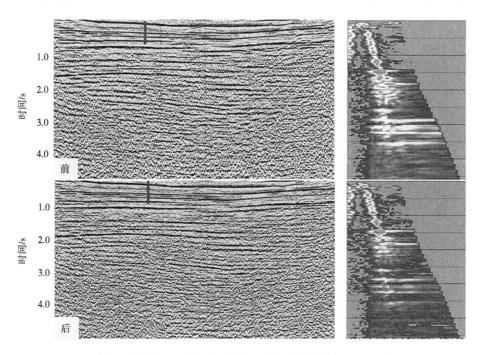

图 3-3-26　$\tau-p$ 域预测反褶积前后的叠加剖面及速度谱

2）高精度拉冬变换压制多次波

高精度拉冬（Radon）变换压制多次波是根据多次波与一次波之间的速度差异来压制多次波的，属于基于剩余时差的多次波压制方法。高精度拉东变换在变换过程中通过时变加权方法来得到一个稀疏模型的拉东变换，其精度相对于常规的拉冬变换有较大幅度的提升。目前，在辽河油田地震资料处理过程中，该技术是压制多次波的主要方法。

高精度拉冬变换在实际应用中经常会遇到浅层失真、有效信号损失、低信噪比部位背景噪声增强的问题，因此采用高精度拉冬变换压制多次波时需要做好以下几点工作。

（1）定量的参数选择。

利用速度谱拾取一次波速度和多次波速度，定量计算多次波的剩余时差，指导基于剩余时差的滤波方法的参数选择。

（2）最大多次时差约束。

由于拾取的一次波速度不能保证百分之百准确，这样就需要对一次波进行保护。除了尽量获得准确一次波速度外，还可以在一次波和多次波速度走廊中间拾取出另外一条速度线，用这条速度线同一次波速度计算出一套剩余时差量，以这套剩余时差来约束第一步得到的参数，可以起到保护一次波的作用。

（3）垂向时间控制。

由于浅层数据覆盖次数不足，在进行拉冬变换过程中就会损失一部信息。因此在实际的应用过程中，根据多次波发育的层位，从垂向上控制拉冬变换的范围，可以很好解决浅层数据失真的问题。

如图 3-3-27 所示，通过一次波速度没有校平的多次波，经过高精度拉冬压制后，得

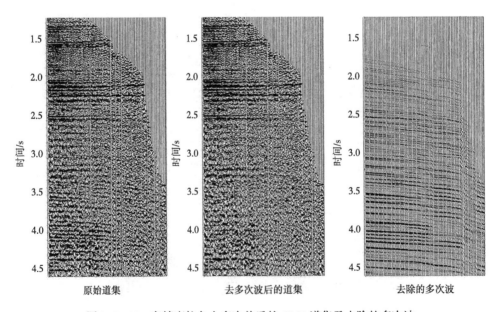

原始道集　　　　　　　去多次波后的道集　　　　　　去除的多次波

图 3-3-27　高精度拉冬去多次前后的 CMP 道集及去除的多次波

到了很好的去除，从去掉的多次波道集上可以看出，没有有效波的信号，说明该方法有很好的保真度。如图 3-3-28 所示，多次波压制后一次波成像更加清楚，之前多次波与一次波混扰的现象得到很好的消除。

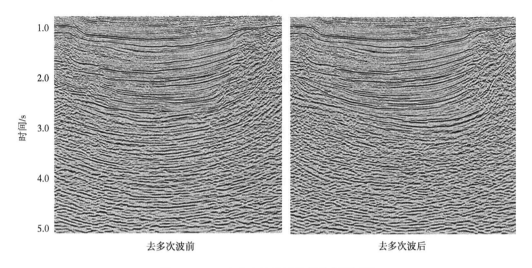

去多次波前   去多次波后

图 3-3-28   去多次波前后的偏移剖面对比

3）SRME 多次波衰减

基于波动方程的多次波压制方法 SRME 是近 20 年来发展起来的一种有效的多次波衰减方法。该方法的特点是基于波动理论，利用地震数据本身来预测多次波，而不需要地下介质的任何信息，即这种方法可以应对地下任何复杂的情况，因此应用范围较广。SRME 多次波衰减方法对近道多次波模拟准确，不损伤有效波，一定程度上提高了地震数据的分辨率。

该方法首先从波动理论和反馈模型出发，正演含复杂表面多次波的地震波场，然后将其中的多次波部分展开为级数，再利用迭代算法压制任意阶复杂表面多次波。SRME方法是一个反复迭代的过程，预测多次波算子为原始地震数据，无须任何地下先验信息，因此是一种自适应的稳定算法。如图 3-3-29 所示，经过 SRME 多次波压制后，多次波得到了很好的去除。从 CRP 道集上可以看出，没有有效波的信号损失，说明该方法有很好的保真度。

（五）综合去噪效果

如图 3-3-30 和图 3-3-31 所示，通过一系列针对性去噪技术的应用，包括面波、线性干扰、异常噪声和 50Hz 工业电干扰在内的噪声均得到有效压制，资料的信噪比由原来的 0.5~1 提高到 1~1.5。如图 3-3-32 和图 3-3-33 所示，通过高能噪声压制、面波压制以及线性噪声压制，资料噪声得到有效压制，资料信噪比得到很大程度的提高，由 0.8~1.0 提高到 1.6~1.8，为后续偏移成像奠定了良好的资料基础。

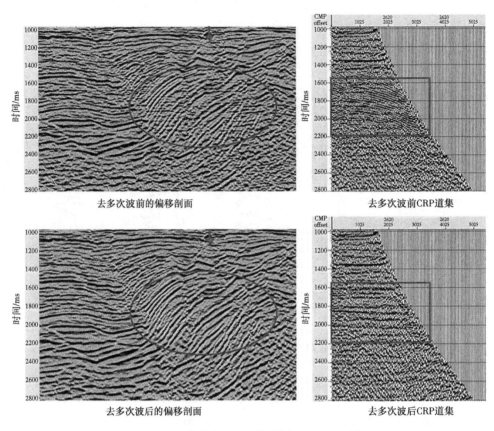

图 3-3-29　去多次波前后的偏移剖面及 CRP 道集对比

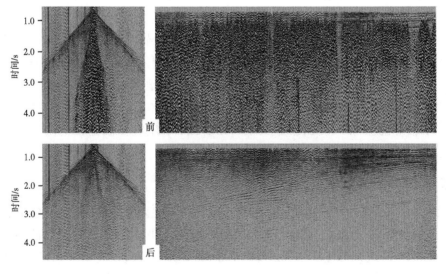

图 3-3-30　东部凹陷青龙台资料综合去噪效果

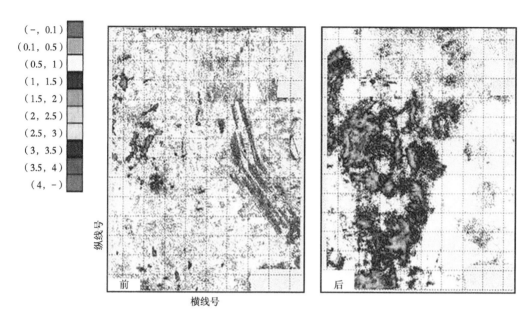

图 3-3-31　东部凹陷青龙台资料综合去噪信噪比属性对比

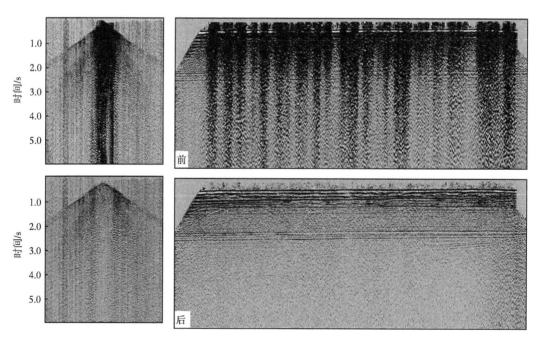

图 3-3-32　宜庆地区宁 51 井区综合去噪效果图

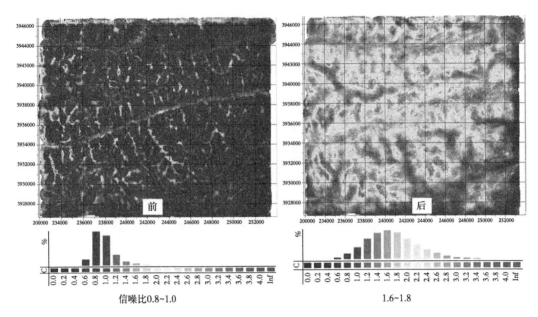

信噪比0.8~1.0 1.6~1.8

图 3-3-33 宜庆地区宁 51 井区综合去噪前后信噪比属性对比

参 考 文 献

[1] 张文坡，宁日亮，郭平 . 辽河油田地震资料处理 [M]. 北京：石油工业出版社，2007.

[2] 陆基孟 . 地震勘探原理 [M]. 3 版 . 东营：中国石油大学出版社，2011.

[3] 何樵登 . 地震勘探原理和方法 [M]. 北京：地质出版社，1986.

[4] 熊翥 . 复杂地区地震数据处理思路 [M]. 北京：石油工业出版社，2002.

第四章　宽频宽方位处理

随着勘探开发程度的不断深入，岩性地层油气藏、致密油气藏等复杂目标已经成为辽河油田勘探开发的重点领域。这些地质目标成藏规律复杂，具有极大的隐蔽性，且推进了高密度宽方位乃至全方位的三维地震采集和宽频保真保幅地震处理技术的不断发展；使得地震资料的品质得到较大提高，尤其是在资料的成像精度和宽频保真保幅性方面；也使得地震信息能更客观有效地反映各种地质现象、表征储层的各种属性。与此同时，地震资料品质的不断提升又进一步推动了反演技术的发展，使其从叠后走向叠前，从声阻抗反演走向弹性波阻抗反演。

第一节　宽频保幅处理

为了做好宽频保幅处理，需充分分析影响地震分辨率的因素，针对辽河不同地区的资料特点，做好噪声压制，奠定宽频保幅处理的数据基础；在科学的过程质量控制下，采用近地表吸收补偿、子波一致性处理、分频处理、时空变谱拓展等技术，在提高资料分辨率的同时，保证处理技术应用的保幅性和保真度。

一、影响辽河地震分辨率的因素

影响辽河油田地震资料分辨率的因素主要包括地质因素、采集因素和地震资料处理因素三个方面。

（一）地质因素

辽河坳陷地下构造复杂、断裂发育，多期多组正、逆断层将构造挤压成破碎带和褶皱区，导致地震采集记录中出现各种反射波、断面绕射波和各类干扰等并存的现象，降低了资料信噪比。由于岩层并非完全弹性介质，地震波在传播过程中，会发生吸收衰减，导致地震波的振幅减小、频率降低、子波延续度加长、相位发生变化。在东部凹陷火成岩发育区，强波阻抗界面发生多次反射，许多不易识别的多次层间反射波使得子波形状改变，影响接收记录的分辨率。再加上火山岩的屏蔽作用，使得深层能量更弱。宜庆地区通常覆盖巨厚黄土层，地表起伏剧烈、沟壑纵横，黄土层吸收衰减尤其严重，地震资料频带窄、主频低，导致了原始资料的分辨率较低。另外薄层效应相当于低通或高通滤波，滤波的效果与上下界面的反射系数和薄层的厚度有关。这些效应都将使得地震波的频率成分发生改变，进而影响分辨率。

（二）采集因素

在野外采集过程中，激发、接受因素以及地表条件都会对地震资料的分辨率产生影响。激发因素包括震源激发子波的类型、炸药类型、药量和井深以及井组合方式；接受因素包括仪器类型、动态范围、检波器类型、检波器的安置条件和组合方式；近地表条件包括地表和低降速带的岩性、厚度等；另外，观测系统的设计、环境噪声等都会对地震资料的分辨率产生一定的影响。辽河陆上人口稠密，交通发达，滩海地区河流众多，养殖区密布，水陆连接地区差异很大，外围地区地表多为沙漠或山地。各种复杂地表条件导致激发、接收因素难以统一。造成记录地震波的频率、相位和振幅的差异，甚至发生资料缺失，进而对地震资料的分辨率产生影响。根据精细表层调查资料可以看出，辽河盆地地区低降速带厚度一般小于 25m，但表层岩性变化剧烈，表层吸收情况变化大，导致地震资料频率一致性差。

（三）地震资料处理因素

宽频处理是要进一步扩展地震资料的优势频带，保护信号中较弱的低频和高频成分，展宽频带以提升地震资料的分辨率[1]。处理过程中有些因素会影响地震资料的分辨率，如静校正时差、动校正时差、动校正拉伸、偏移误差以及噪声水平等，在处理中要尽量消除此类影响。一是选取方法原理合理的处理技术；二是做精细参数选取；三是做过程质量控制。

二、宽频保幅处理的关键技术

宽频处理技术概括起来主要包括以下三个方面：一是基于大地吸收模型，弹性波机制理论的提高分辨率处理技术，使地震波在传播过程中损失的能量得以补偿，失去的分辨率得以恢复；二是基于褶积模型的提高分辨率处理方法，使地震子波得以压缩，频带得以拓宽，通过反褶积达到提高资料分辨率的目的；三是通过多种处理技术的改进，克服地震资料在处理过程中降低分辨率因素的影响，使反射信息同相叠加，提高资料信噪比，拓展有效频带宽度，从而达到宽频保幅处理的目的。

（一）地震资料振幅补偿

1. 球面扩散补偿

由于激发、接受条件的差异及地震波球面扩散等因素的影响，地震记录能量分布不均，炮间、检波点间、远近反射道间能量差异较大，严重地影响着资料的叠加效果。为了解决能量不均问题，辽河油田研究院计算研制了一种新的振幅补偿方法，即时间—空间两步法振幅补偿技术[2]。

传统的振幅补偿方法对于确定的数据是唯一确定的，振幅补偿的结果不能人为地调整，其结果导致传统的振幅补偿存在一定的误差，这种误差随反射角的增大而增大，这就意味着误差在时间、空间上的分布是不稳定的。

该方法用均匀介质近似代替层状介质，经适当的数学处理，给出补偿因子数学表达式：

$$D_x = \frac{t v_{\text{rms}}^2}{v_1} \left(\frac{t \cos \theta_1}{t_0} \right)^\alpha \tag{4-1-1}$$

式中　t_0——垂直反射双程时间，s；

　　　t——反射双程时间，s；

　　　v_1——第一层的速度，m/s；

　　　v_{rms}——均方根速度，m/s；

　　　θ_1——第一层的出射角，（°）；

　　　α——为任意的非负实数。

式（4-1-1）是控制误差稳定的近似公式，通过控制 α 参数，首先在空间域上进行误差稳定的振幅补偿，然后在时间域上进行相应的误差校正，得到较为精确的振幅补偿结果。如图 4-1-1 所示是传统方法与新方法变化对比图，相较于传统补偿方法得到的叠加剖面而言，新方法得到的叠加剖面上没有能量不均的条带现象，而且信噪比也有所提高。

通过能量补偿新技术的应用，使叠前资料能量统一，保证各反射道在相同的振幅级别下叠加，为提高资料的横向分辨率提供了良好的前提条件。

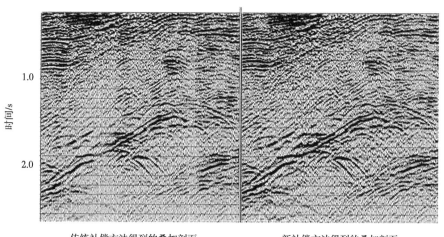

传统补偿方法得到的叠加剖面　　　　　　　新补偿方法得到的叠加剖面

图 4-1-1　传统补偿方法与新补偿方法得到的叠加剖面对比

2. 近地表吸收补偿

表层对地震信号的吸收和频散作用，会严重降低地震记录的分辨率和最终成像质量。辽河油田近代沉积大部分是未成岩介质，沉积松散，对地震波的能量有强烈的衰减作用，尤其是高频能量；另外，由于不同频率波的传播速度不同，还会发生频散现象，造成相位特征的畸变。表层介质空间变化剧烈，其吸收和频散作用会造成子波能量和相位的空间变化，引起成像的空间变化，这种变化要远大于地质和油气因素引起的储层信息的空间变化，给储层识别带来困难。

地震波在传播过程中，其吸收及频散特性与介质的组成、饱和度、孔隙率等物理性质密切相关，在衰减补偿研究中，通常采用品质因子 Q 描述吸收与衰减的总体效应。准确求取 Q 值是近地表吸收补偿的关键。

$$A_t = A_0 e^{-\frac{\pi f}{Q} t} \qquad\qquad （4-1-2）$$

式中 A_0——T_0 时振幅，m；

　　　A_t——输出振幅，m；

　　　f——频率，Hz；

　　　t——时间，s。

近地表吸收补偿技术符合吸收衰减机制，具有明确的物理意义，可以准确获得每个物理点的吸收情况，是地表一致性的、是确定性的。理论跟实际观测都得到验证，近地表吸收衰减规律基本符合 e 指数衰减。近地表吸收补偿技术的关键技术步骤是：

（1）利用炮检点相对振幅系数 R（迭代法）和表层旅行时 t 由谱比法或频移法计算表层相对 Q 值；

（2）对表层相对 Q 值，经表层速度模型标定与联合求解得出可用于补偿的表层 Q 模型；

（3）依据地层 Q 模型，通过空、时变的自适应补偿算法对叠前或叠后数据在频率域进行补偿。

该项技术具有以下特点：静校正与 Q 补偿共用表层结构模型，从不同角度消除了表层影响，补偿精度高；可随 Q 场的空间变化实现振幅补偿因子的自适应调整，改善道间振幅及频率的一致性，补偿高频信号同时压制高频噪声，具有信噪比高的特点；能够适应不同深度有效频带宽度的变化，防止深层噪声的过补偿；同时补偿振幅和相位，不改变地震波相对关系，保真度较传统反褶积方法具有明显优势；低频成分得到保护，中高频成分得到恢复，展宽了有效频带，一致性好。

3. 叠前 Q 偏移

地震波在地下传播时，由于地下介质并非完全弹性，会发生黏性吸收衰减，这一吸收对不同频率成分影响是不同的，频率越高吸收越严重，这直接导致剖面分辨率降低，相位发生变化。Q 偏移技术是将地震波传播的地层当作黏性介质，将吸收补偿与叠前偏移有效地结合的资料处理手段，它能够在偏移成像的同时，完成中深层地层吸收补偿，进一步恢复深层弱信号能量，提高资料分辨率，同时改善深层成像质量。该技术在常规时间偏移的基础上，考虑了基于 Q 的相位校正和振幅补偿，其关键在于等效 Q 场的建立和稳向叠加的实现。

如图 4-1-2 所示，等效 Q 场的建立是基于引入的黏性参数和等效 Q 概念，使每个成像点存在均方根速度和等效 Q 两个参数，使等效 Q 扫描具备可能性，然后根据 Q 扫描结果和均方根速度场，建立等效 Q 场，正确表达了层黏弹性特点，然后配合均方根速度建立了叠前时间偏移的基础。

　　稳相叠加算法的实现是基于倾角场的建立，由于地下真实构造是未知的，因此偏移孔径难以做到空变，从而引起偏移噪声，影响振幅关系，降低信噪比。为解决这一问题，通过计算地层倾角，保留第一菲涅尔带数据成像，构造倾角道集，实现孔径空变，然后采用稳相偏移算法，实现有效信息叠加，克服了偏移噪声，提高了成像结果信噪比。

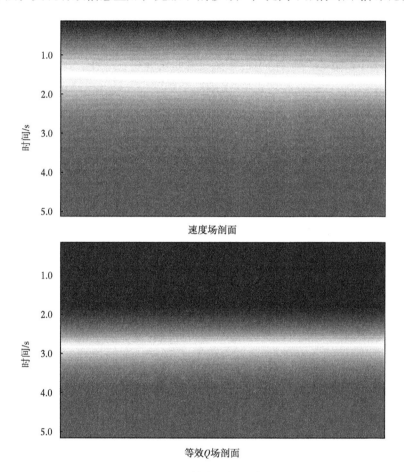

速度场剖面

等效 Q 场剖面

图 4-1-2　等效 Q 场的建立

　　另外，叠前 Q 偏移技术还可以沿层输出地层倾角道集，准确反映储层信息，有利于储层反演；同时结合表层吸收补偿技术，形成基于吸收补偿的高分辨率处理组合，物理意义明确，克服了反褶积处理的不确定性，同时该项技术具有以下优点：（1）边成像边补偿，更科学合理；（2）横向、纵向分辨率同时提高；（3）生成共倾角道集，利于压噪。

（二）反褶积处理

　　反褶积技术以褶积模型为基础，对地震子波、反射系数、地层介质产状和激发接收方式等进行各种假设。反褶积是地震资料处理中的一项重要技术，理想的反褶积能很好地压缩地震基本子波，提高资料的垂向分辨率，反褶积的方法很多，它们各有不同的功能[3]。

1. 子波最小相位化

地震记录是反射系数与地震子波的褶积（通常还含有一定的噪声），地震资料处理的一个主要目的是通过地震记录来确定地下反射系数，因此对地震子波的估计（不知道确切的地震子波，即使是可控震源，知道的也只是激发子波，而在传播过程中，子波是时刻在发生变化的）是非常重要的。一个子波可以由它的振幅谱和相位谱来确定。相位谱的类型可以分为零相位、最小相位、混合相位；对零相位子波而言，可简单将其看作是一系列不同振幅和频率的正弦波的集合，所有的正弦波都是零相位；地震子波的估计由两部分组成：确定振幅谱和相位谱，而确定相位谱更加困难。

子波最小相位化就是将任何相位子波的地震道，转换为最小相位。利用以上求得的任意相位子波，通过谱分解法（Hilbert 变换）可以获得该子波的最小相位当量。以最小相位当量为期望输出，任意相位子波为输入，利用最佳维纳滤波，可以求得子波最小相位化算子，将其与原始地震道褶积，便得到包含最小相位子波的地震道。如图 4-1-3 所示，最小相位化后反褶积效果得到改善。

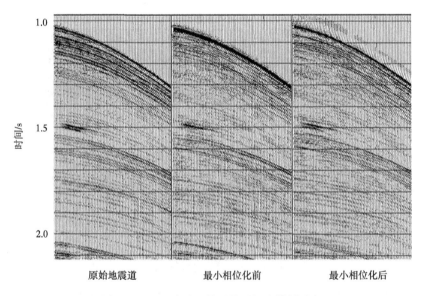

图 4-1-3　子波处理前后的反褶积效果对比

地震的分辨能力主要取决于子波的频带宽度，在频率域子波的频带越宽，在时间域地震子波的延续时间越短，分辨率越高。

2. 尖脉冲反褶积

尖脉冲反褶积在数学上与反滤波是相同的。但在实际应用中有所不同，反滤波是在子波已知的情况下，直接用子波的自相关来求解反滤波器的，为确定性反褶积；而尖脉冲反褶积则是在子波未知的情况下，用地震道的自相关代替子波自相关来求解反滤波器的，为统计性反褶积。脉冲反褶积是理想的反褶积，它严格地符合反褶积的正演模型，对不违背基本假设的地震资料可以获得完美的结果。但实际遇到更多的是不完全满足基本假设的资料，如噪声的存在、混合相位子波等，使得脉冲反褶积并不能将子波压缩成尖脉冲，而且信噪比降低。

3. 预测反褶积

预测反褶积是当最佳维纳滤波的期望输出为输入的向前时移的特殊情况。将输入按预测步长 a 进行延时，作为期望输出 $y_i=x_{i+a}$，将原始输入与其进行互相关，有：

$$r_i' = \sum_j x_j y_{j+i} = \sum_j x_j x_{j+i+\alpha} = r_{i+\alpha} \tag{4-1-3}$$

式（4-1-3）说明，延时后的互相关相当于将其自相关进行同步长的延时。这时，最佳维纳滤波表示如下：

$$\begin{bmatrix} r_0 & r_1 & r_2 & \cdots & r_m \\ r_1 & r_0 & r_1 & \cdots & r_{m-1} \\ r_3 & r_1 & r_0 & \cdots & r_{m-2} \\ \vdots & \vdots & \vdots & \cdots & \vdots \\ r_m & r_{m-1} & r_{m-2} & \cdots & r_0 \end{bmatrix} \begin{bmatrix} f_0 \\ f_1 \\ f_2 \\ \vdots \\ f_m \end{bmatrix} = \begin{bmatrix} r_\alpha \\ r_{1+\alpha} \\ r_{2+\alpha} \\ \vdots \\ r_{m+\alpha} \end{bmatrix} \tag{4-1-4}$$

这就是预测反褶积的实现算法。从式（4-1-4）中解出预测滤波器 $f_0,f_1,f_2,\cdots,f_m$，应用到输入道获得预测的结果，然后进行 α 步长的时移，再用原始输入减去该结果，便得到最终的预测反褶积输出。不过，实际应用中常采用预测误差滤波器来取代预测滤波器，即先将预测滤波器进行 α 步长的时移，变为 $\left(\underbrace{0,0,\cdots,0}_{\alpha\text{个}},f_0,f_1,f_2,\cdots,f_m\right)$，再与滤波器 $\left(1,\underbrace{0,\cdots,0,0,0,0,\cdots,0}_{\alpha+m\text{个}}\right)$（不做滤波）作差，得到误差率波器 $\left(1,\underbrace{0,\cdots,0}_{\alpha-1\text{个}},-f_0,-f_1,-f_2,\cdots,-f_m\right)$，将其应用到原始道上，直接得到最终的预测反褶积输出。

对预测反褶积因子长度和预测步长进行试验发现，只有因子长度包含记录自相关的前两个波形时，才能去除多次波，图 4-1-4 是合成数据各因子长度的预测反褶积结果，其中显示了因子长度从 20ms 到 120ms 的各种结果，从中看到，自相关的第二个波形在约 60ms 处，当因子长度小于 60ms 时，不能得到消除多次波的目的；而预测步长可以控制对子波的压缩程度，预测步长越小，子波压缩得越短。当预测步长包含子波自相关的第二个波形时，预测功能减弱。图 4-1-5 是合成数据的预测反褶积结果，其中显示了预测步长从单位长度（采样率）到 80ms 的各种结果，从中看到，当预测步长达到 80ms（大于 60ms）时，预测反褶积失去了消除多次波的功能。

总之，预测反褶积不仅可以通过其预测功能压制多次波，还可以将子波压缩到预测步长的长度。所以，在实际资料处理中，用好它可以得到很好的效果，如图 4-1-6 所示，脉冲反褶积，具有更强的压缩子波功能，但信噪比较低。

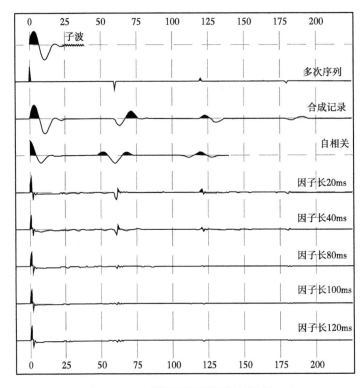

图 4-1-4　预测反褶积因子长度试验

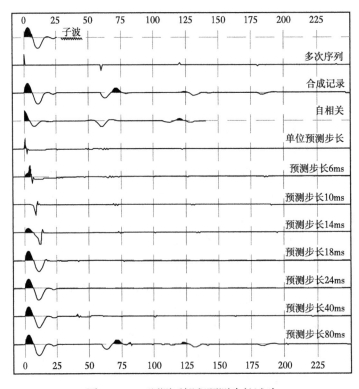

图 4-1-5　预测反褶积预测步长试验

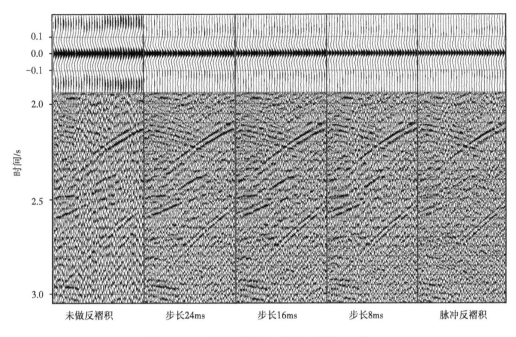

图 4-1-6 脉冲反褶积与预测反褶积的对比

4. 地表一致性稳健反褶积

地表一致性稳健反褶积是在克服传统的地表一致性反褶积不能解决非地表一致性噪声问题的基础上提出来的，因此它具有非常稳定的特点和良好的应用效果：（1）具有稳定的解，即使存在很强的非地表一致性异常噪声值，通过 L_1 或 L_2 范数解的地表一致性分解可以给出无偏差的结果。（2）具有稳定的应用，在实际的反褶积过程中，通过对比实际数据和模型数据的谱可以求得附加的临时有限算子，从而可以有效压制噪声。（3）稳健反褶积在提高分辨率方面表现也优于传统的地表一致性反褶积，能够有效提高中高频段的能量，从而有效地拓宽频带，提高资料的分辨率。

理论上认为地表一致性反褶积中地震道的功率谱是各项子波分量功率谱的积：

$$P_{TR} = P_s P_r P_c P_o P_g \qquad (4-1-5)$$

式中　P_{TR}——地震道的功率谱，W/Hz；

P_s——炮点分量功率谱，W/Hz；

P_r——检波点分量的功率谱，W/Hz；

P_c——共中心点分量的功率谱，W/Hz；

P_o——偏移距分量的功率谱，W/Hz；

P_g——全局分量的功率谱，W/Hz。

假设所有项都是正的，可以对此取对数得到线性关系的对数谱：

$$L_{TR} = L_s + L_r + L_c + L_o + L_g \qquad (4-1-6)$$

基于式（4-1-6），就可以实现地表一致性反褶积，主要包括三个步骤。（1）谱计算。对所有道进行分析和谱计算，计算形成对数功率谱 L_{TR}。（2）地表一致性分解。完成上一步的谱分析后，抽取并形成 L_s 等分量，也就是地表一致性分解，传统上就是通过最小平方法来求取各项的解。（3）应用。根据地震道分解得到的 L_s 等分量求取反褶积算子并应用[4]。

反褶积模型方程（4-1-5），虽可以解决一些站点、偏移距或 CMP 所共有的各种噪声问题，但不能解决各种随机噪声的问题，在理想高斯误差的状况下，这样的噪声并不影响式（4-1-6）的最小平方解。但在现实中含非地表一致性噪声地震道的谱就需要稳健的统计方法。空气鸣震导致的爆破噪声、地滚波、电子仪器等导致的振幅异常可能会比信号大好几个数量级，这种情况有时会超过所有道的 20%。

为了定量分析解的有效性，生成模型频谱，也就是式（4-1-6）右侧的部分，并把它和实际的线性谱 L_{TR} 做对比发现，对于一般的 L_2 范数近似的分布可以产生足够大的偏差，即使分布的中心部分有比较好的分布趋势，这种偏差也是存在的。建模误差能使高斯分布偏差达到 2dB 到至少 5dB 或 6dB，足以明显地损坏反褶积的最终效果。

建模误差为：

$$E_{TR} = \| L_{TR} + L_{mTR} \| \qquad\qquad (4-1-7)$$

式中　　$\| \ \|$——不同矢量的欧几里得距离范数。

除非事先通过道编辑的方式处理一些异常坏道，否则无法阻止谱分析过程中拾取这些噪声，只能在解方程的过程中来处理这些异常值。求解过程完成两个层面的任务，从而实现基于大量统计的稳健反褶积。

（1）核心算法就是通过数学的方式，正确有效地求解加权的 L_2 范数最小平方问题。算法是基于严格的逐行等价的经典算法和优化的雅克比迭代法（JOR），也就是超松弛雅克比迭代法。超松弛雅克比迭代法自身能够很好地适应加权最小平方法，这使得超松弛雅克比迭代法的自适应加权具有延拓性。

（2）基于 L_2 范数求解核心算法，求解过程需要进行迭代的自适应重复加权。这就需要核心算法中纯粹的 L_2 范数迭代之间的所有的方程权重进行自适应的改变。而且这一需求保证了最后阶段运用自适应得到的权重值以纯粹的 L_2 范数算法进行运算。通过控制重复加权函数中的形状参数，可以得到一些和已知的稳健算法结果非常相近的近似解。应用试验表明，L_1 或 L_2 范数混合算法优于纯粹的 L_1 范数算法以及阿尔法修剪平均算法。

通过该项技术，对好的地震道的建模误差，可以减小到所期望的值，然而对引起异常值分布的那些坏道的误差并不能明显地减小。针对此问题提出了一个解决方案，即在方程的稳健求解过程中对模型谱的适应性进行了改善。其基本思想是在应用步骤中估算非一致性的噪声，反褶积过程中应用求取的各项的谱和输入道的谱来计算地震道的谱误差，见式（4-1-7），并把它和全局误差分布来进行对比，从而判断这些道是否具有超出范围的非地表一致性噪声。

　　这样，由于稳健算法形成了正常道的精确模型，好道和坏道之间的差别就非常明显，可以比较容易地设定门槛值来识别好道和坏道了，对于任何异常道都在道头里进行的标注，可以控制后续的切除以及道编辑。

　　地表一致性稳健反褶积实现过程包括以下几个步骤：（1）谱计算。根据给定的分析时窗得到输入道的对数功率谱。（2）解方程。对每道每个分析时窗计算得到的对数功率谱进行分解从而生成每一项的对数功率谱，核心算法是前面提到的雅克比迭代法。由于不同的入射角和地滚波的影响，子波随着偏移距和时间会改变，因此应用多时窗能够克服它们的影响并提供较优的全局解。这样的解决方案相比其他方法（如人为因素比较大的道切除）来说非常实用和有效。（3）反褶积应用。从求解方程得到的结果中找到输入道对应的各自分量对应的谱。从这些基于分析时窗得到的谱中可以生成新的基于应用时窗的谱。如果选择了压噪处理的话，根据每个应用时窗计算各分量的谱误差，以便对受异常噪声重度影响的道进行有效的压噪处理。每个选取的分量的谱（炮点、检波点、CMP、偏移距、全局项）以及误差项被变换回自相关，随后自相关被输入到维纳—雷文森算法中设计形成期望的反褶积算子。可以生成最小相位或者零相位的算子。得到了反褶积算子，对输入数据进行反褶积运算就可以得到稳健反褶积的输出结果。

　　稳健反褶积的应用加入了压噪算子，在噪声很强的情况下仍然可以取得较好的反褶积应用效果，对非地表一致性的噪声有很好的压制能力。无论是在单炮上，还在叠加剖面上，稳健反褶积的效果明显优于地表一致性反褶积的结果，资料信噪比、波组特征都比较好。该技术不但有脉冲反褶积子波一致性好的优点，而且在提高资料分辨率的同时提高信噪比，在辽河油田低信噪比或复杂探区资料处理中取得了很好的效果。如图4-1-7所示，与常规的地表一致性反褶积、两步法反褶积对比，稳健反褶积资料的分辨率得到提高，剖面波组特征清晰。从地震道的自相关来看，稳健反褶积的结果子波的一致性更好。如图4-1-8所示，稳健反褶积的结果频带更宽，分辨率更高，而且低频有效信息突出，对于保护低频信号起到了重要作用。

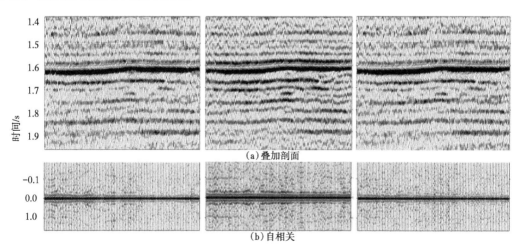

图 4-1-7　不同反褶积提高分辨率效果对比

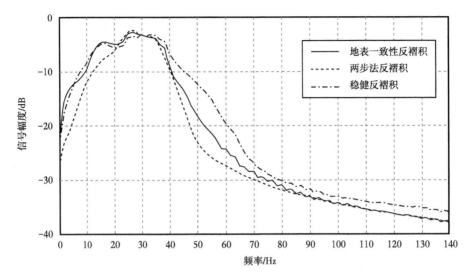

图 4-1-8　不同反褶积频谱分析

5.子波零相位化

为了满足反褶积的假设条件，更好地压缩子波，在反褶积之前，需要对原始地震记录的子波作最小相位化处理。但是，理论和实践表明，零相位子波具有最高的分辨率。因此，反褶积后，还需要对子波进行零相位化处理。对地震资料做叠前零相位化处理，消除了各道间的相位差，能够在提高速度分析、动静校正，以及叠加和偏移成像精度的同时，提高地震资料的分辨率。

目前，关于子波零相位转换的办法很多，大多基于子波的剩余相位不依赖频率的变化，作常相位校正。具体做法是：采用多道扫描的方法，用不同的相移量对记录进行相位校正，并求对应的多道平均方差模，方差模最大者对应的相移量即为所求的最佳校正量，然后对记录进行校正，使子波零相位化。在判别子波是否是零相位时，用方差模作为目标函数。由于零相位子波在比较短的时间内集中了大部分能量，所以其方差模也相对较大，因此用方差模作为判别标准是合理的。由于零相位子波的脉冲反射时间出现在零相位子波峰值处，而最小相位子波的脉冲反射时间出现在子波起跳处，后者的计时极不准确，因为在实际地震记录上，由于存在干扰背景，不可能准确读出初至，在地震解释中也比较习惯于相位对比，所以零相位更便于解释。

（三）其他宽频保幅技术

除上述宽频保幅处理技术之外，在实际处理过程中，一些其他方法也起到了重要作用。这里仅选取其中比较常用的两项技术做简要介绍。

1.时频空间域吸收补偿

近地表因素和大地吸收衰减是影响陆上地震勘探的主要问题之一，要想补偿近地表影响和大地吸收衰减就必须考虑在时间域、频率域和空间域三个域内补偿大地吸收衰减与近地表引起的衰减。在振幅补偿的同时要满足叠前相对保持振幅的处理条件。时频空间域吸收补偿技术改进和完善了时频域球面发散与吸收补偿方法。

根据凌云教授等的研究，将野外采集的原始数据时间域全频地震信号通过数学方法分解为各个不同频率段的地震信号，对每个频段的信号求取它的吸收衰减曲线，用计算出的吸收衰减曲线对相应频段的地震信号进行吸收衰减补偿，对每个频段进行大地吸收衰减补偿处理，最后将所有补偿后的各个频段的信号重构为时间域全频信号 [5]。在地震的频带上将地震数据尽可能分成多个窄频数据，并满足一定重构精度，是解决实际时频空间域补偿的重点。

在拟合各频段信号的吸收衰减函数时，用于拟合大地吸收衰减的函数应能包含大地球面发散与吸收衰减特性。如每个频段全能获得了正确的球面发散补偿，则最终也就可以实现随时间和频率变化的球面发散和吸收衰减补偿。另外，如假设大地吸收衰减在一个三维工区（除高陡复杂构造区）是宏观稳定的，其他空间高频变化的吸收衰减是由近地表变化引起的，则可以通过模型炮数据和每炮数据间的统计补偿振幅曲线间的空间高频差异来补偿近地表因素引起的空间激发能量变化。该补偿方法在消除近地表对地震属性的空间影响的同时，还满足相对保持储层振幅信息的处理要求，可获得更高分辨率的炮集数据，是陆上地震勘探进行近地表和大地吸收衰减补偿的有效方法。

2. 时空变频谱拓展

在辽河油田地震资料宽频保幅处理过程中，一般经过以上一系列技术提高分辨率后，再应用时空变频谱拓宽技术还可以进一步提高地震剖面的分辨率。

时空变频谱拓宽技术的原理是利用小波分析理论，将地震信号进行分解，来拓宽地震记录频谱的高频部分，使地震记录频谱的高频成分的振幅增强，从而提高地震资料分辨率。该技术的优点是，能够在提高分辨率的同时，很好地保持记录的信噪比和反射波同相轴的连续性，真正达到提高剖面分辨能力的目的。

三、宽频保幅处理质控

宽频保幅处理是一个庞大的系统工程，涉及处理过程中的各个技术环节。不同的处理方法及参数变化对地震波振幅的改造不同。若处理前后地震波的相对振幅关系发生较大的变化，地震反射特征就难以真实地反映地下介质的岩性、物性变化，不利于岩性反演、储层预测和流体判别，所以必须对处理过程进行严格的质量控制。

由于方法理论的局限性及实际资料的复杂性，地震资料处理过程中对地震数据进行绝对的保幅是不现实的，只能在一定程度内进行相对保幅的处理，通过对相对保幅处理技术的讨论，并结合实际处理效果，针对不同的处理技术进行了分析评价技术研究。

（一）相减法

辽河油田多年来采用相减法对噪声进行压制，并取得了很好的效果。用原始地震记录与去噪处理后地震记录相减，可以得到差值地震记录，分析差值记录中是否包含有效信号成分以及差值地震记录中噪声的成分，判断去噪方法的保幅性。保幅处理在某种意义上就是尽可能减少对信号的"损伤"。一般情况下，只要滤波器具有零相位和振幅全通的特征，滤波后的结果就可以认为是保幅的。

如图4-1-9所示，从红星地区面波压制前后的单炮来看，面波得到了很好的消除，与此同时通过相减法得到的噪声来看，技术保幅性好，噪声干扰中看不到有效信号。

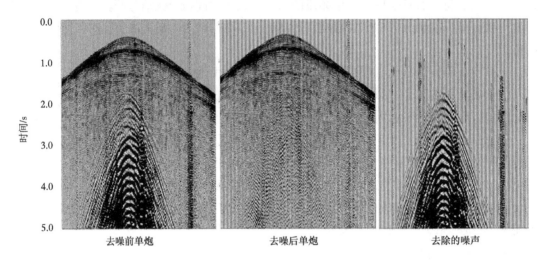

图4-1-9　十字交叉域去面波质控图

（二）时频分析法

对处理前后的剖面或道集进行时频分析，如果子波的时频特征发生异常变化，可以判断该处理技术不适宜用于保幅处理。监控可以针对特征层位进行，主要监控处理前后波形的瞬时振幅、瞬时频率和瞬时相位的变化。

傅里叶谱可以从时间域或频率域的角度分析信号，但它不能同时保留时间和频率信息。而对于非平稳信号（地震信号），要获得某一时间的频率成分或某一频率成分的分布情况，时频分布就显示出其重要作用。频谱和时频分布的区别在于：频谱能够确定哪些频率存在，而时频分布能够确定在某一时刻频率成分的分布特征，从而监控子波的时频特征的异常变化。如图4-1-10所示，谐波得到了很好的压制。

（三）振幅曲线对比法

对于振幅补偿类处理技术，通过分析振幅补偿前后浅、中、深层的振幅曲线及振幅平面属性变化图，在不改变有效地质层位振幅变化规律的情况下，以单炮总体能量变化满足浅、中、深层空间相对一致性及振幅平面属性图不存在边界效应及异常值为标准，对振幅补偿类处理技术的保幅性进行有效鉴别。

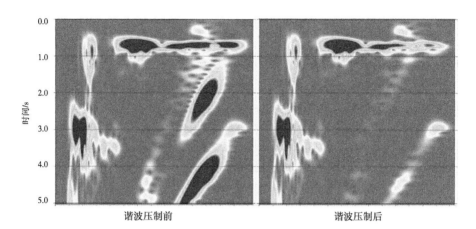

图 4-1-10　谐波压制前后时频谱分析对比图

地震反射能量与波阻抗的相对变化成正比，波阻抗与岩性的变化存在一定联系，这成为利用地震反射振幅进行隐蔽油藏勘探的理论基础。如果没有地震波在传播过程中的球面扩散效应和地层吸收的影响，深、浅层反射波具有相同的振幅谱，相位谱仅相差一个线性相位；如果把地震记录分成不同的频率，所对应时间的能量分布关系具有相似性，也就是各频率来自深层的反射能量与来自浅层的反射能量之比应该为一个常数，不同的只是不同频率间的绝对能量大小不一样。

地层无吸收时，不同频率成分所对应时间的能量分布关系具有相似性；有地层吸收时，低频成分衰减缓慢，高频成分衰减较快。球面扩散补偿是地震波由震源向外以球面扩散的方式传播而产生的能量损失的补偿。地表一致性振幅补偿是消除由于地表条件空间变化对振幅的影响，提高振幅的保真性，使得振幅的空间变化能够反映地下岩性和参数的变化，以及流体成分的改变情况。

如图 4-1-11 所示，将正演单炮通过指数在时间上进行衰减，得到记录单炮，再进行球面扩散补偿。从补偿效果看，恢复后的单炮能量与正演单炮能量基本相同。

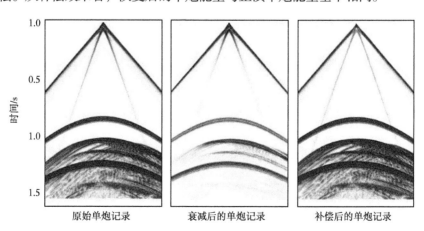

图 4-1-11　球面扩散补偿前后单炮记录对比图（正演模拟）

（四）振幅比计算法

如果地震资料经处理后，数据的整体能量发生变化，但振幅的相对强弱关系没有破坏，就称之为相对保幅处理过程。

以叠前正演数据为基础，在已知地层反射系数、地震波振幅相对关系的情况下，对数据作不同的处理，并通过计算处理前后同一标准层的相对振幅比，来评价相应的处理技术及流程。这种方法也适用于反褶积处理、能量补偿处理等技术的保幅性评价。

（五）子波相关分析法

对于叠前提高分辨率的处理技术，可以采用频谱分析及子波一致性相关分析法，标准是不改变地震资料的极性，有效频带内能量得到加强，高频噪声得到抑制，自相关函数主能量一致性加强，旁瓣能量发散，子波一致性变好。然而真实的地震子波和反射系数都是未知的，所以对子波的求取是非常重要的。

对于叠前地震数据，先建立模型道，再计算数据集（共炮集或者共接收点道集）上的每一道和它对应的模型道的归一化互相关函数。如果互相关函数对称性差，峰值小（即信噪比低），时间延迟量大，说明数据存在严重的静校正问题和相位问题；如果互相关函数对称性好，峰值大（即信噪比高），时间延迟小，剩余静校正问题小，数据保幅性好。

如图 4-1-12 所示，反褶积后分辨率得到提高，复波明显减少，同相轴连续性变好，相位特征未发生变化。也就是说，地表一致性反褶积提高资料频率后并不改变数据的极性或相位，自相关函数主能量一致性加强，旁瓣能量发散，子波一致性变好。

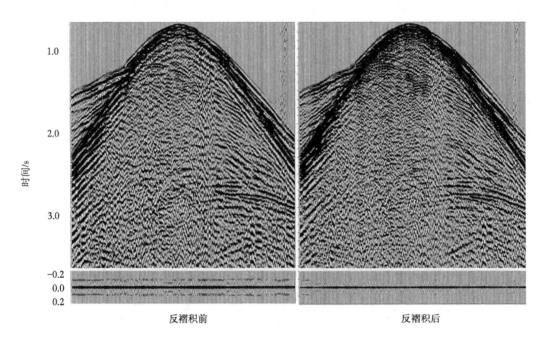

图 4-1-12　地表一致性反褶积前后单炮及自相关对比

（六）属性切片分析法

地震属性分析方法就是利用各种数学方法从地震数据体中提取各种地震属性，结合地质、钻井、测井资料对目的层的特征进行研究的方法。

对于提高分辨率及成像类处理技术，采用相干切片或水平切片分析提高分辨率前后及最终成果剖面的地质现象清晰程度，能够更清晰地反映地下细小地质特征，同时保持原始构造现象，可以判定为相对保持振幅处理技术[6]。

时间切片从一个时间常数或加上一个平行的时窗段来显示提取属性参数，在地层是水平或薄片状时能反映它所在的沉积层位。沿层切片考虑到了地层构造倾角的影响，在平行于解释层位的时窗段或在平行偏离解释层位的时间上提取属性参数，这种方法要求地层成薄片状。通常地层厚度是变化的，厚度的显著变化和断层导致了在做时间切片或沿层切片时所采用的地层样点数据来自不同地质年代的地震反射。

如图 4-1-13 所示，提高分辨率后基本保持了原始构造现象且更加清晰可靠，陡坡带成像更清晰，保幅性较好。

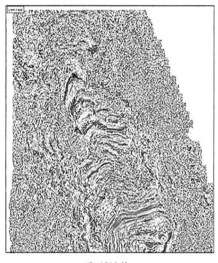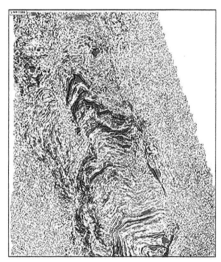

反 Q 滤波前　　　　　　　　　　　　　反 Q 滤波后

图 4-1-13　高精度三维反 Q 滤波前后切片对比图

（七）合成记录法

辽河油田是勘探成熟地区，探区内各种井信息丰富，地震资料处理时可以用合成记录对资料的保幅性进行监控。利用测井数据制作合成记录，分析记录的频率、相位、波形特征以及能量相对关系，并与井附近的地震资料进行对比分析。

对于叠前 CMP 道集而言，根据测井数据换算出地层速度，根据目的层位的埋深和炮检距计算出入射角，再根据 Zoeppritz 方程计算出反射系数，与地震子波褶积就得到了反映目的层井点处的 CMP 道集，将此合成道集中各反射波振幅变化关系与处理后地震道集中各反射波振幅的变化关系进行比较，可以验证处理方法对叠前道集的保幅性。

对于偏移剖面而言，根据测井数据换算出地层速度，计算出各地层界面的法向反射系数，利用褶积模型可以得到井旁的一道合成记录。将此合成记录中不同时间的反射波振幅变化关系与处理后井旁地震道中不同时间的反射波振幅的变化关系进行比较，可以验证处理方法在纵向上的保幅性。

（八）AVO 属性分析法

对于已知探井区块的地震目标处理，使用测井数据质控地震处理步骤和参数，以达到地震相对振幅保持和地震相位标定的目地。通过与井资料对比，处理后道集的 AVA（振幅随入射角变化）、AVO 关系不能破坏。地震剖面要与已知井资料分层数据相吻合，已知气井含气标准层具有明显的 AVO 特征，地震剖面应具有相应的振幅响应。

在处理过程中，任何一项技术应用，道集中的 AVA、AVO 关系不能破坏。通过利用测井信息得到岩石物性参数，合成出 AVA、AVO 道集，比较保幅处理与成像的结果和合成 AVA、AVO 道集之间的相似性，就能够一目了然的判断资料的保幅性[7]。

考虑到波阻抗分界面（或波阻抗分界层）的 AVO、AVA 效应，尤其要保持随角度变化的反射波形特征在一点上的相对真实性和横向上的一致性。

如图 4-1-14 所示，对比稳健反褶积处理前后以上属性图可以看到 AVO 特征保持不变，证明稳健反褶积满足相对保持振幅的要求，是保幅处理。

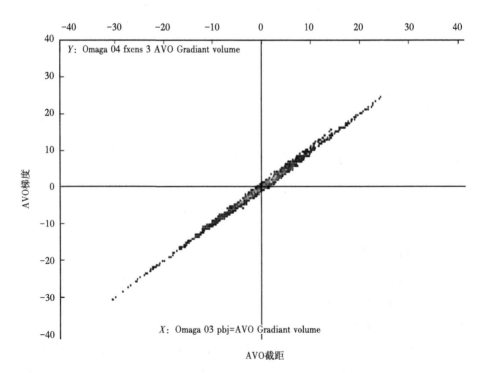

图 4-1-14　稳健反褶积处理前后 AVO 截距属性交会图

除上面提到的保幅处理判别方法外，还包括一些其他的方法如波阻抗与测井结果的一致性分析方法等，实际的保幅判定过程中应根据实际资料情况选择合适的保幅判别方法，有针对性地开展保幅性分析工作。

四、宽频保幅处理应用效果

多年以来，辽河油田研究院结合勘探开发生产实践，从原始资料入手，详细分析资料特点，开展了持续的高分辨率保幅处理技术攻关研究。处理技术不断发展完善，从最初的叠后提高分辨率，发展到叠前高分辨率处理、叠前叠后联合高分辨率处理，一直到现在的高分辨率处理及叠前反演一体化研究，形成了一套面向岩性油气藏的处理技术，并将这些技术先后应用到沈84—安12井区、雷家、陆东后河、鄂尔多斯等多个勘探开发区块中，使地震资料处理成果的保幅性明显提高，目的层主频平均提高5~10Hz，分辨厚度能力提高10~20m，有力地支撑了辽河油田的岩性勘探需求。

为了提高沈84—安12井地区资料的分辨率，采用地表一致性稳健脉冲反褶积、反Q滤波、调谐反褶积等多种宽频保幅处理技术。如图4-1-15所示，新处理地震资料的断层归位更可靠，断面位置更清楚，同相轴变化更能反映实际地层产状，层间信息丰富真实，与井资料吻合度高。基于新处理地震资料，井震结合重新落实控藏断层，利用电性关系图版和动态资料，评价单井油层特征，分析油水分布规律，优选胜17-12块、胜22块开展井位部署，部署滚动井3口，规划开发井13口。新资料井震结合有效识别断点980个，合理组合断层50条，精细落实断块37个，厘清了各断块复杂油水关系。

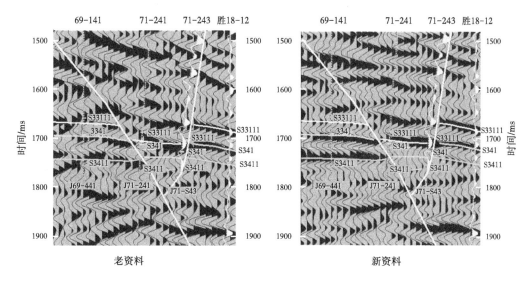

图4-1-15　新老资料与合成记录标定对比剖面

为了提高雷家地区沙四段碳酸盐岩地层的分辨率，针对原始资料目的层段主频低、频带窄等特点，在偏移前采用井控Q补偿和地表一致性反褶积来改善资料频率一致性，同时提高资料分辨率。在偏移道集上主要采用了预测反褶积和零相位反褶积两项技术来压制资料背景噪声，同时消除长周期多次波，进一步提高资料分辨率，使得目的层段的有效频带得到拓宽，高频成分得到补偿。在偏移后叠加剖面上优选经验模态分解高分辨率处理技术，资料层间信息更为清晰，资料有效频带更宽，资料分辨能力更强。如图 4-1-16 所示，新处理成果成像质量明显改善，沙四段整体构造形态、断层成像更加清楚，地层接触关系更加明确，层间信息更加丰富。老成果用主频为 12Hz 的雷克子波，速度为 2500m/s，其可分辨厚度为 52m；新处理成果用主频为 21Hz 的雷克子波，速度为 2500m/s，可分辨厚度为 30m，分辨能力提高 22m，并且井震关系吻合度高，验证了新处理成果资料的可靠性。

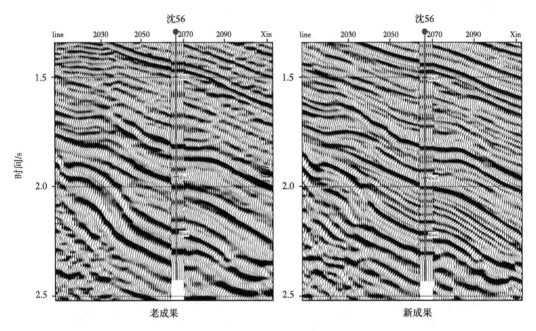

图 4-1-16 新老处理成果标定

针对陆东后河地区原始资料特点，采用近地表 Q 吸收补偿和中深层 Q 补偿结合来保真拓宽地震资料的有效频带，通过采用井控串联反褶积技术，合理提高地震资料的分辨率，最终达到满足目的层主频提高 5~10Hz 以上的要求。在偏移后的 CRP 道集上还进行零相位反褶积处理，尽可能提高浅层数据的分辨率，以满足地质解释精度要求。如图 4-1-17 所示，成果剖面整体品质较以往有明显改善，新资料信噪比高，界面反射清晰，地层接触关系清楚可靠。波组特征自然，目的层频带宽，高频信息丰富，新成果主频达到 30Hz 左右，较老资料拓宽 8Hz 左右。

在西部复杂地表地区，推广以近地表 Q 吸收补偿、叠前 Q 偏移等技术为主的保真提高分辨率处理技术，较好地解决了由于地表影响而发生的初至扭曲现象，低频端有效信息保持不变，同时高频端得到 5~10Hz 的拓宽，并且保留了频率特征和相对关系，同相轴连续性增强，补偿后主频提高了 10 Hz，并且基本消除了地表因素的影响。补偿之后与井信息更加吻合，且频率一致性变好。如图 4-1-18 所示，Q 叠前时间偏移结果波组特征明显改善，分辨率有大幅提高，目标区同向轴成像更加清晰、连续，层间信息更加丰富。如图 4-1-19 所示，较常规叠前时间偏移，Q 叠前时间偏移与陕 180 井合成地震记录吻合度更好，细节刻画更加准确，验证了黏性叠前时间偏移结果的合理性和准确性。

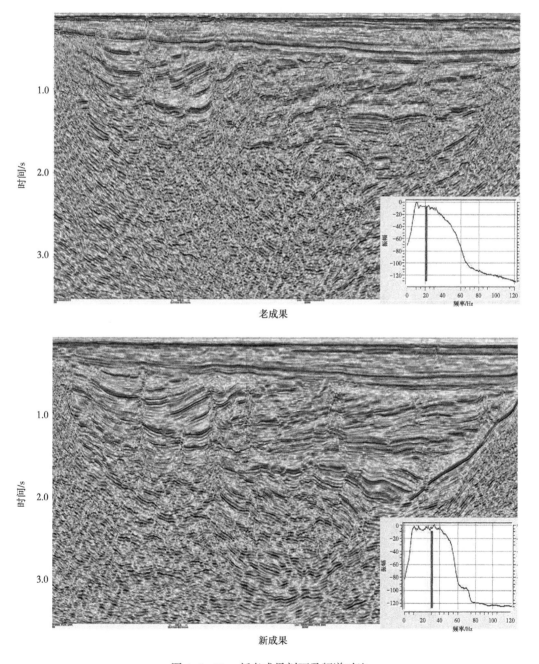

图 4-1-17　新老成果剖面及频谱对比

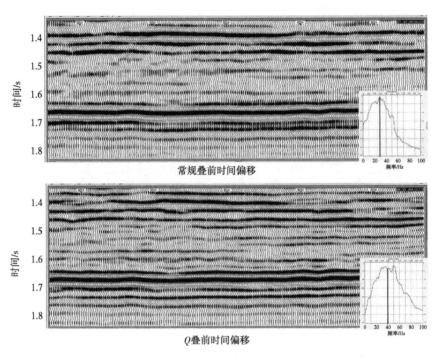

图 4-1-18　不同偏移方法效果对比

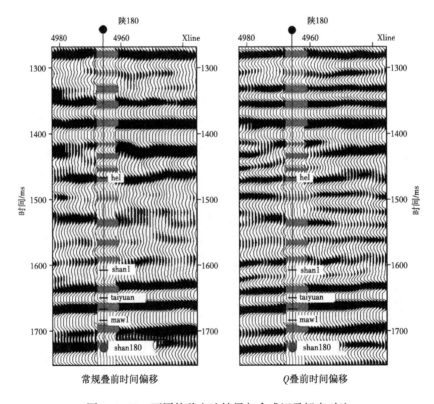

图 4-1-19　不同偏移方法结果与合成记录标定对比

第二节 宽方位数据处理

宽方位地震勘探指地震采集炮检线的方位角分布范围较宽，且每个方位角都包含有足够的炮检距。三维地震勘探基本上采用束线状观测系统，束线呈条形，一般采用观测系统排列片的横向（排列宽度）与纵向（排列长度）比来衡量其方位角宽度，通常称为横纵比。以往的窄方位观测系统横纵比在 0.3 左右，通常认为横纵比大于 0.5 即可为宽方位采集观测系统，横纵比等于 1 为全方位采集观测系统 [8]。

一、宽方位优势

宽方位观测系统空间采样均匀且连续性强，有利于压制噪声，改善地震资料成像质量，获得地震各向异性属性。宽方位采集地震资料照明度好、波场信息丰富，除了能明显提高成像精度外，可以通过其丰富的方位角信息提取方位各向异性属性，从而对识别断层、裂缝和岩性变化带有独到的优势。

（一）成像能力分析

偏移过程可以简单地理解为把反射波按绕射波时距曲线进行校正、叠加后放到绕射极小点。叠加效果与道密度和均匀性密切相关。因此，无论采用哪种偏移方法，都要求地震波场的分布是均匀的，即地表观测点采样均匀和地下照明均匀 [9]。产生偏移噪声的原因主要有两方面：一是道密度较小，分布不均匀时出现空间假频，对假频信号的偏移并未准确归位，而是以偏移噪声的形式出现；二是实现偏移的数据域空间采样不均，噪声不能抵消，如偏移距、面元中心点、方位角等分布不均引起的偏移噪声。高密度观测系统采用的小面元、宽方位角采集使方位角分布更加均匀，能够改善成像精度 [10]。

（二）方位各向异性分析

高密度宽方位勘探中，观测系统设计的横纵比接近 1。因此，地震数据中包含有来自各个方位角的信息，不同方位角携带着不同的地下信息，也即包含有丰富的方位各向异性信息，如图 4-2-1 所示。当地下地层接近方位各向异性（HTI）介质时，如垂直裂缝存在时，共反射点道集数据的振幅和速度等属性就会随着炮检方位角的变化而变化，当采用宽方位角处理时会改善勘测裂缝的能力，特别是正确利用方向速度差异、方向振幅差异、方向反射波形和相位差异可以获得更多的裂缝储层信息，通过提取这些各向异性属性，可以进行断层、裂缝和岩性变化带的识别 [11]。

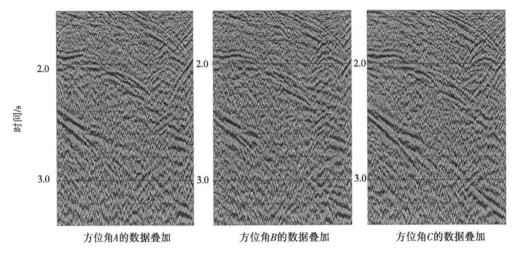

时间/s

| 方位角A的数据叠加 | 方位角B的数据叠加 | 方位角C的数据叠加 |

图 4-2-1　高密度采集资料方位信息丰富

二、宽方位处理

（一）分方位处理

分方位处理技术是基于不同方位角具有不同的地球物理属性，从而对不同的方位扇区单独进行处理，并根据不同方位角的速度、偏移剖面、地震属性等，结合三维可视化解释软件，综合判别地层的方向特性和各向异性程度的一项技术手段。

分方位处理首先要划分方位扇区，方位扇区并不是越多越好，通常遵循两个原则：（1）不同扇区各面元内必须有一定的覆盖次数，以利于后续速度分析和可靠的各向异性参数的拾取；（2）每个扇区各面元内覆盖次数要均匀且不同炮检距分布也要均匀，保证各向异性参数的稳定性。但是，把地震道集按照方位角分组时会降低每一个方位角道集的覆盖次数，造成不同方位角覆盖次数差别较大，这样会严重影响方位角速度谱、方位角叠加和偏移的质量，以致很难判断地层的方向特性。有效办法是限制炮检距在一个范围，使测线纵、横向最大炮检距一致；适当扩大面元，提高面元覆盖次数，也可通过其他处理手段从相邻面元借道，如面元均化处等。

由于地下介质的方位各向异性性质，造成地震波在地下沿不同方位传播速度不同，这种速度差异导致用单一的成像速度难以对所有方位的数据准确归位，因此要进行高精度的分方位速度分析，对不同方位角道集进行速度分析。在此基础上求取剩余静校正量，并利用各个方位的最佳速度偏移成像。分方位速度分析和成像的基本做法是将全方位的 CMP 道集按照一定的角度范围划分为不同方位的道集，然后在各个方位道集上进行速度分析，经过迭代获得各个方位的最佳速度，从而实现各个方位的最佳偏移成像。

2006 年，辽河油田公司与 CGG 公司合作，在欢喜岭地区采集了 176km^2 的宽方位角三维地震资料，经过研究，探索出了适合于工区资料特点的宽方位角处理方法。如图

4-2-2 所示，从不同方位观测地下的构造特征的差异，能够帮助解释人员更好地认清地下构造断裂系统、识别储层的各向异性。

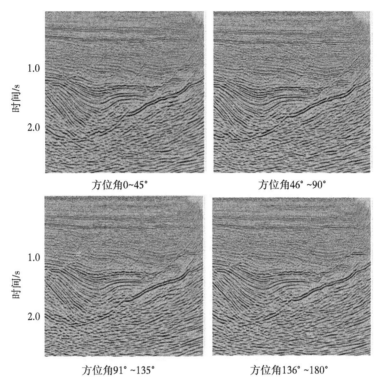

方位角0~45°   方位角46°~90°

方位角91°~135°   方位角136°~180°

图 4-2-2　分方位偏移结果

（二）OVT 处理

OVT 是 Offset Vector Tile 的缩写，通常翻译成偏移距向量片或共偏移距向量（Common Offset Vector，简写为 COV）。OVT 技术最早由 Vermeer 于 1998 年在研究采集工区的最小数据集表达时提出；Starr 在 2000 年的专利也描述了 OVT 道集的创建和偏移；Cary 于 2005 年发表了用拟 COV 道集进行数据规则化及 Vermeer 详细论述了基于 OVT 的处理方法；Alexander Calvert 在 2008 年认为，传统的多道信号处理技术通常会模糊和丢掉方位角信息，方位角信息在叠后时间偏移和共偏移距叠前时间偏移成像中会随之消失。而 OVT 偏移能在处理过程中保留这些信息，为解释提供偏移后的方位角属性。目前，这一技术已经成为研究和应用的热点。

从概念上讲，OVT 是十字排列道集的自然延伸，是十字排列道集内的一个数据子集。众所周知，十字排列可由正交观测系统抽取出来，由相同检波线接收的炮集记录，沿垂直于检波线方向按炮点递增或递减的顺序组成的道集称为一个十字交叉排列道集[12]。一个十字交叉排列道集内只有一条检波线和一条炮线，因此十字排列的个数与炮线和检波线交点的数目是一样多的，所有的十字交叉排列道集可组成按照十字交叉排列道集分选的叠前数据体。对于正交或斜交观测系统，构建三维最小数据集的方法是将所有共炮线和共检波线的地震道汇集起来，抽取出十字排列。由炮线和接收线形成的十字交叉排列可形成单次覆盖立方体数据道集，也就是下面所述的 OVT 子集。

根据 OVT 域数据的特点，结合在实际资料中的应用情况，将 OVT 域处理的特点和优势总结为以下几个方面[13]：

第一，OVT 道集是目前唯一能延伸到整个工区的单次覆盖数据集。

OVT 道集的覆盖范围与工区的满覆盖范围一致，因而 OVT 适合做三维数据体的处理，特别是叠前偏移，而且在 OVT 域规则化处理的精度也高于常规域。在 OVT 域内，计算插值因子所用的地震数据来自同一个方位，因而数据的相似性更好，插值因子求取更合理，可以取得更好的插值效果。

第二，OVT 道集一致性好，能够保留原始采集特征。

各 OVT 道集的数据分布与野外采集观测系统炮检点分布高度吻合。这种良好的一致性对后续处理非常有好处。这一特征还可作为 OVT 道集分选正确与否的判别标准。

第三，OVT 道集具有炮检互换性。

OVT 的炮检互换性指对于十字排列中的某一 OVT 片而言，和它对称象限对称位置的 OVT 片，两者的空间位置一致，炮检距相同，但炮检方向相反。这种互换性的好处是，对于正交观测系统，可以选择由两个相反炮检距向量的 OVT 道集组成两次覆盖的数据子集作为输入进行处理，从而可以补充彼此的照明。此外，将可互换的两个炮检向量片从对角线分开，各取二者的半个向量片交换，也可以得到偏移距分组范围更窄的一次覆盖数据子集。

第四，OVT 域偏移后能保留方位角信息。

不同于传统的共偏移距域，OVT 域偏移是在限定偏移距和方位角的前提下进行偏移，更能提高偏移结果的精度，提高横向分辨率。OVT 偏移把偏移距当作一个矢量，因而偏移后道集具有方位角信息，可用于求取方位各向异性和预测裂缝，因此具有识别油藏各向异性和裂缝特征的潜力，非常适合于宽方位资料处理。

综上，OVT 域的处理具有与以往众多的数据处理域不同的特点和优势，它提供了一个有效而精确的数据域来做一些基本常规处理：去噪、规则化、成像、速度各向异性校正等。在传统域，噪声可能产生高度假频，特别是在联络线方向往往采样不充分；而在 OVT 域无论是主测线或是联络测线方向采集都很充分，易将信号和假频噪声分开。实际 OVT 域三维随机噪声衰减可明显改善偏移前道集的信噪比。下面主要介绍 OVT 域的去噪、规则化和偏移等。

1. OVT 子集的抽取

如果在一个十字排列中按炮线距和检波线距的倍数等距离划分，得到许多小矩形，则每一个矩形就是一个 OVT 炮检距向量片。显然，OVT 的大小由炮线距和检波线距决定，通常，用两倍的接收线距和炮线距作为两个方向上的步长，在 Crossline 增加的方向，采用两倍炮线距；在 Inline 增加的方向，采用两倍的接收线距，这样划分完的 OVT 子集既没有数据的重复，也没有缺失，OVT 的个数等于覆盖次数。OVT 具有限定范围的炮检距和方位角，提取所有十字排列道集中相应编号的 OVT，就组成 OVT 道集，这个道集由具有大致相同的炮检距和方位角的地震道组成，而且延伸到整个工区，是覆盖整个工区的单次覆盖数据体，因而它可以独立偏移，这样偏移后就能保存方位角和炮检距信息用于方位角分析，这也是 OVT 技术最具优势的地方，如图 4-2-3 所示。

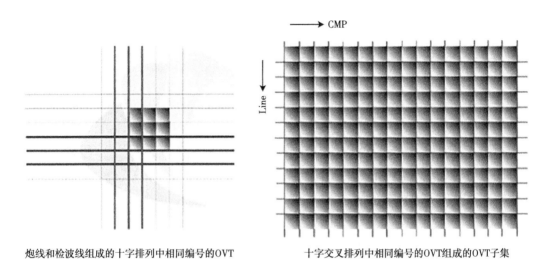

炮线和检波线组成的十字排列中相同编号的OVT　　　十字交叉排列中相同编号的OVT组成的OVT子集

图 4-2-3　正交观测系统中的 OVT 划分示意图

2. OVT 域去噪和数据规则化

OVT 域去噪主要是利用了 OVT 域数据是单次覆盖的三维数据体特点。相比炮域、检波点域、偏移距域等数据域，目前只有在十字排列域和 OVT 域，反射点的分布才是采样充分的，特别是它改善了联络线方向的采样，可能将信号和假频噪声分开，而在其他传统域，噪声可能采样不充分，必然会产生空间假频。相比十字排列域，OVT 域的优势又表现在它的全局性，尽管二者都可以认为是单次覆盖的三维数据体，可以应用一些三维去噪手段，但数据在十字排列域是局部的，去噪后可能存在一些边界问题，而OVT 子集是覆盖整个工区的，是全局的，能避免空间不连续性问题。图 4-2-4 是 OVT子集内的一条主测线随机噪声衰减前后的效果和去除的噪声，相比共偏移距域去噪保幅程度更高。

随着地表条件和采集环境的日益复杂，地震采集观测系统会不可避免地出现不规则观测系统，从而影响最终偏移成像效果。因此，数据规则化已经成为叠前地震数据处理的常规步骤。传统的数据规则化技术通常在共炮检距域进行数据插值，计算插值因子所用的地震数据来自不同的方位。对于窄方位数据或者方位各向异性较小的地区，这种方法一般也能获得较好的插值效果，但是对于方位各向异性较强或构造倾角大的宽方位数据，插值效果往往较差。与共炮检距道集相比，OVT 道集自身的优势使其更加有利于数据规则化技术的应用。在 OVT 域内，计算插值因子所用的地震数据具有固定的方位和炮检距范围，因而数据的相似性更好，插值因子求取更合理，可以取得更好的插值效果。图 4-2-5 是 OVT 域数据规则化前后的反射点位置，可以看出，数据规则化之后，数据的分布更加均匀，空洞减少，更加利于偏移成像[14]。图 4-2-6 是规则化前后的偏移结果，数据规则化之后，偏移噪声减少，成像信噪比提高。OVT 域的处理具有与以往众多的数据处理域不同的特点和优势，它提供了一个有效而精确的数据域来做一些基本常规处理：去噪、规则化、成像、速度各向异性校正等。

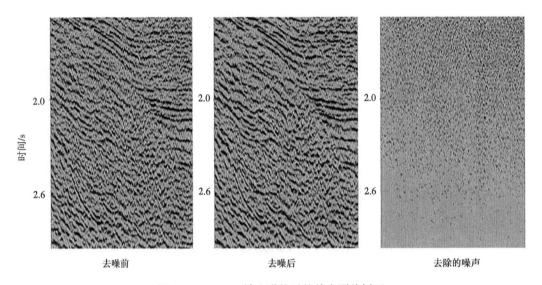

图 4-2-4　OVT 域去噪前后的单次覆盖剖面

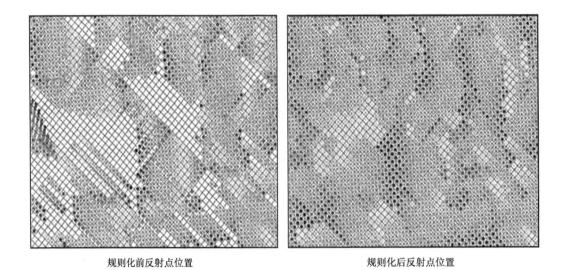

图 4-2-5　OVT 域数据规则化前后的反射点分布对比

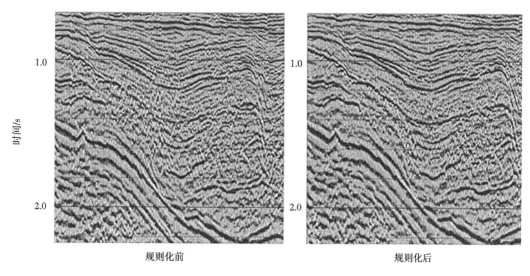

图 4-2-6　OVT 域数据规则化前后的偏移剖面对比

3. OVT 域叠前偏移

叠前数据分选到 OVT 域后，可以同共偏移距域的偏移方法一样，进行偏移成像，包括时间偏移和深度偏移，OVT 偏移后的道集称为 OVG（Offset Vector Gather），将 OVG 道集切除叠加后就形成了偏移叠加数据。OVT 偏移的输入为 OVT 道集（单个 OVT 道集或互换 OVT 道集）。理论上来讲，有多大的覆盖次数就有多少个 OVT 道集，就需要偏移多少次。对所有的 OVT 道集逐个进行偏移，获得每个 OVT 道集的零偏移距成像道集，就完成了三维数据的 OVT 域体偏移[15]。不同于共偏移距偏移，OVT 域偏移输入的每个 OVT 道集有特定的偏移距和方位角，每个 OVT 道集独立偏移后，输出的 OVG 就是特定偏移距和方位角的地震响应，因此含有方位各向异性信息，且偏移后数据可自由叠加组成不同扇区的数据体用于叠后裂缝预测，如图 4-2-7 所示。

如图 4-2-8 所示，OVT 域偏移断点干脆，成像清晰，信噪比较高。图 4-2-9（a）为传统的共偏移距面偏移的 CRP 道集，图 4-2-9（b）为相同数据的 OVT 域偏移道集，两种方法使用了相同的偏移速度，使用了偏移参数完全一样的克希霍夫积分法偏移。两种方法得到的道集同相轴位置一致，但局部细节存在差异，如：（1）共偏移距偏移的 CRP 道集的偏移距基本等间隔，每个偏移距只有一道，而 OVT 域偏移的道集偏移距不等间隔，相同偏移距范围内有多道不同方位角的道；（2）共偏移距偏移的道集视觉上看基本校平，其实同相性并不好，而 OVT 域偏移的道集由于含有方位信息，同相轴存在抖动现象；（3）两种方法输出的 CRP 道集覆盖次数在一般情况下也不相同，共偏移距偏移输出覆盖次数由用户确定的偏移距分组情况确定，而 OVT 域偏移则近似等于叠加覆盖次数；（4）共偏移距域偏移的 CRP 道集振幅不均衡，造成振幅随炮检距变化不能较好反映地下储层物性参数的变化，相比之下 OVT 偏移后的道集整体能量均衡，近、中、远道能量趋于一致。

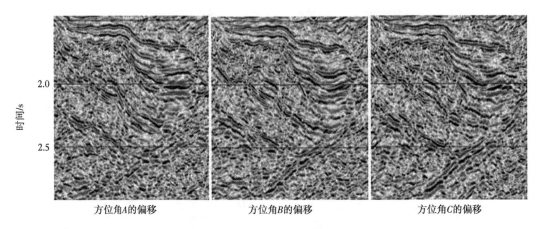

图 4-2-7　不同方位角的偏移结果对比

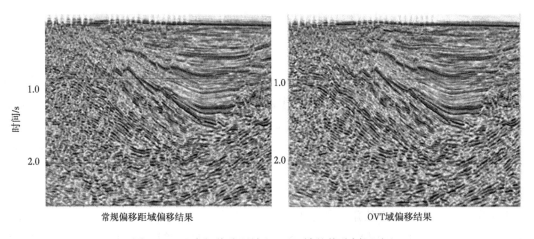

图 4-2-8　常规偏移距域和 OVT 域的偏移剖面对比

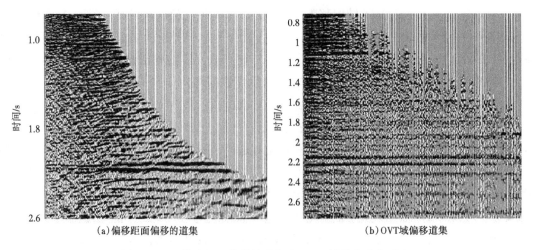

图 4-2-9　偏移距面偏移的道集和 OVT 域偏移道集对比

图 4-2-10（a）是 OVG 的偏移距的平面分布，颜色代表偏移距大小，图中的实线为一条螺旋线，OVT 子集沿螺旋线从小到大逐渐增大，螺旋线的每圈有相似的偏移距，螺旋线每旋转一圈，方位角 360° 循环一次；图 4-2-10（b）是方位角的平面分布。将偏移后道集按照图 4-2-10（a）螺旋线标示的 OVT 片号排列后就是 OVG。通常在各向异性明显的地区，抽取的蜗牛道集在每个偏移距组内，随着方位角的循环往复，道集扭曲呈现规律性变化，呈余弦规律，在相似的方位角上扭曲趋势一致。"蜗牛道集"的周期性不平是方位各向异性的表现，说明了地震速度和反射时间与方位角相关。

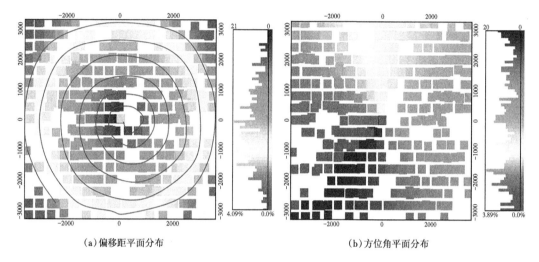

（a）偏移距平面分布　　　　　　　　　　（b）方位角平面分布

图 4-2-10　OVG 的偏移距和方位角的平面分布

依据宽方位数据的 OVG 道集的这种特征研究地震各向异性，是 OVT 域偏移的主要用途之一。在 OVG 上可以考虑做两方面的处理：一是如何消除各个方位的走时或速度差异，再进行叠加得到 OVT 域的高精度成像；二是如何利用各个方位的走时或速度差异，来进行叠前裂缝预测，这是目前国际上 OVT 处理的一个重要研究和应用方向。

4. 方位各向异性校正

前面已经介绍过，OVG 数据上具有三维方位角道头信息，这就是地层的方位信息，炮检距也不是线性采样，且有重复。这意味着 OVT 偏移后无须再做分方位处理，可直接用于方位各向异性分析。OVG 分选成"蜗牛道集"，炮检距为第一关键字，方位角为第二关键字[16]。如果存在方位各向异性的地区，道集存在明显抖动，抖动的最高点代表裂缝可能发育的方向，抖动的幅度代表裂缝发育的密度；这表明前期处理很好地保持了方位各向异性，而这正是想保持的储层裂缝或缝洞所具有的方位各向异性特征。在 OVG 叠加前消除这些抖动或者提取这些有用信息是问题的关键。

1）快慢速度求取

β 从抖动的 OVG 中，可以提取快速度场、慢速度场和快、慢速度的方向。地震波在方位各向异性介质中传播时，不同方位的传播速度不一致，速度可以表示为随方位变化的椭圆，如图 4-2-11 所示。HTI 介质的速度场由三个参数定义：快速度场（V_{fast}，椭圆长轴）、慢速度场（V_{slow}，椭圆短轴）和慢速度与主测线方向的夹角 β。其中，夹角 β 也称为慢速度方位（azimuth of slow velocity）。这样，某一炮检方向 θ 的速度可以表示为：

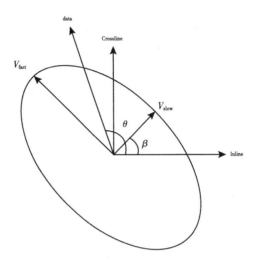

图 4-2-11　方位各向异性速度椭圆示意

$$\frac{1}{V_{\mathrm{a}}^2(\theta)} = \frac{\cos^2(\theta-\beta)}{V_{\mathrm{slow}}^2} + \frac{\sin^2(\theta-\beta)}{V_{\mathrm{fast}}^2} \qquad (4-2-1)$$

式中　　V_{slow}——慢速度，m/s；

V_{fast}——快速度，m/s；

θ——炮检方向与主测线方向的夹角，（°）；

β——慢速度与主测线方向的夹角，（°）；

α——炮检方向与慢速度方向的夹角，（°），$\alpha=\theta-\beta$。

在蜗牛道集上计算剩余时差和相关系数，利用剩余时差拟合方位椭圆，根据相关系数进行加权，得到快慢速度和方向，图 4-2-12 是求取的快速度体、慢速度体和快速度的方向体。快速度与慢速度的比值可以反映数据的方位各向异性的强弱程度，实际应用过程中，可以根据速度反演模块的质控结果（快慢速度比剖面）来确定一个最大的快速度与慢速度的速度比，然后对超过该比值的速度场数据进行校正，这样可消除使用错误速度导致的方位时差校正的影响。

2）方位各向异性校正

由于方位各向异性的影响，即使使用准确的速度和适用的偏移方法，OVG 也不能完全校平，这将对偏移叠加的成像效果和 AVO 反演造成很大的影响，校平 OVG "蜗牛道集"是高精度 OVT 成像必不可少的环节。重新回顾下方位各向异性时差产生的原因，地震波沿着裂缝方向传播时，速度较快；垂直裂缝方向传播时，速度较慢。因此，对于同一个反射面元内的不同方位的地震道，也存在随方位变化的时差。通俗地讲，方位各向异性时差指在总体趋势拉平后同相轴上的类似余弦曲线的扰动时差。如果当偏移速度偏大，则校正后的同相轴总体有下拉趋势；反之，偏移速度偏小，则校正后同相轴总体有上翘趋势。而存在方位各向异性的地区，如果用同一速度偏移，不同方位偏移速度也存在偏差，偏移后的同相轴不但会有随炮检距变化的低频时差，还会随方位角变化引起高频时差。换句话说，应用最佳的成像速度进行多方位叠前偏移后，道集上的反射同相轴应该被校平；若未校平，则是方位各向异性引起的时差。图 4-2-13 和图 4-2-14 分别是进行方位各向异性校正前后的道集及偏移后叠加。

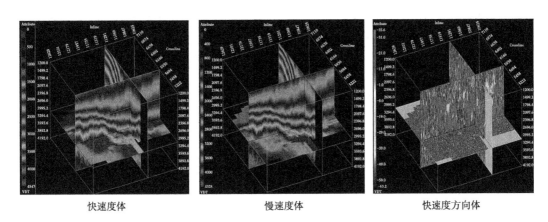

快速度体　　　　　　　　慢速度体　　　　　　　　快速度方向体

图 4-2-12　快速度体、慢速度体和快速度方向体

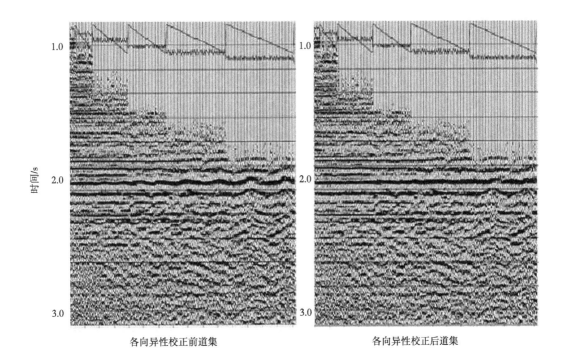

各向异性校正前道集　　　　　　　　　　各向异性校正后道集

图 4-2-13　方位各向异性校正前后的道集

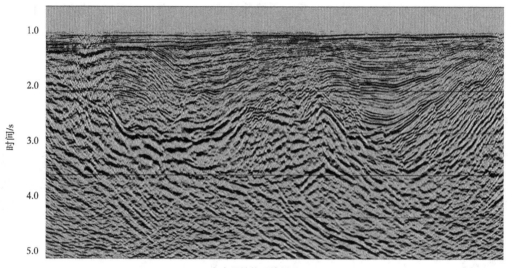

各向异性校正前剖面

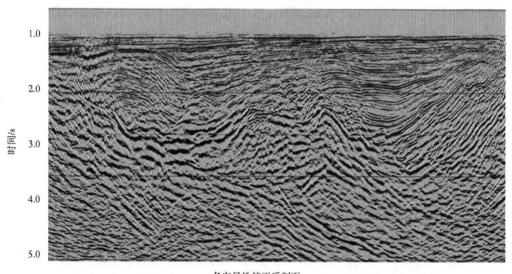

各向异性校正后剖面

图 4-2-14　方位各向异性校正前后的叠加剖面

　　消除方位各向异性的方法目前主要有两种：一是剩余方位动校正，速度方位各向异性表征动校正随方位角呈椭圆变化，具体实现是对测得的旅行时用最小平方法拟合方位动校正椭圆，得到快、慢速度和方向体，再利用快、慢速度和方向进行校正，得到校正后的道集，另一种方法是 HTI 偏移。在 OVG 上拾取剩余动校量（RMO），这些拾取值作为输入用于非线性层析反演，以修改叠前时间偏移或叠前深度偏移速度模型，再重新偏移。目前在实际资料应用中采用较多的是前一种方法。

三、应用效果

高密度宽方位地震勘探在辽河油田实施以来，至 2000 年已成功应用到辽河坳陷及外围的多个地区，包括外围陆西五十家子庙、西部凹陷雷家高升、东部凹陷红星、青龙台和大民屯凹陷兴隆堡等，共完成三维地震资料采集处理面积达 2590km²，取得了可喜的勘探成果，形成了一套针对性处理技术系列。

以雷家—高升地区的应用效果为例，如图 4-2-15 所示，"两宽一高"资料经 OVT 处理后，OVG 远近道能量均衡，信噪比高，方位信息明显。由于纵横向采样密度的提高，地震资料对复杂构造的成像精度也进一步提高，如图 4-2-16 所示，冷东逆掩断裂带的成像效果相比以往成果进一步改善。高密度宽方位地震资料大大提高了地震资料的分辨率及薄储层识别能力，沙四段目的层的主频由以往的 16Hz 提高到 25Hz，地震资料分辨厚度也由 54m 提高到 32m。由于横纵向分辨能力的提高和方位信息的丰富，"两宽一高"成果对微小断层的刻画能力明显提高，横向振幅的强弱关系明显。

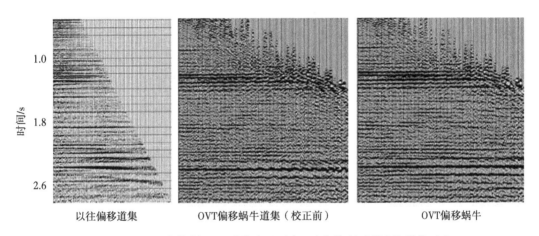

图 4-2-15　以往资料 CRP 道集和"两宽一高"资料"蜗牛"道集对比

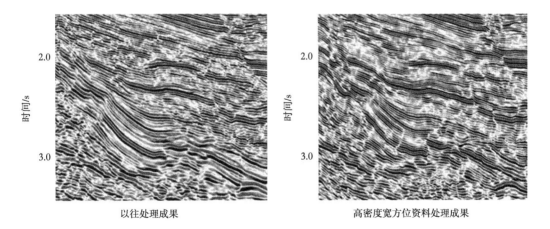

图 4-2-16　常规叠前时间偏移成果与高密度宽方位资料叠前时间偏移成果对比

第三节 弹性波阻抗反演

弹性波阻抗反演作为一项系统工程，涉及地震、测井、地质、岩石物理等多个学科，影响因素复杂，每个环节都至关重要。近些年，辽河油田着力于满足勘探开发生产需求，针对不同地质目标进行详细分析，持续开展弹性波阻抗反演技术攻关研究，逐步形成了一整套弹性波阻抗反演流程，已多次成功应用在辽河坳陷及外围的复杂地质目标储层预测工作中，有力地支撑了辽河油田勘探开发生产。

一、弹性波阻抗反演原理

地震反演技术就是综合利用地震、测井、地质等资料信息来揭示地下目标层（储层、油气层、煤层等）的空间几何形态（包括目标层厚度、顶底构造形态、延伸方向、延伸范围、尖灭位置等）和微观特征，它是将大面积的连续分布的地震资料与具有高分辨率的井点测井资料进行匹配、转换和结合的过程。狭义的地震反演概念往往特指"叠后波阻抗反演"，也就是声阻抗反演，它是利用地震资料反演地层声阻抗[17]。波阻抗指纵波波阻抗，也叫声阻抗，一般用符号 I_p（或 AI）表示，I_p 的大小可用纵波速度与介质密度乘积计算得到：

$$I_p = v_p \rho \qquad (4-3-1)$$

式中　　v_p——介质纵波速度，m/s；

　　　　ρ——介质密度，kg/m³。

由于波阻抗是岩石的物性参数，可直接与钻井、测井对比进行储层岩性解释和物性分析，其多解性也不像振幅等反映地层界面性质的参数那么强，因此，波阻抗信息可以被作为地质和地球物理的一个重要纽带。通过地震波阻抗反演把常规的界面型反射剖面转换成岩层型的测井剖面，把地震资料变成可与钻井直接对比的形式，然后以岩层为单元进行地质解释，研究储层特征的空间变化，描述储层的分布特征，从而为勘探开发提供重要依据。

1999 年，BP Amoco 公司的 Connolly 在《The Leading Edge》发表的论文中最先提出了弹性波阻抗（Elastic Impedance）的概念。与波阻抗相比，弹性波阻抗不仅包含了纵波的信息，还含有横波的信息，而且是入射角的函数，波阻抗只是入射角为 0° 时的弹性波阻抗的一个特例。弹性波阻抗概念的引入，进一步丰富了波阻抗类型，也促进了地震反演技术由叠后向叠前的发展。弹性阻抗 EI 的表达式：

$$EI = v_p^{1+\tan^2\theta} v_s^{-8K\sin^2\theta} \rho^{1-4K\sin^2\theta} \qquad (4-3-2)$$

其中：

$$K = v_s^2 / v_p^2$$

式中 v_s——横波速度，m/s；

ρ——密度，kg/m^3；

θ——入射角，(°)。

从式（4-3-2）可以看到，弹性波阻抗是纵波速度、横波速度、密度和入射角的函数，正是因为 EI 中包含了横波信息和入射角信息（也就是偏移距信息），它可以衍生出更加丰富的弹性参数用于岩性、含油气性等储层特性的描述，实现定性—半定量地刻画储层特征。弹性波阻抗反演的实现过程与叠后波阻抗反演相似，但在引入了入射角信息（也就是偏移距信息）的背景下，它既可在叠前数据上应用，也可在叠后数据上应用。在叠后数据上应用时，就相当于一个特定入射角范围下的弹性波阻抗反演，只能得到该角度范围的弹性阻抗数据体；在叠前数据上应用时，弹性波阻抗反演则需要提供至少三个不同角度范围的角道集叠加，能同时得到这三个角度范围的弹性阻抗数据体，然后利用这三个弹性波阻抗体，根据式（4-3-2）便可提取纵波速度、横波速度、密度，进而得到泊松比、纵横波速度比等岩性参数。由于叠前弹性波阻抗反演充分利用了多个部分角度叠加数据体及其相互间的联系，用一个单一的反演过程求取所需的介质弹性参数，这种求解过程比叠后弹性波阻抗反演更为简易，且其物理意义明确。因此，叠前弹性波阻抗反演得到了快速的发展，并得到工业化应用。

叠前弹性波阻抗反演，也可称作叠前纵横波联合反演或叠前弹性参数同时反演，是一种基于模型的反演技术。首先通过地质统计学的有关技术，根据已知井的弹性参数和地震解释数据为输入，形成地层的弹性参数模型，计算该模型对应的地震合成记录，并与部分角度叠加数据对比，按一定的准则修改模型，使模型对应的合成地震记录与观测数据达到最佳匹配[18]。叠前弹性波阻抗反演技术在实现反演过程中使用的目标函数是如下公式：

$$J(m) = \sum_{\theta} \left\| d_{\theta}^{\mathrm{synt}} - d_{\theta}^{\mathrm{obs}} \right\|_{C_{\mathrm{D}}^{-1}}^2 + \left\| m - m^{\mathrm{prior}} \right\|_{C_{\mathrm{M}}^{-1}}^2 \qquad (4-3-3)$$

式中 $d_{\theta}^{\mathrm{synt}}$——模型对应角度为 θ 的合成地震记录；

$d_{\theta}^{\mathrm{obs}}$——对应角度为 θ 的实际地震记录；

m^{prior}——根据地质先验信息和测井资料构建的多参数先验地质模型，m 是前模型的参数值；

C_{D}——数据空间的斜方差；

C_{M}——模型空间的斜方差。

目标函数的第一项表示合成的某个反射角度地震记录与对应观测数据的误差，第二项表示地层弹性参数与先验信息间的误差。其中，上述目标函数的地震项具有如下形式：

$$J_s(m) = \sum_{\theta} \frac{1}{2\sigma_s(\theta)^2} \left\| R_{\theta}(m) * W_{\theta} - d_{\theta}^{\mathrm{obs}} \right\|^2 \qquad (4-3-4)$$

式中 $R_{\theta}(m)$——利用 Aki-Richards 公式计算的反射角为 θ 时的地震反射系数；

W_{θ}——入射角 θ 对应的子波；

d_θ^{obs}——入射角 θ 的实际地震记录；

$\sigma_{\text{s}}(\theta)$——入射角 θ 的标准方差。

从该目标函数式（4-3-4）可以看到，叠前弹性波阻抗反演技术不仅充分利用了叠前资料的弹性动力学信息，而且利用了地质资料的先验信息，是测井和地质条件约束下的反演过程。

二、弹性波阻抗反演实践

弹性波阻抗反演作为一项系统工程，涉及地震、测井、地质、岩石物理等多个学科，影响因素众多，从各类数据的准备到反演方法和参数的优选，再到反演成果的提取和分析，每个环节都至关重要。在实际叠前弹性波阻抗反演过程中，首先，将偏移距道集转换成入射角道集，分析目的层的角度范围并在此角度范围内，将地震入射角道集分成三组进行限角度叠加处理，形成角度叠加剖面；其次，针对不同角度叠加数据，分别进行合成记录标定及子波提取，并分析子波变化特征[19]；再次，利用地震解释层位，按沉积体的沉积规律建立一个地质框架结构，并在该地质框架结构的控制下，分别对反映纵波、横波信息的测井曲线进行沿层插值，最终产生一对平滑、闭合的实体模型，作为叠前弹性波阻抗反演的低频模型[20]；最后，选取过关键井的多条连井线对迭代次数、地震数据信噪比、模型标准方差等参数进行反复测试，进行反演结果和地震信息、测井信息、地质沉积背景的对比分析，确定合理的反演参数，进行叠前弹性波阻抗反演，得到纵波阻抗、横波阻抗，计算出纵横波速度比、泊松比和拉梅系数等弹性参数体，并利用这些属性体，结合地质、试采油信息，优选敏感属性进行研究区有利储层预测和含油气性分析。

近些年，通过在实际资料中的研究应用，辽河油田逐步形成了一整套弹性波阻抗反演流程，具体涵盖了地震方面的保幅保真处理、高分辨率处理和叠前道集优化，岩石物理分析方面的测井资料精细处理、测井储层评价、横波估算、弹性参数敏感性分析，以及叠前反演方面的角度子波提取、初始约束模型建立等内容。随着这些具体工作的完善以及相关技术的进一步开发和应用，叠前弹性波阻抗反演的效果得到了强有力的保障，下面就对其中的关键步骤进行介绍。

（一）叠前道集优化

叠前时间偏移处理得到的偏移剖面虽可以满足反演目标的构造解释需求，但共反射点道集上往往还存在部分未能完全去除的线性干扰和随机噪声，并且存在同相轴不平、近偏移距能量弱、远偏移距子波拉伸等现象，这将会导致目的层段 AVO 关系错误，降低叠前反演成果的可靠性。为了解决上述问题，取得更好的叠前反演效果，需要在进行叠前反演工作之前，对共反射点道集开展相应的处理，这种针对性处理称之为叠前道集优化，其主要包括以下内容：应用中值滤波技术，消除随机噪声，增强同相轴的连续性；应用剩余动校正技术，对道集进行拉平；应用振幅补偿技术，恢复近中远偏移距真实的振幅关系。

图 4-3-1 为辽河滩海龙王庙地区共反射点道集优化前后的效果对比图，可以看到，

原始的共反射点道集存在一定的不足 [图 4-3-1（a）]，很显然这种同相轴下拉会造成 AVO 关系的不准确，进而影响到叠前反演成果的可靠性。同时应用了中值滤波、剩余动校正和剩余振幅补偿三项道集优化技术，从图 4-3-1（b）中可以看到，道集进一步被拉平，同相轴连续性更强，而且道集近偏移距能量得到补偿。很显然，优化之后的道集更加有利于开展后续叠前反演工作。

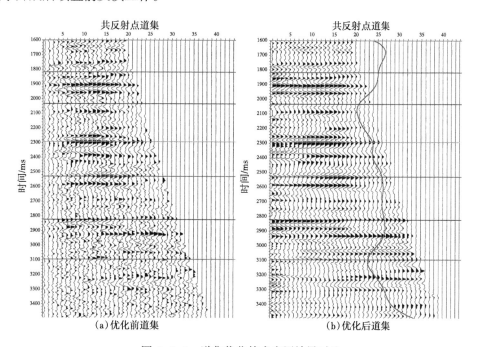

图 4-3-1　道集优化技术应用效果对比

（二）横波估算

纵波、横波信息是开展叠前反演工作的必要条件，不论是弹性参数敏感性分析，还是低频模型的构建，都需要纵、横波资料的参与。常规的地震资料中包含有纵波和横波信息，但常规测井中只有声波测井直接反映着地层的纵波信息，受限于技术和成本原因，只有极少数的井进行偶极声波测井或是阵列声波测井，能从其资料中提取出地层横波信息。因此，横波估算成为叠前反演工作中的一个重要环节。

众所周知，测井过程必然会受到各种测量环境因素的影响，如井径大小、钻井液密度和矿化度、地层水矿化度、温度、压力、钻井液侵入等，经常造成测井曲线异常，如泥岩段井壁垮塌造成的高时差、膏盐层段造成的声波曲线缺失和异常、声波测量段顶底发生的畸变、两次测井曲线衔接处的异常等 [21]。此外，由于工区中的测井数据是在不同时期、使用不同的仪器、由不同的测量人员完成的，因此不同井同一测井资料之间存在系统误差，造成同一性质地层测井响应存在差异性 [22]。在横波估算前必须要开展测井曲线编辑、测井曲线重采样、测井曲线环境校正、测井曲线深度校正、测井曲线异常段重构、测井曲线标准化等精细处理，来提高测井资料的准确性和可靠性，如图 4-3-2 所示。

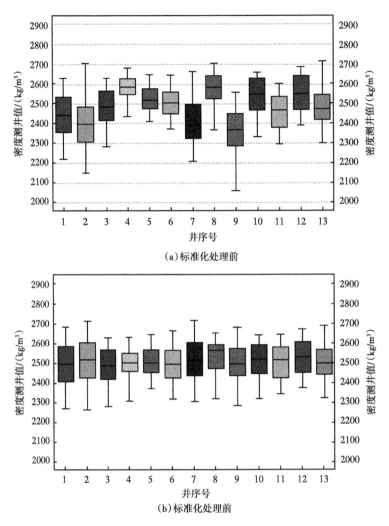

图 4-3-2 某目标层密度曲线标准化处理前后频率直方图

目前常用的横波估算方法主要可分为经验公式法和理论模型法。

1. 经验公式法

对于经验公式法，又分为几种不同的做法：

第一种是直接利用现有经验公式进行计算，例如 Castagna 泥岩线公式、Smith 趋势线公式、甘利灯公式等，这些公式的应用虽然简单、快速、所需参数少，但是每个经验公式都只适用于相应样点采集区，无法在其他工区、甚至是大范围工区推广使用。

第二种是根据岩石物理实验测量数据进行估算。根据该地区岩石物理实验得到的砂泥岩的纵、横波速度测量结果，对测量结果使用线性曲线进行拟合，得到关系式，但由于岩样测量的实验室条件与真实的地下温度、压力条件有差异，所以得到的关系在实际应用时往往受很大限制，甚至与一般规律相矛盾。

第三种是假定横波速度与纵波速度或其他曲线之间存在某种关系，那么可以通过数学手段得到这种关系，然后对没有实测横波资料的井进行横波估算。这种方法避开了很多岩石物理假设，其应用的前提是要求有一定的井数和质量高的横波测井数据，并且反映岩性、物性和含油气性的测井系列尽可能完整。

　　在实际的科研生产中，也采用了这类方法，利用 Paradigm 公司 Geolog 软件中的 Facimage 模块，应用基于图形的聚类分析技术，进行横波估算。其具体实现过程为：选取建模型所需的井及相关测井曲线，然后对模型井和目标井进行相似性分析，来判断后续建立的模型是否能合理延展到目标井，很显然，相似度越高，模型就更适用，估算结果就更加可靠，如果相似度低，就需要重新选取模型井或建模曲线。建模型的井和曲线确定后，就可以对这些曲线进行聚类分析，建立模型，再将模型应用到目标井，得到横波资料。图 4-3-3 是应用该方法估算的横波资料，虚线为横波时差曲线，实线为纵波时差曲线。图 4-3-4 为该方法相应的质控图，三维立体图显示的是通过相似性分析得到的估算可信度结果，深色代表可信，可以看到绝大部分井段的估算结果是可靠的。

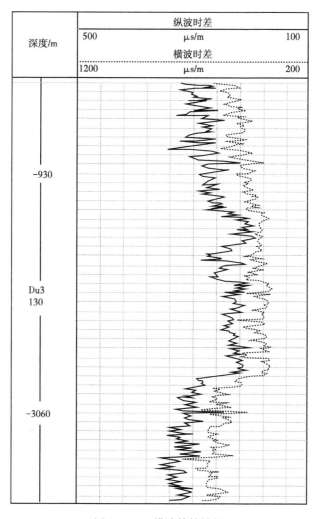

图 4-3-3　横波估算结果

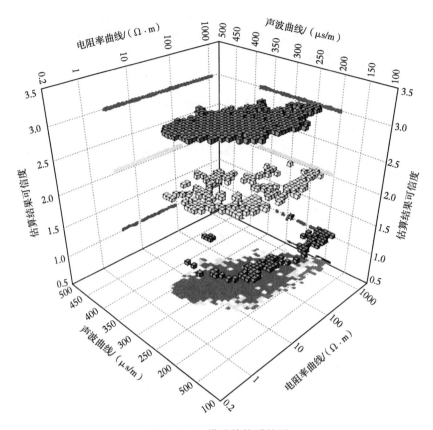

图 4-3-4　横波估算质控图

2. 理论模型法

岩石是由固体的岩石骨架和流动的孔隙流体组成的多相体,岩石的弹性表现为多相体的等效弹性,可以概括为四个分量:基质模量、干岩骨架模量、孔隙流体模量和环境因素(包括压力、温度等)。岩石物理理论模型旨在建立这些模量之间相互的理论关系。根据建立方法的不同,岩石物理模型理论可以分为有效介质模量理论和波传播理论两大类。

1)有效介质模量理论

有效介质模量理论是根据各种几何平均物理模型,在已知组成岩石各相的相对含量、弹性模量以及各相在岩石介质中分布特征条件下,以适当方式定量求取岩石的等效弹性模量,从而进一步求出弹性波的速度和衰减。对于多孔岩石介质,有效介质模量理论的关键是确定适合介质成分的混合模型。常用的有效介质模量理论模型有 Voigt–Reuss–Hill (V–R–H)模型、Hashin–Shtrikman 模型、Wood 模型、Kuster–Toksöz 模型等[23]。

2)波传播理论

波传播理论则基于波在岩石中传播的理论规律,通过对孔隙形状等参数的某些假定,利用组成岩石的各相态模量来计算多孔岩石介质不同状态下的弹性模量。常用的波传播理论模型有 Gassmann 模型、Biot 模型、BISQ 模型等[23]。

　　在采用岩石物理理论模型法进行横波估算之前，必须要先确定岩石矿物成分和含量、孔隙度、流体成分和饱和度、实测纵波速度等岩石物理信息，实际工作中可以搜集到的往往都只有含油层段的储层参数，并不是完整连续的曲线，因此在建立岩石物理模型之前需要对目标层段的上述储层参数进行评价。

　　在实际的科研生产中，经常应用 Xu-White 模型法进行横波估算。该方法首先利用 Kuster-Toksöz 模型求取岩石骨架弹性模量，然后基于 Gassmann 方程，再计算饱含孔隙流体岩石的等效体积模量和剪切模量，进而计算纵波和横波速度。该模型充分考虑了岩石基质、泥质含量、孔隙度大小和形状及孔隙饱含流体性质对纵横波速度的影响，因此具有更好的适应性，在砂泥岩地层中有较好的应用效果。

　　如图 4-3-5 所示，左侧的深色曲线为实测纵波、浅色曲线为估算得到的纵波，右侧的深色曲线为估算得到的横波，可以看到估算纵波与实测纵波基本吻合，说明所建立的岩石物理模型是准确的，进而验证了估算横波的可靠性。

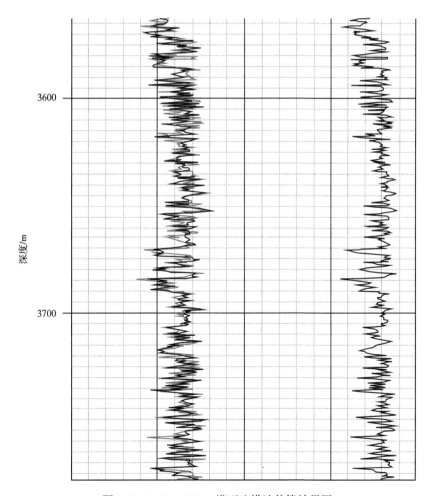

图 4-3-5　Xu-White 模型法横波估算效果图

（三）弹性参数敏感性分析

弹性参数敏感性分析直接将地层弹性参数同储层参数紧密"联接"起来，对反演结果的解释起到指导作用，是叠前弹性波阻抗反演中的一项必不可少的工作。众所周知，弹性参数与岩性和流体的关系非常密切，但弹性参数众多，而且不同的地区对岩性和流体敏感的弹性参数可能还不同。那么，这就需要在开展叠前弹性波阻抗反演工作的过程中，必须进行弹性参数敏感性分析，确定该地区哪些弹性参数对岩性和流体最为敏感。

在弹性参数敏感性分析之前，首先要利用测井资料计算弹性参数。众所周知，在已知纵波速度、横波速度和地层密度的前提下，就可以计算出所有的弹性参数。如图 4-3-6 所示，从左至右依次为纵波阻抗、Lamda-Rho（$\lambda \cdot \rho$）、Mu-Rho（$\mu \cdot \rho$）、泊松比、横波阻抗和纵横波速度比（v_p/v_s）等弹性参数。

在实际的科研生产中，弹性参数敏感性分析的具体做法就是利用计算得到的上述井弹性参数曲线，综合试油、录井等资料，采用直方图、交会图等手段，对不同岩性、不同流体对应的弹性参数开展研究和分析。图 4-3-7 中弹性参数曲线从左至右依次为纵波阻抗、纵横波速度比（v_p/v_s）和自然伽马 GR，图 4-3-8 为三者的交会图，深色代表高值，浅色代表低值，纵轴表示纵横波速度比，横轴表示纵波阻抗，采用交会手段，可以看到弹性参数纵波阻抗无法对岩性进行划分，而纵横波速度比可以有效地区分岩性，低纵横波速度比能很好地指示砂岩，因此，在通过叠前弹性波阻抗反演得到的纵多弹性参数数据体中，可以选择纵横波速度比去刻画岩性，对砂岩分布进行预测。

（四）建立初始约束模型

地震资料频带范围对反演结果精度具有决定作用，但实际地震资料是具有频率缺陷的带限资料，缺乏低频和高频信息。一般来说，高频成分的缺失会降低反演结果的分辨率，而低频成分的不足则会增加反演结果的多解性。此时，地质构造框架、地层沉积模式和测井资料等先验约束信息的加入和合理使用，可以有效提高反演结果分辨率、减少反演多解性。但由于地震数据和先验约束信息虽有内在联系但却是性质不同的两类资料，需要通过初始约束模型作为载体和桥梁加以联系和融合，一个好的初始约束模型可以提高反演的信息使用量、信息匹配精度和反演结果的置信度[24]。而影响初始约束模型质量的因素有构造解释成果的精细程度、测井资料的质量、时深关系以及测井资料的插值方法。

在实际的科研生产中，初始约束模型的建立过程如下：

首先，利用精细构造解释成果，定义地层格架和接触关系，建立准确的三维构造模型。

其次，在构造模型的约束下，使用各种插值算法对测井资料进行内插外推，形成三维初始约束模型。最常用的算法是地质统计学里的克里金算法，它首先考虑空间属性在空间位置上的变异分布，确定对一个待插点值有影响的距离范围，然后用该范围内的采样点来估计待插点的属性值，在样点数较多时，其得到的结果可信度比较高。

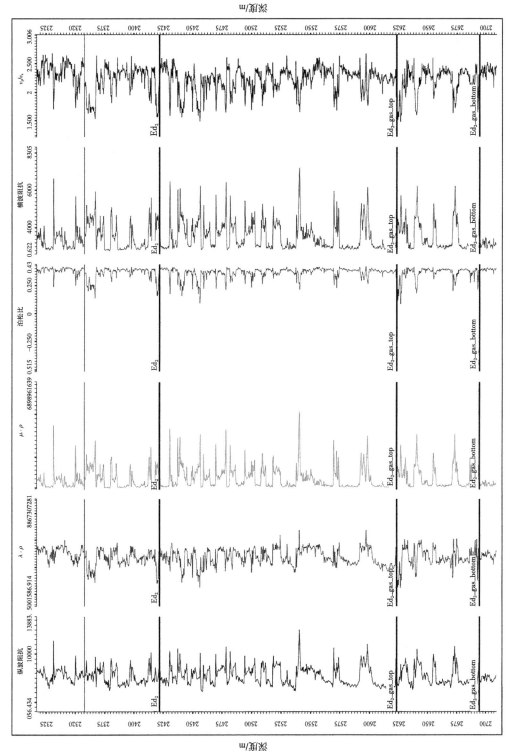

图 4-3-6　某井弹性参数曲线

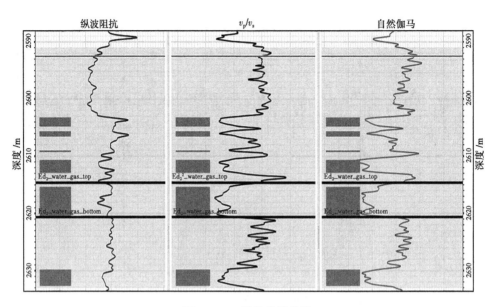

图 4-3-7 弹性参数曲线

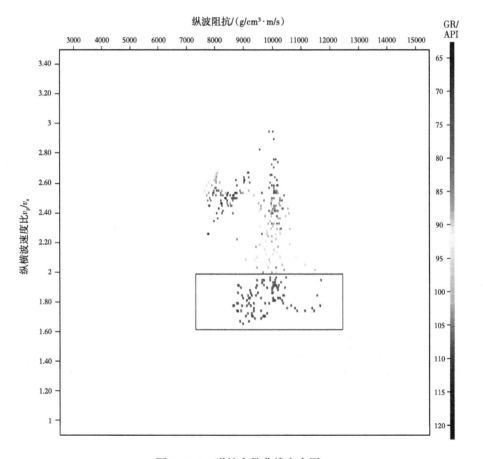

图 4-3-8 弹性参数曲线交会图

最后，通过约束模型的剖面和切片观察，从是否能反映薄层的变化细节、是否存在异常值等方面进行模型的质量评价、监控和调整，最终得到一个精细合理的初始约束模型（图4-3-9）。

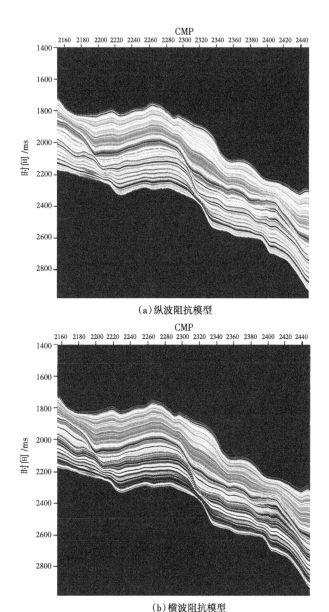

(a)纵波阻抗模型

(b)横波阻抗模型

图 4-3-9　纵、横波阻抗初始约束模型

（五）弹性反演计算

叠前弹性阻抗反演算法众多，在过去的实际科研生产中，主要采用 Paradigm 公司 EPOS 叠前反演系统中的 IFP 反演方法进行反演计算。除了作为输入数据的角度叠加数据

体、角度子波和低频模型之外，迭代次数、地震数据信噪比和模型标准方差这三个参数对叠前弹性波阻抗反演结果影响比较大。

1. 迭代次数

主要是控制模型修改迭代运算的次数。迭代次数选取得过大，将大大增加计算机的运算周期，若选取过小，运算速度虽然加快，但模型道合成记录与实际地震记录不匹配，二者误差很大，反演结果不能体现地震信息的横向变化。

2. 地震数据可信度

信噪比直接决定了地震数据的可信度。如果信噪比高，则地震数据可信度高，反之，则地震数据可信度低，地震数据就参与得少，低频模型参与成分变多，那么最终反演结果就与低频模型相近，反演结果中所含的地震信息就少。

3. 模型标准方差

主要控制在迭代运算过程中允许对模型进行修改的最大幅度。如果选取过小，迭代运算过程中对模型的修改就很小，反演结果更接近模型，而地震信息的变化则体现不出来；反之，就会对模型的修改很大，反演结果虽能较多地体现地震信息的变化，但却与模型道相差甚远，也就是说井点处的反演结果和井点实测结果不匹配。

在实际反演过程中，首先选取过关键井的多条连井线对迭代次数、地震数据信噪比、模型标准方差等参数进行反复测试，进行反演结果与地震信息、测井信息和地质沉积背景的对比分析，确定合理的反演参数；然后再进行叠前弹性波阻抗反演计算，得到纵波阻抗、横波阻抗，并计算出纵横波速度比、泊松比和拉梅系数等弹性参数体；最后利用这些属性体，结合地质、试采油信息，优选敏感属性进行研究区有利储层预测和含油气性分析。

三、弹性波阻抗反演应用

随着油田勘探开发程度的不断深入以及技术水平的完善提高，储层地震反演已经成为辽河油田岩性地层油气藏、致密油气藏等复杂地质目标储层预测工作中的一种常规技术。其中，叠前弹性波阻抗反演作为描述岩性、物性及含油气性的重要技术手段，在辽河滩海龙王庙地区、西部凹陷清水地区、海陆过渡带锦 325 井区、西部凹陷雷家致密油等重点勘探目标区得到应用，也取得了一定的反演效果。

（一）弹性波阻抗反演在西部凹陷锦 325 井区的应用

目标区位于西部凹陷海陆过渡带，以锦 325 井为中心，面积 106km^2。以往地震勘探成果信噪比低、分辨能力有限，严重制约着该区勘探部署，现利用最新地震资料处理得到的叠前时间偏移道集，开展叠前弹性波阻抗反演，为落实锦 325 区块沙二段高位域砂体分布范围提交优质可靠的叠前反演成果。由弹性波阻抗反演可以得到纵波阻抗和横波阻抗，进而计算得到纵横波速度比、泊松比、$\lambda \cdot \rho$ 和 $\mu \cdot \rho$ 等弹性参数体。弹性参数敏感性分析表明：横波阻抗可有效划分岩性，高横波阻抗代表砂岩；在砂岩发育区，应用泊松比可进一步对油气进行刻画，低泊松比指示油气。因此，最终选用横波阻抗属性刻画研究区目的层段砂岩的分布情况，选用泊松比属性预测研究区目的层段油气的分布情况。

图 4-3-10 为锦 325 井区沙二段高位域横波阻抗属性沿层切片，图 4-3-11 为锦 325 井区沙二段高位域沉积微相平面图，可以看到研究预测的砂体分布情况与沉积微相平面图所反映的基本一致。图 4-3-12 为锦 325 井区沙二段高位域泊松比属性沿层切片，预测的含油气分布情况与实际钻井揭示的基本吻合。

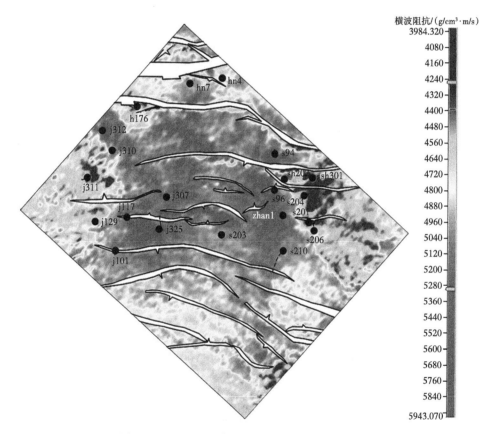

图 4-3-10　沙二段高位域横波阻抗属性沿层切片

（二）弹性波阻抗反演在西部凹陷清水地区的应用

目标区位于清水洼陷（面积近 300km²）主体，为辽河坳陷最大生烃中心，最大埋深达 8100m，区内仅两口井钻穿沙三段，勘探程度低。研究证实清水洼陷沙三中、沙三下均发育规模扇体，叠合面积近 110km²，此次叠前反演是利用 2020 年最新叠前时间偏移处理成果，以清水洼陷沙三中湖泛面之下规模扇体为主要目标，优选沙三中北侧扇体，以助力清水洼陷中深层勘探的突破与发现（主体天然气）。

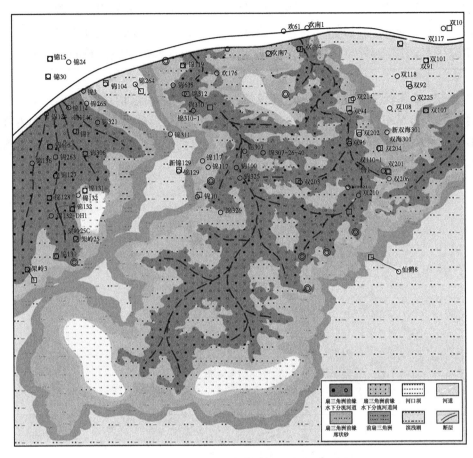

图 4-3-11　沙二段高位域沉积微相平面图

　　由于目标地层埋藏较深，原始地震资料信噪比和分辨率较低，处理后的偏移道集仍难以满足叠前反演的要求。在原始偏移道集的基础上，应用中值滤波技术去除随机噪声，应用剩余动校技术进一步拉平道集，然后通过剩余几何扩散补偿技术和 Q 校正技术对道集进行振幅能量补偿，提高叠前道集的信噪比，优化后的叠前道集如图 4-3-13 所示，叠前道集的优化处理为后续叠前弹性波阻抗反演奠定数据基础。

　　岩石物理分析阶段，以钻穿沙三段的马探 1 井资料为核心，对比分析不同来源的测井资料，融合常规声波测井、阵列声波测井和 VSP（垂直地震剖面法）资料中的纵横波信息，实现目标层段的横波估算，如图 4-3-14 所示，（a）中的阵列声波测井曲线（浅色）与常规声波测井曲线形态一致，但由于是分段测量，导致该井横波资料不足，导致（b）中阵列声波测井估算的横波速度曲线在局部出现异常；而（c）中的 VSP 资料纵横波曲线测量深度明显不足，最大深度只到 5000m，仅部分位于目的层段内；最后对比利用阵列声波横波速度估算和利用 VSP 纵横波速度比计算得到的横波速度，优选二者曲线吻合较好的部分，再加上阵列声波横波速度，作为训练样点，通过（d）中聚类分析实现目标层段的横波估算处理，（e）最终估算横波速度曲线。

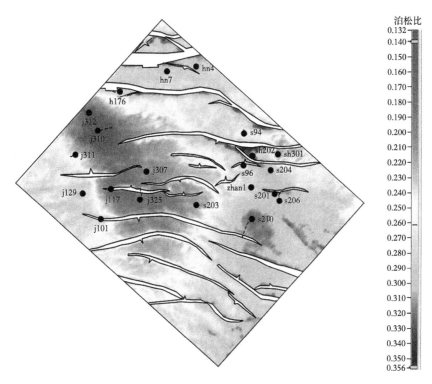

图 4-3-12　沙二段高位域泊松比属性沿层切片

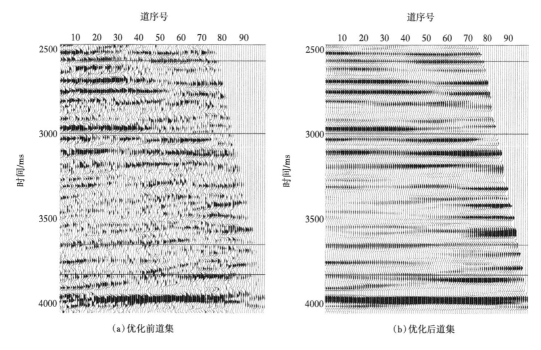

图 4-3-13　辽河清水地区 2020 年叠前时间偏移道集及道集优化前后对比

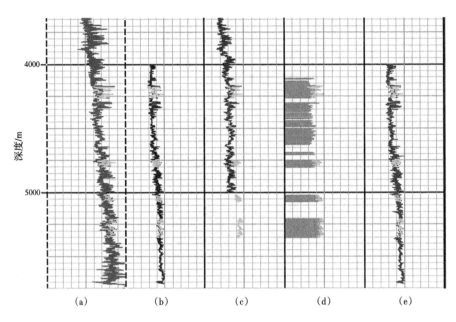

图 4-3-14　横波估算成果

　　针对地质目标开展叠前弹性波阻抗反演，计算得到纵波阻抗、横波阻抗和纵横波速度比等弹性属性体。弹性参数敏感性分析表明：纵波阻抗可有效划分岩性，高阻抗代表砂岩。图 4-3-15 分别展示的是过马探 1 井的纵波阻抗剖面，通过该属性反映的目的层段砂岩的分布情况与地质认识基本吻合。

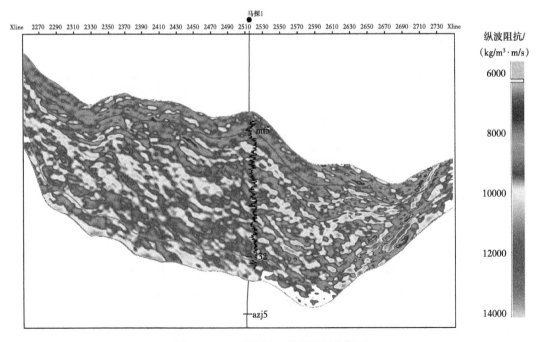

图 4-3-15　过马探 1 井纵波阻抗剖面

参 考 文 献

[1] 李庆忠.走向精确勘探的道路——高分辨率地震勘探系统工程剖析 [M].北京：石油工业出版社，1993.

[2] 石殿祥.几何扩散振幅补偿的两种新方法 [C].中国地球物理学会第十一届学术年会，1995.

[3] 黄绪德.反褶积与地震道反演 [M].北京：石油工业出版社，1992.

[4] 冯心远，刘伟明，刘桓，等.地表一致性稳健反褶积及在保幅处理中的应用 [C].中国石油学会 2021
    年物探技术研讨会，2021.

[5] 凌云，高军，吴琳.时频空间域球面发散与吸收补偿 [J].石油地球物理勘探，2005，40（2）：176-
    182，189.

[6] 熊翥.地震数据处理应用技术 [M].北京：石油工业出版社，2008.

[7] 俞寿朋.高分辨率地震勘探 [M].北京：石油工业出版社，1993.

[8] 刘二鹏.高密度地震采集技术研究：以长治某煤矿采取区为例 [D].太原：太原理工大学，2011.

[9] 钱荣钧.关于地震采集空间采样密度和均匀性分析 [J].石油地球物理勘探，2007，42（2）：235-243.

[10] 王喜双，谢文导，邓志文.高密度空间采样地震技术发展与展望 [J].勘探技术，2007，1：49-53.

[11] 贾福宗，李道善，曹孟起，等.宽方位纵波地震资料HTI各向异性校正方法研究与应用 [J].石油物探，
    2013，52（6）：650-654.

[12] 段文胜，李飞，王彦春，等.面向宽方位地震处理的炮检距向量片技术 [J].石油地球物理勘探，
    2013，48（2）：206-213.

[13] 娄兵，姚茂敏，罗勇，等.高密度宽方位地震数据处理技术在玛湖凹陷的应用 [J].新疆石油地质，
    2015，36（2）：208-213.

[14] 刘依谋，印兴耀，张三元，等.宽方位地震勘探技术新进展 [J].石油地球物理勘探，2014，49（3）：
    596-609.

[15] 袁刚，王西文，雍运动，等.宽方位数据的炮检距向量片域处理及偏移道集校平方法 [J].石油地球物
    理勘探，2016，55（1）：84-89.

[16] 王学军，于宝利，赵小辉，等.油气勘探中"两宽一高"技术问题的探讨与应用 [J].中国石油勘探，
    2015，20（5）：41-52.

[17] 印兴耀，张繁昌，孙成禹.叠前地震反演 [M].东营：中国石油大学出版社，2010.

[18] 张繁昌.叠前地震数据的弹性波反演方法研究 [D].东营：石油大学（华东），2004.

[19] 付志方.地震储层预测技术及应用研究：以西湖凹陷孔雀亭地区为例 [D].北京：中国地质大学（北京），
    2007.

[20] 撒利明.储层反演油气检测理论方法研究及其应用 [D].北京：中国科学院，2003.

[21] 杨建礼.叠前敏感弹性参数反演及在西湖凹陷的应用研究 [D].北京：中国地质大学（北京），2006.

[22] 张宇航.地震反演在储层预测中的研究与应用 [D].西安：长安大学，2009.

[23] 谢月芳，张纪.岩石物理模型在横波速度估算中的应用 [J].石油物探，2012，51（1）：65-70.

[24] 方磊.地震波阻抗反演及其在储层预测中的应用研究 [D].成都：成都理工大学，2008.

第五章　高精度偏移成像

辽河油田地震资料高精度成像技术的发展整体上可分为两个阶段：2000 年以前，主要以倾角校正（DMO）和常规叠后处理为主；2000—2010 年，研究形成了适合辽河探区地震资料特点的叠前时间偏移处理技术流程，并全面推广应用[1]。首次完成了西部凹陷南部 2057km² 连片叠前时间偏移处理；2008 年开始，针对兴隆台潜山带、曙光潜山等复杂目标进行攻关，形成了复杂构造及潜山的深度域建模及叠前深度偏移技术，2013 年完成东部凹陷北部 1500km² 连片叠前深度偏移处理，标志着辽河油田具备了叠前深度偏移工业化生产能力[2]。

随着勘探要求的提高以及地震采集技术的进步，辽河油田相继开发应用了克希霍夫积分、单程波动方程、逆时偏移、高斯束等偏移方法并针对目标开展了各向异性偏移、Q 偏移等特殊偏移技术，逐渐形成了精确成像技术流程，为复杂目标精细勘探提供了技术保障。

第一节　叠前时间偏移

一、叠前时间偏移基本原理

地震成像目的是使反射波或绕射波回到产生它的地下位置上去。地震成像包含两部分内容：（1）确定反射（绕射）点的空间位置；（2）恢复其波形和振幅特征。地震偏移处理是实现地震成像的主要手段[3]。

当实际资料中地层几何形状比较复杂，即使速度横向变化不大，叠后时间偏移技术也不能得到较好的成像效果。从原理上讲，叠前时间偏移与 DMO 叠加 + 叠后偏移是完全等效的，但是相比之下，叠前时间偏移处理技术利用叠前道集，使用均方根速度场将各个地震数据道偏移到反射点位置，形成共反射点道集再进行叠加，提高了偏移成像精度，并且叠前时间偏移方法自身迭代过程使最终得到的速度场精度和振幅保真度均比叠后时间偏移方法要高，从而有利于提高构造解释成图精度，确保叠前属性提取和叠前地震数据反演结果的真实可靠性。

目前常用的叠前时间偏移是基于波动方程积分解的克希霍夫积分法[4]。克希霍夫（Kirchhoff）偏移是从运动学角度用一种最简单的方法描述什么是偏移。在均匀地层中，给定炮点和接收点的位置（偏移距），原始地震道上的 t 时间样点（t 为双程旅行时），对应的反射点位置在三维数据体中表现为半个椭球体面。它们的焦点分别是炮点和接收点。因此，偏移就是把原始地震道的单脉冲响应分布到所有可能的反射点轨迹上（半个椭球体面）。克希霍夫积分法虽然计算精度稍低，但速度分析方法快捷，运算效率高，适应能力强，是目前叠前时间偏移应用中经常采用的方法。

叠前资料处理质量的优劣直接关系到叠前偏移的质量，所以，精细的叠前资料预处理是叠前偏移的基础。在地震数据偏移之前必须做大量的前期处理工作，以提高其信噪比和分辨率，并获取相对准确的叠前时间偏移速度模型，保证数据的偏移成像效果。具体的预处理技术可以参照常规的叠前处理，前面章节已进行了详细的阐述，下面只对建模方法进行阐述。

二、叠前时间偏移速度建模

准确的速度模型是做好叠前时间偏移的关键[5]。偏移归位准确与否，取决于偏移速度场。速度模型的准确与否直接影响资料的成像精度。主要是通过交互分析建模和目标线偏移多次迭代的方式，并结合地质规律、CRP 道集、井资料等，以处理解释一体化为指导思想，对速度模型进行严格质量检验及监控。

处理人员在速度建模初期，须主动了解地质构造特征和主要目的层，并参考以往地质研究成果来建立初始的时间域速度场模型。在叠前时间偏移（Kirchhoff 法）处理过程中，求取准确的均方根速度场，具体方法主要有三种：

（1）叠前时间偏移的剩余速度分析。

将偏移作为速度分析的工具，在选定的速度分析点位置上进行偏移，并输出道集，然后经过反动校后进行偏移速度分析，求取出比较准确的偏移速度场，再利用该速度对全部数据做叠前偏移，输出所有道集或偏移道。

（2）叠前道集扫描法速度分析。

将偏移作为速度分析的工具，通过在选定的速度分析点位置上用不同速度百分比对数据进行偏移速度扫描分析，输出经过各种速度偏移的道集，通过在道集上观察同相轴拉平与否，拾取最佳的偏移速度，建立精确的速度场，然后进行最终偏移。

（3）偏移叠加扫描速度分析。

在信噪比低、构造极其复杂的地区，上述速度分析方法不能满足速度分析的需要，因为这类资料同相轴常常被噪声所淹没，构造又比较破碎，所以非常难辨别，依据同相轴是否被校直拉平的方法已失去意义，为此只能用信噪比较高的分析手段，如偏移叠加扫描速度分析。利用不同的速度百分比对三维数据体进行叠前时间偏移，输出经过各种速度偏移得到的剖面，利用正确的偏移成像具有最大能量的原则，在各种百分比的剖面上拾取最大能量，得到一个能够使每一点都具有最大成像能量的百分比数据体，然后与原始速度数据体相乘，即得到了较为准确的偏移速度。图 5-1-1 是不同百分比道集扫描剖面。

在调整偏移速度场时，结合地质任务，合理应用井资料。通过与解释人员沟通，搜集、整理、加载工区内井资料，从而使处理人员更深入了解地质情况，明确处理目标。可以在一些潜山、凸起等重点目标区，增设横向百分比速度扫描，进行纵横向相互约束，

图 5-1-2 是不同百分比扫描偏移剖面。

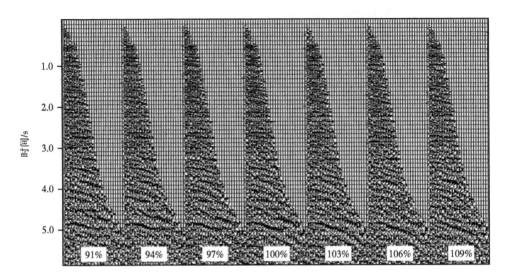

图 5-1-1　不同百分比道集扫描剖面

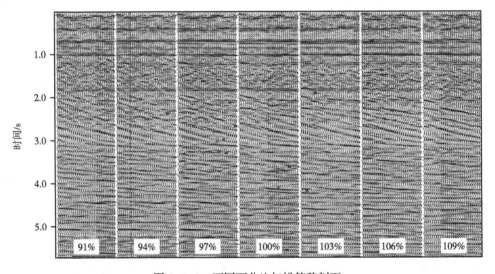

图 5-1-2　不同百分比扫描偏移剖面

　　另外,对工区内的重点探井进行标定和井震速度分析的工作,使目的层段的地震资料与井资料有个较高的吻合度,尤其在一些断裂及断块发育区,通过该技术提高初始速度模型的精度,确保整体速度场的合理性,有利于后续的偏移成像(图 5-1-3)。

　　优化速度建模的流程:前面提到的偏移叠加扫描速度这种方法从全局来说应该是最精确的方法,因为它可以对整个偏移后数据体的每一道的每一个时间(或者层位)控制点进行速度的最优化选择,从而避免了速度分析受速度空间采样影响而导致不能精细描述速度场的问题,它在刻画一些复杂小断块、提高横向分辨率方面都具有非常大的优势,但其运算量非常大。

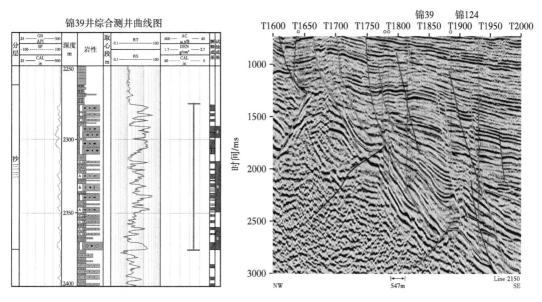

图 5-1-3 锦 39 井综合测井曲线图及井标定剖面

辽河油田在叠前时间偏移处理工作中，一直坚持"物探与地质有机结合"的一体化思想，已形成了一套适合于辽河地区资料特点的叠前时间偏移速度建模流程和思路，并结合过程质控，使建模的效率和精度更高（图 5-1-4）。具体做法如下：

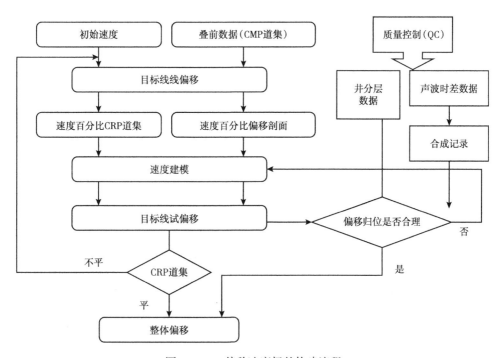

图 5-1-4 偏移速度场的构建流程

第一步，以 DMO 速度为初始速度，对目标线做不同百分比的速度扫描，偏移出不同百分比的共反射点（CRP）及叠加剖面结果。

第二步，以交互速度拾取方式，参考相邻纵、横线速度，结合偏移剖面，以 CRP 道集是否被拉平为基本准则，并保证横向上速度不剧烈变化，建立准确偏移速度模型。

第三步，以此拾取速度进行偏移，根据以上准则判断是否为最佳速度，如果不是，则重复上述步骤，如果符合准则是最佳速度，则进行整体偏移。

在这个过程中，为了提高地震资料品质，将部分目标线扫描精度至 1%，使速度场精度得到提高，成像效果进一步改善。而在一些构造复杂和岩性多样的地区，通过加密速度分析点的方式，提高资料有效反射信号的强度（图 5-1-5）。

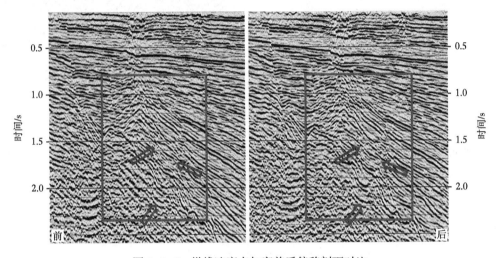

图 5-1-5　纵线速度点加密前后偏移剖面对比

加强与解释人员结合。在处理过程中，每次速度更新，需要与解释人员进行沟通，对调整后的剖面进行构造合理性分析和精细调整，提高速度建模的准确度（图 5-1-6、图 5-1-7）。

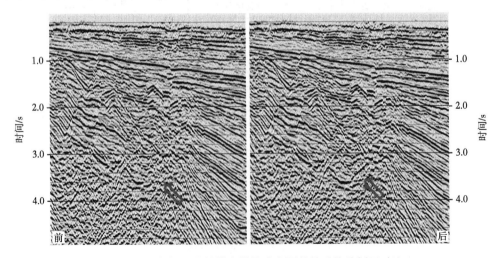

图 5-1-6　与解释人员结合纵线速度调整前后偏移剖面对比

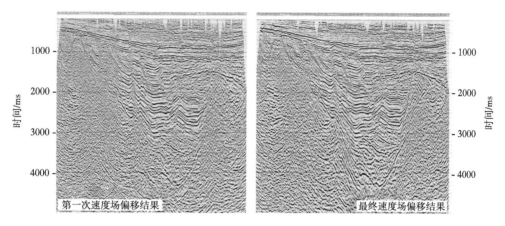

图 5-1-7　不同速度场偏移结果对比

三、叠前时间偏移参数选择

高品质的叠前道集是叠前偏移的基础，精确的速度模型是叠前偏移的关键[6]，而偏移参数精选技术是叠前偏移的最终体现，各种偏移方法的参数有所不同，对 Kirchhoff 叠前偏移来说，主要参数有 Inline 偏移孔径、偏移倾角和反假频。

（一）偏移孔径

偏移孔径指沿 Inline 方向和 Crossline 方向，偏移算子最大空间延伸的距离。它决定了参与偏移成像数据量的多少，对偏移成像的好坏起着很重要的作用。偏移孔径太大则噪声成分加大，运算成本增加；偏移孔径太小则造成偏移归位不合理。因此，选择合理的偏移孔径是非常重要的，应针对资料特点，考虑机器处理能力，通过仔细试验，在确保准确成像的基础上，选取合适参数。

如图 5-1-8 所示，偏移孔径低于 5000m 时，随着偏移孔径变小，构造底界（3900ms）成像逐渐变差，浅层成像变化不大，能够满足成像需求。而偏移孔径大于 5000m 时，

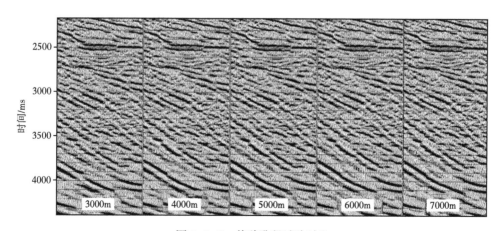

图 5-1-8　偏移孔径试验对比

随着偏移孔径逐渐增大，深层构造底界成像变化不大，中浅层偏移噪声逐渐变大，影响最终成像效果。

（二）偏移倾角

偏移倾角指偏移成像过程中保留的最大角度，它一方面限制了偏移算子的空间扩展范围，另一方面也对偏移算法起了很大的影响，同时也影响了偏移运算量的大小。倾角大小与陡缓构造成像质量成正比，因此，实际生产中，应针对资料的具体特点，结合机器处理能力，经过试验，综合考虑成像质量和效率，优选偏移倾角参数。如图 5-1-9 所示，当偏移倾角较低时（15°），陡倾角地层无法有效成像。随着偏移倾角逐渐增大，陡倾角地层逐渐变好，但运算效率会成倍增大，因此最终选择 55° 进行体数据偏移成像，在保证成像效果的同时兼顾生产效率。

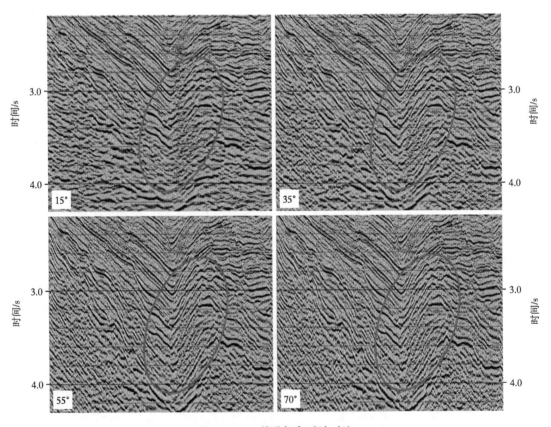

图 5-1-9　偏移倾角试验对比

（三）反假频因子

反假频因子是影响偏移效果的重要参数。反假频因子控制着实际偏移剖面的信噪比和分辨率，反假频因子过高会提高偏移剖面的分辨率但是会降低偏移剖面的信噪比，过小会提高偏移剖面的信噪比但是会降低分辨率。

四、应用效果

经过多年的生产实践，叠前偏移处理技术已成功应用到辽河油田多个油区，很好地完成了复杂构造精确成像的地质需求。

如图 5-1-10 所示，因为叠后偏移本身存在局限性，所以东、西陡坡复杂构造带叠后偏移效果不理想。而应用叠前时间偏移技术后，很好地完成了东、西陡坡复杂构造带成像地质需求。偏移成果信噪比高，达到 3 以上，基底形态清楚，断层、断面清晰。

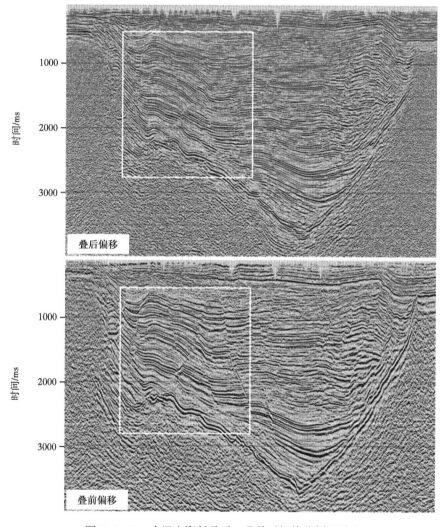

图 5-1-10　大民屯资料叠后、叠前时间偏移剖面对比

如图 5-1-11 所示，通过叠前时间偏移和常规处理剖面的比较，叠前时间偏移在以下三个方面有较大改进：（1）波组特征明显，断层和断裂系统清楚，构造形态清晰，各套地层反射齐全，剖面层次丰富。（2）潜山顶面及内幕的成像较叠后处理要更加清晰，潜山内部出现了一些新的断层和断块，可能导致对该区新认识。（3）界东、界西断层和两翼的接

触关系较叠后时间偏移的结果更清楚。

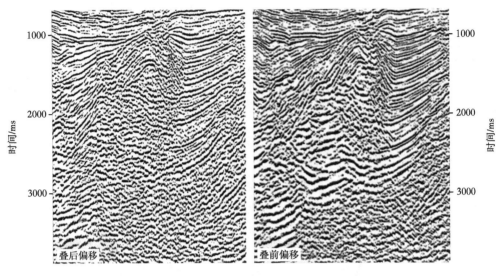

图 5-1-11　欧北—大湾资料叠后、叠前时间偏移剖面对比

如图 5-1-12 所示，通过应用叠前偏移技术，最终成果成像质量较叠后偏移有了大幅度提高。构造形态有明显变化，剖面的波组特征、各种接触关系较老剖面清晰，断面、断点位置准确。主要目的层层间信息丰富、同相轴连续性好，剖面的信噪比特别是深层资料有明显改善。中、深层构造成像精度提高，基底形态反射较为清楚。

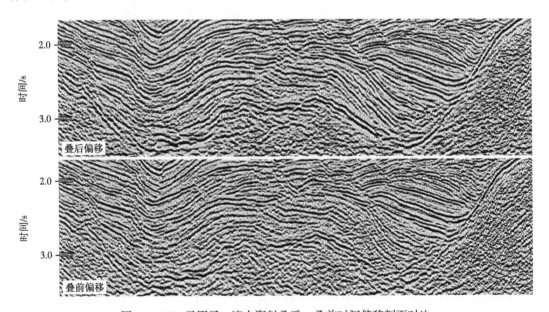

图 5-1-12　马圈子—清水资料叠后、叠前时间偏移剖面对比

叠前时间偏移技术也应用在了大面积连片的处理过程中，取得了非常好的效果。通过西部大面积连片叠前时间偏移处理，消除了不同区块间差异，资料的品质进一步提

高，尤其是中生界以下层位改进明显，为后续整体解释和评价提供了真实可靠的基础资料（图 5-1-13）。据过曙古 33 井、陈古 1 井的连井剖面可见，各套地层与井资料吻合较好（图 5-1-14）。

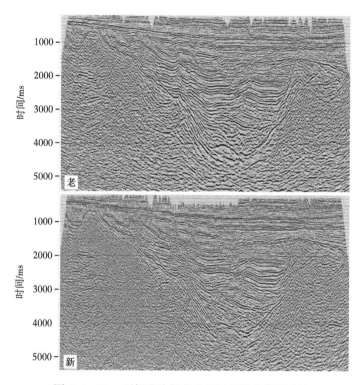

图 5-1-13　西部连片新老叠前时间偏移剖面对比

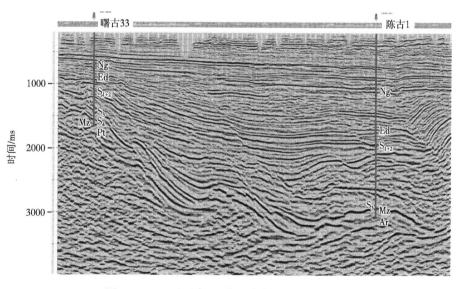

图 5-1-14　过曙古 33 井、陈古 1 井的连井剖面

第二节　深度域速度建模

进入"十二五"以后，辽河油田主要勘探开发对象转向深层潜山、火山岩、岩性油藏和高陡构造油藏。这类复杂构造都具有内部结构复杂、地震资料信噪比低、速度横向变化快、地震信号能量弱且波场复杂的特征。为了提高复杂构造的成像精度，辽河油田处理中心对叠前深度偏移技术进行了深入研究和应用实践。

在叠前深度偏移处理中，高品质叠前处理道集是基础，速度模型的精度则是偏移成像的关键[7]。偏移算法对速度模型有很强的依赖性，若速度模型不准确，则地下反射层偏移归位不准，成像深度误差也会加大。可见，速度模型精度的高低直接影响着偏移成像精度，对速度模型的建立及模型修正过程中的迭代更新方法进行研究是至关重要的。因此，在整个研究和质量监控过程中，必须紧紧抓住速度分析这一关键，大幅度提高速度求取的精度，建立精确的三维速度—深度模型，是保证深度偏移成像质量的根本[8]。建模思路主要是通过交互分析建模和目标线偏移多次迭代的方式建立初始模型，利用垂向建模、网格层析建模等多种建模技术联合应用，并结合井资料、构造解释层位、共成像点道集（CIG）及区域地质演变规律等逐步提高速度模型精度，以处理解释一体化为指导思想，对速度模型进行严格质量检验及监控，辽河油田近年来总结的经验建模流程如图 5-2-1 所示。下面对叠前深度偏移建模思路及方法进行详细介绍。

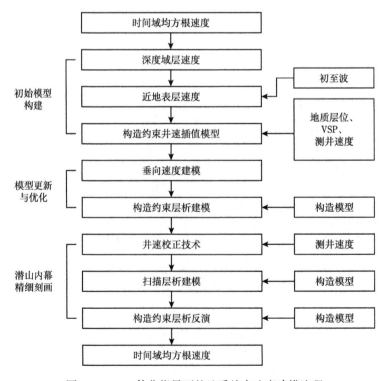

图 5-2-1　一体化指导下的地质约束速度建模流程

一、建模数据准备

（一）建模道集优化

复杂构造地区受多种因素影响，比如断块破碎、潜山顶面屏蔽、构造反转等，地震资料信噪比普遍较低，造成偏移成像效果不理想。一是因为低信噪比数据会给速度建模带来困难，二是叠前深度偏移方法本身也要求地震数据有一定的信噪比[9]。因此，获得较高信噪比的叠前道集是获得较好成像的一个基础要素。前面章节中已经对噪声的种类、特征及去除、压制方法进行了详细介绍，在此不再赘述，只是在叠前深度偏移过程中，尤其是面对潜山内幕成像及高陡构造成像时，更要注重低频信息的保护[10]。在去噪过程中可以将去噪和振幅补偿迭代进行，这样既能保证去噪过程中尽量不伤及有效信号，又能使振幅补偿环节补偿因子的求取更加合理。另外，在建模过程中，为了尽量提高建模精度，可以对道集进行极限参数随机噪声去噪，以提高资料信噪比专门用于建模。

针对用于建模的道集，可以在叠前 CMP 道集和偏移后共成像点（CIP）道集上进行去噪处理。在去噪过程中，与常规叠前道集处理不同，建模道集可以不用考虑地震数据保幅性，参数可以略重，在不影响构造形态的前提下可以损失部分细节信息。在 CIP 道集去噪中主要是以不改变剩余动校正量（RMO）曲线形状为前提，以提高 CIP 道集的信噪比和连续性为目标，尽可能地对道集优化，提高 RMO 曲线拾取精度。常用方法有叠前随机噪声衰减、高精度拉东域多次波去除、投影滤波等。

如图 5-2-2 所示可以看出，经过去噪后道集的信噪比和同相轴连续性得到有效提高，有利于后期 RMO 曲线的拾取。如图 5-2-3 所示，地震资料信噪比明显提高，深层潜山内幕反射特征更清晰，对将来建模过程中地层倾角拾取有很大帮助。

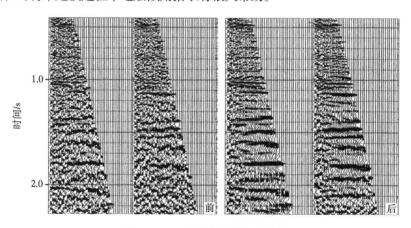

图 5-2-2　去噪前后道集对比图

（二）测井数据整理

速度—深度建模需要两类数据：一类是地震数据，包括叠前 CMP 道集、CIP 道集、偏移后剖面等；另一类是其他相关数据，主要包括测井数据、VSP、地质分层、地震层位等。

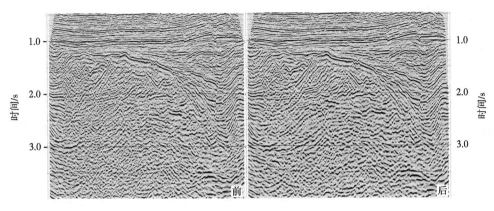

图 5-2-3　叠前四维去噪前后效果对比

测井数据主要包括测井曲线、坐标、井斜及测井地质分层。在资料处理过程中主要有以下三点作用，一是利用声波曲线进行沿层控制插值形成初始速度体；二是用于井震误差计算；三是用于质量监控。首先将声波测井与层速度之间进行转换，声波时差测量的是单位距离内声波传播的时间差，可以通过求倒数获得单位时间内传播距离，即层速度。由于测井实施过程中不同井采用仪器不同，或同一口井分段测量，因此，需要根据不同公式进行计算。

其次需要整理收集的井资料相关数据，主要包括对声波曲线、测井分层及井斜数据等进行格式整理来满足不同软件的加载需求，如图 5-2-4 所示以 Geovation1.0 处理软件为例。最后，还需要对分段曲线进行合并，去除异常值等。

图 5-2-4　井数据格式转换示意图

（三）建模井筛选

在完成初步整理的基础上，制定了以下四条建模井筛选标准来筛选井数据：

第一，单井多曲线及岩性间进行对比。曲线与岩性对应关系好的是要选取的，对应关系不好的直接剔除，如图 5-2-5 所示。

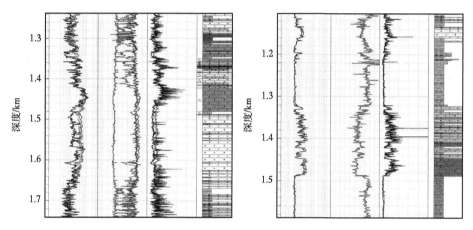

图 5-2-5　曲线岩性对应关系示意图

第二，相邻井之间曲线横向对比。随着构造位置变化，沉积岩性也会出现变化，曲线相应地在横向上也会形成一定规律，符合地质变化规律的井是需要选取的。

第三，测井曲线与地震相对比。如图 5-2-6 所示，随着构造深度变化，地震相由前积类型变化成平层沉积，岩性也是由粗逐渐变细，曲线也与之相对应，要是不符合这个规律的则直接剔除。

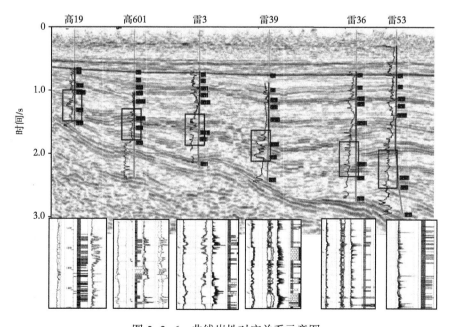

图 5-2-6　曲线岩性对应关系示意图

第四、测井速度与人工解释偏移速度的趋势对比，趋势相同的选用，趋势有差异时，查清原因再进行确定。如图 5-2-7 所示，无论是联井图还是单井对比，速度趋势大体相同。其中高 601 井深层差异较大，经过分析，由于潜山地层速度突然变高，人工速度解释垂向密度较低，对速度突变表现不敏感，因此该井也需要选用。

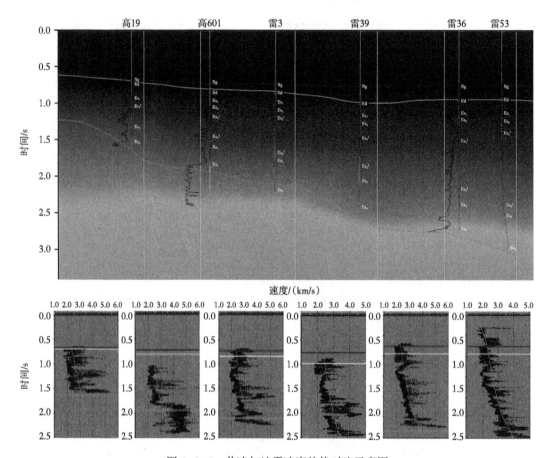

图 5-2-7　井速与地震速度趋势对比示意图

结合上述筛选结果，综合考虑地质分层是否齐全、测井地质分层是否可靠、测井曲线长度、钻井位置、是否为斜井、钻井年限、是否为重点井等情况对建模用井和质控井进行选择，最后将数据加载到建模软件中，建立井列表。

（四）地震层位解释

地震层位数据获得途径有三种：一是由地质解释人员提供；二是利用测井分层进行插值；三是利用解释软件根据需求进行人工解释。这三种获取方式均有利弊，第一种获取方式是最简洁、准确的，但地质人员解释的层位是严格按照地质层位发育范围解释的，而建模软件需要的层位必须是全区分布的，所以无法直接应用。第二种获取方式在井点密度较小或分布不均匀时，井间误差会非常大，且无法体现断裂分布及其发育特征。第三种获取方式速度建立构造模型的工作量会大大增加，且处理人员对区域地质认识不足，解释的层位存在误差风险较大。因此，在实际工作中，首先收集地质人员解释的层位，了解主要界面识别特征，在此基础上利用现有偏移速度进行时深转换，然后在深度域加载到建模软件中，以此为参考重新进行解释。

通过多年工作积累，辽河油田勘探开发研究院地震资料处理中心已经总结出一套适用于叠前深度域建模的地震层位解释流程。如图 5-2-8 所示，首先利用地质分层标定、井的岩性变化等标识来确定层位，然后利用连井剖面和纵横十字交叉剖面进行大网格（一般间隔 2 的整倍数的线条数，比如 128 条线宽度的纵横线网格）的地层格架建立，在检查无误后进行下一个循环的更新解释，直到最终达到能够描述速度变化需求的网格宽度。在解释过程中，有井的位置可以依靠井标定进行解释，而没有井的位置则要依靠地震相信息进行层位识别解释（图 5-2-9）。以西部凹陷雷家地区为例，沙四段底界是一个强不整合界面，具有明显的上超特征，在部分井上表现为火山岩向沉积岩突变的特征；而在层位不发育的地区，为了满足建模需求，则需沿基底断裂进行顺延解释，最终得到了馆陶组、东营组和沙四段三层适合用于建模的构造层位（图 5-2-10）。

二、初始模型建立

（一）表层速度建模

从理论上来说，深度偏移对近地表速度变化更加敏感，且成像误差会从浅到深逐步累积[11]，因此在起伏地表叠前深度偏移处理过程中，建立准确的近地表速度模型并进一步融合到中深层速度模型中是非常必要的。

通常近地表建模主要有以下两种方法：

第一种方法是利用野外采集的微测井、小折射等资料获取采集点位置的精确速度，然后进行空间插值，进而得到研究区近地表地层精确速度（图 5-2-11）。由于该方法是通过实测获得的近地表地层速度，对采集点位置来说垂向上速度精度是可靠的，但受野外采集点密度影响，对横向速度变化的刻画精度要相对较低。尤其是在长庆黄土塬区，塬上近地表地层厚度大，速度较低，塬下受水流冲击、高速层出露，速度较高。且采集困难，空间采集点不均匀，而近地表结构变化快，因此野外采集不能满足精细建模的需求。

第二种方法是利用大炮初至时间进行反演获得近地表速度。建模步骤主要包括初至时间精确拾取、初始速度模型建立、正演计算及层析反演和反演结果评价四部分。该方法是利用初至时间趋势获得初始速度模型，然后利用射线追踪技术在初始模型基础上进行正演运算来获得旅行时信息，并与精确拾取的初至进行匹配求取初至残差向量来构建层析反演方程，通过这个过程进行多轮次循环迭代就可以获得精确的表层速度场（图 5-2-12）。由于野外地震道采集密度非常大，尤其是当前高密度采集情况下，通过反演获得的速度对纵横向刻画要更精细，但实际建模过程中，受拾取方法和原始资料信噪比影响，初至信息的精确拾取是非常困难的，这会对速度模型精度造成影响。另外反演速度与实测速度会有一定误差，因此，通常会综合利用以上两种方法，通过第二种方法在建立精确模型基础上，利用微测井信息进行标定，进一步提高近地表速度模型精度。

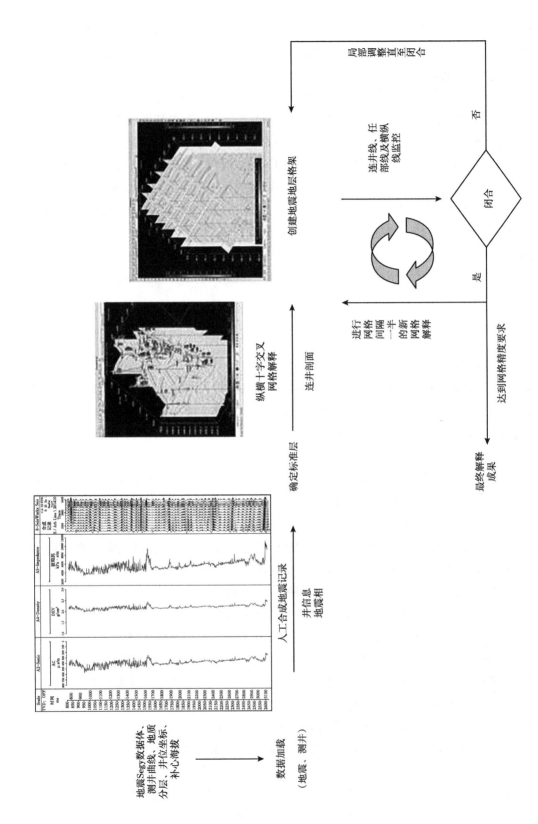

图 5-2-8 地震层解释位迭代流程图

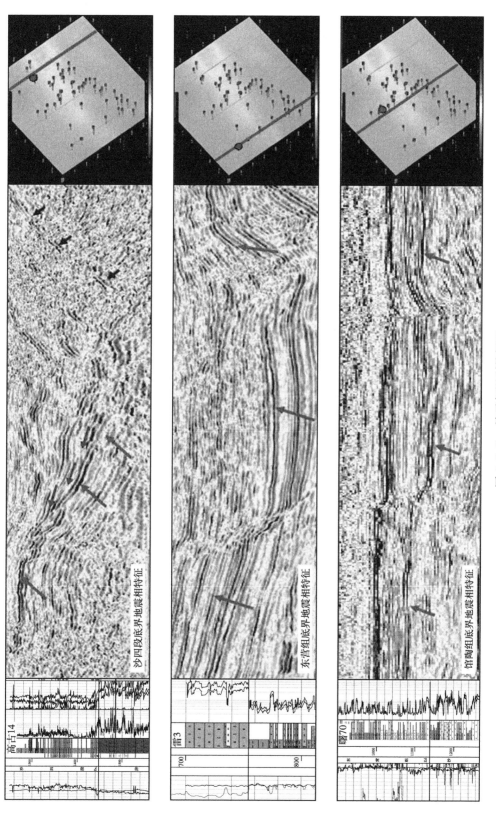

图 5-2-9　地震相识别特征图

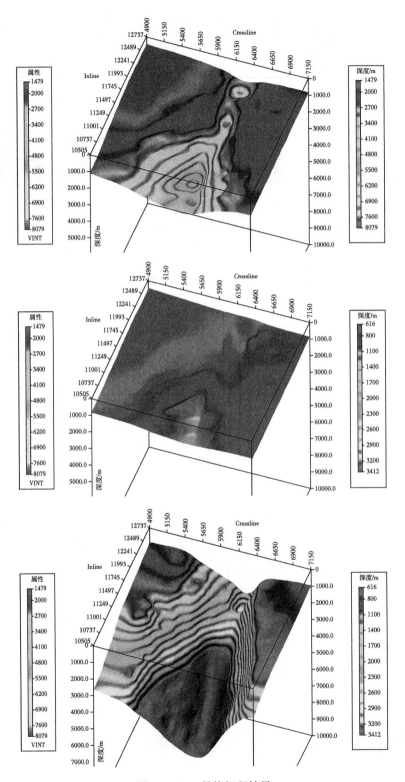

图 5-2-10　最终解释结果

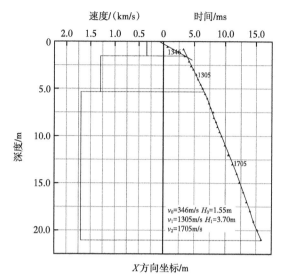

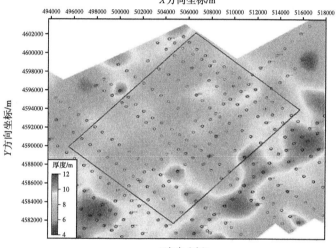

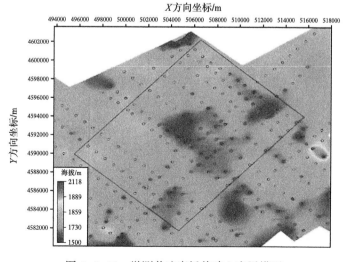

图 5-2-11 微测井速度插值建立表层模型

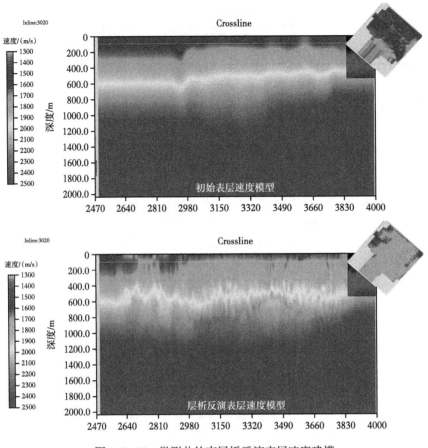

图 5-2-12　微测井约束层析反演表层速度建模

（二）中深层速度建模

中深层初始速度模型的获取一般有以下三种方法：

第一种方法是利用叠前道集进行目标线百分比扫描，然后进行速度谱制作和均方根速度解释。经过对不同百分比扫描迭代解释后获得的均方根速度进行插值可以获得均方根速度体，利用 Dix 公式转换和时深变换之后便可获得层速度—深度模型。

第二种方法是如果没有深度域层位，首先，可以将时间域用层速度表示的地质层位转换到深度域。然后利用深度域地质层位进行约束，将建模井层速度值从上到下沿层进行空间插值（插值方式可以是线性插值，也可以是按照最小曲率方式进行插值），之后用新获得的层速度场对时间域地质层位重新进行时深转换并重新插值，经过多轮迭代后会获得较好的地质层位与测井地质分层匹配关系以及最终的层速度—深度模型。

第三种方法是前两种方法的综合应用。以第一种方法构建背景速度场，结合第二种方法的井速插值获得一个新的混合模型。如图 5-2-13 所示，以西部凹陷雷家地区深度域模型为例，左侧为时间域均方根速度场通过 Dix 公式转换、时深转换、速度平滑后获得的深度域层速度模型。右侧为第三种方法获得的混合模型，其中顶部和底部没有井速控制的位置，利用背景层速度场进行填充，中间部分为构造层位约束下井速空间插值获得。

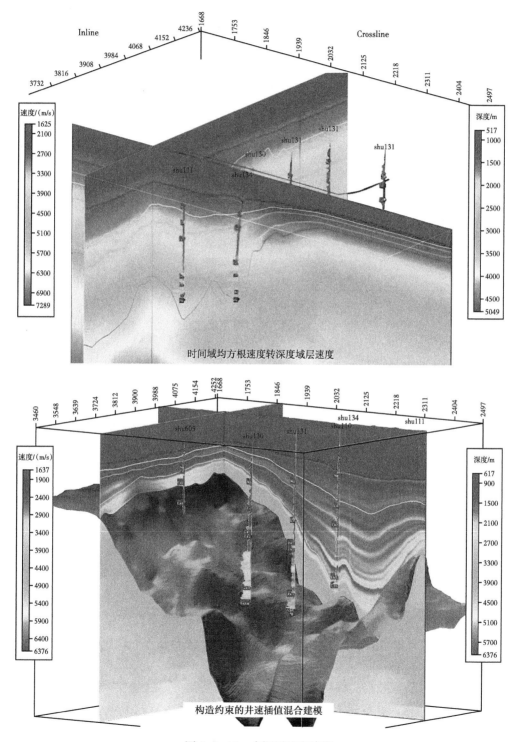

图 5-2-13 中深层速度建模

（三）速度模型融合

在表层速度模型和中深层速度模型建立完成后，如何将两个模型无缝融合在一起也是一项重要工作。当前常用做法是以高速层顶或表层速度模型射线追踪密度场适当密度值的底界作为两个模型融合的界面，并对融合界面附近速度进行空间平滑，防止空间上产生速度突变，如图 5-2-14 所示。

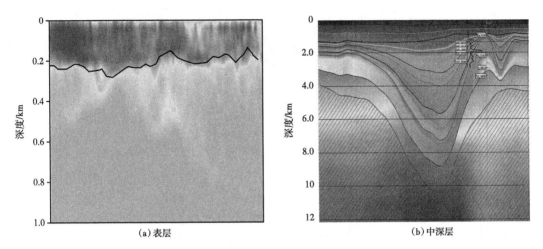

图 5-2-14　表层、中深层速度融合

三、速度模型更新

初始模型创建完成后，下一步工作是利用不同方法对速度模型进行迭代更新，从而使模型精度逐步提高，改善地震资料成像效果。目前常用的速度模型更新方法主要有：垂向速度建模、沿层速度建模、层控网格层析建模等。

（一）垂向速度建模

垂向速度建模可以借助多种手段，减少处理结果的多解性，得到垂向连续变化的介质模型，有效改善成像精度。通过利用叠前时间偏移进行速度迭代的循环，可以求取精确的均方根速度，为叠前深度偏移提供长波长的速度。但由于偏移技术的差异，最好的叠前时间偏移速度未必是最好的叠前深度偏移速度，因此需要利用叠前深度偏移的 CRP 道集对速度进一步优化。与叠前时间偏移速度分析的区别就是通过叠前深度偏移作为迭代手段，每次将得到的深度域 CRP 道集转换到时间域来分析。利用速度模型通过选择目标线来完成叠前深度偏移，速度分析采用三维交互速度分析的方法来进一步提升速度—深度模型的精度。

该过程需加强质量监控，特别要用分层和速度进行质控。速度准确性的判别标准是偏移 CIP 道集是否拉平，速度过高或者过低都会引起 CIP 道集下拉或者上扬。交互速度分析是建好速度模型的基础，在速度分析时，由于深度域层速度模型不同于叠前时间偏移速度，其变化是区域性的，因此，首先根据速度分析点对应于剖面上的位置，判断速度的大小和变化趋势，然后分析相应的道集和速度谱，判断是否是假聚焦或成像反射同相轴是否为有效信号（如多次波等）。

对于信噪比极低的地质区域，利用人工速度解释已无法识别的情况下，一般通过引入井资料，横向对比测井声波时差速度与偏移速度之间的规律，再按相应的速度—深度变化趋势对该区域进行人工速度调整或直接利用 VSP 速度及测井声波时差速度进行填充，偏移完成后对建模道集进行极限参数去噪后，再进行多轮次的迭代，逐步提高速度—深度模型精度。

（二）沿层速度建模技术

沿层速度分析（HVA）通常指沿着某个目标地质层位进行速度横向连续追踪分析，也就是依据该层位的零偏移距时间或深度值逐个提取 CMP 点对应的速度。其方法原理与常规速度谱分析法相同，是在零偏移距时间或深度值给定情况下，依据正常时差与叠加能量的关系，提取叠加能量最大值对应的速度。

沿层速度分析的实现方法是先在叠后剖面上拾取层位的时间或深度位置，然后在速度谱上将同一层位时间或深度位置对应的能量团顺时针旋转 90°，形成一个反射波能量团连续排列的沿层横向速度谱剖面，横坐标为 CMP 点位置，纵坐标为速度百分比，下部为校正前后速度对比（图 5-2-15）。在该剖面上拾取速度遵循的是叠加能量最大的拾取原则，同时也要结合纵向速度谱拾取结果并兼顾同一层速度横向变化缓慢的规律。

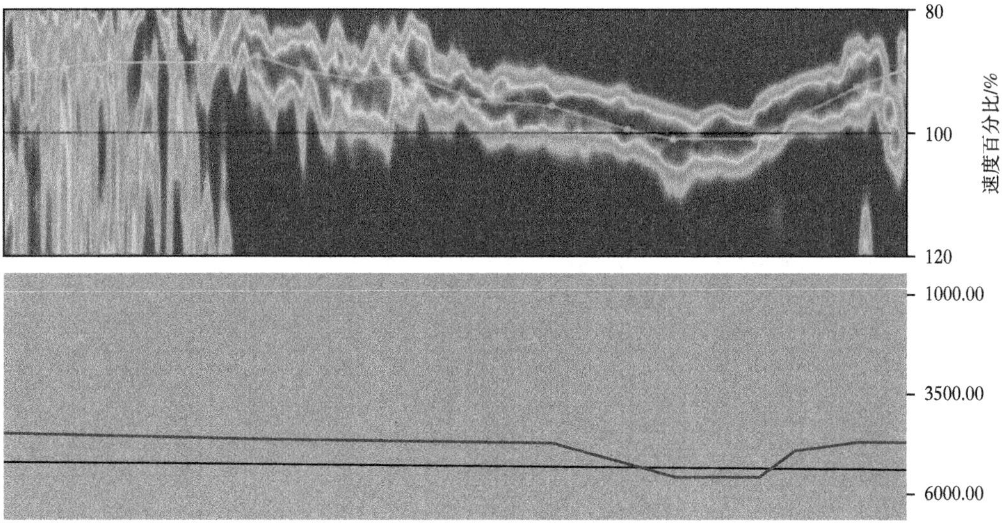

图 5-2-15　沿层速度建模

（三）层控网格层析建模

层析速度反演建模主要利用偏移和层析交替迭代的方法进行，速度反演能够恢复速度场中的长波长信息和短波长信息，反演的精度较高，且具有计算稳定的特点，是深度域速度模型建立的一种有效方法[12]。层析成像正演算法可以分为两类：一类是基于射线理论的射线追踪方法，另一类是波场数值模拟方法。目前在地震勘探中应用最广、最为成熟的是基于射线理论的层析成像方法。

该方法的实现步骤为：（1）通过全数据体的叠前深度偏移，得到深度域数据体，也可以通过利用初始速度模型将时间偏移数据体转换到深度域，得到深度域数据体；（2）提取深度域的数据属性体（地震资料同相轴的连续性体、地层倾角体及方位角体）；（3）根据地层连续性，提取地震资料反射层位，形成不同区域的多个反射内部层位；（4）根据叠前深度偏移得到的共成像点道集，按一定网格拾取深度域 RMO 曲线，形成空间变化的深度域 RMO 曲线体；（5）将上述的三种地震属性体、深度域 RMO 曲线体、初始层速度体、反射层位等几种数据体融合，使每个地震记录包含以上几种信息，为旅行时计算奠定基础；（6）建立包含多个层位的全局的网格层析成像矩阵；（7）利用最小二乘法，在上述几种信息的约束下，求解网格层析成像矩阵，得到优化后的深度域层速度体。重复以上各步骤，实现多次深度速度模型的优化。

层控网格层析建模具有效率高、自动化强，人为干扰少，对速度误差的空间变化有较高适应性等优点，但该方法受初始速度模型精度和地震资料信噪比影响较大，需要的辅助约束条件较多，RMO 拾取和预处理工作量较大。在层析建模过程中，可以用 γ 体（γ 等于 1 时同向轴拉平度最高）和速度扰动体进行质量控制，如图 5-2-16 所示，层析反演后，通过 γ 体质控，道集拉平度得到有效改善。如图 5-2-17 所示为速度扰动体，表示每个采样点位置速度更新的大小，通过与道集进行对比，可以快速锁定速度校正不合理位置。

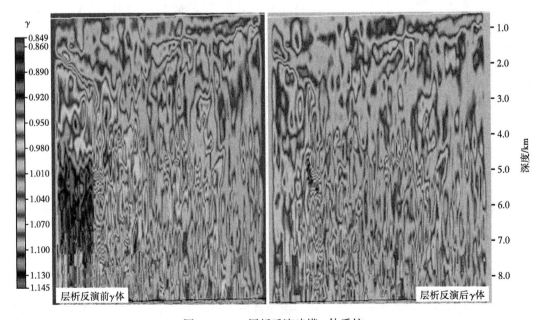

图 5-2-16　层析反演建模 γ 体质控

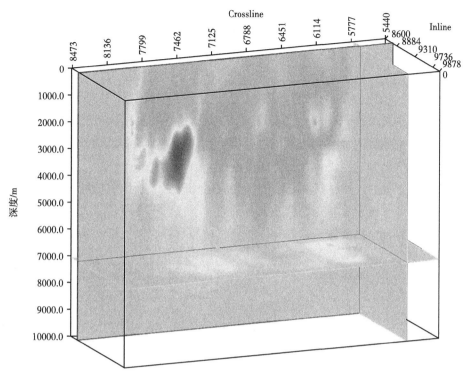

图 5-2-17　速度扰动体质控

如图 5-2-18 所示，当局部存在多次波等影响时，从左侧道集中可以看出在
4000~6000m 深度区间拾取存在问题。从右侧采集拾取可以看出，通过引入层位进行控制，
并对每个层控区间选用不同拾取参数后，层控拾取可有效改善 RMO 拾取精度。同时也可
以对局部位置进行人工 RMO 曲线拾取，并通过层析反演对速度模型进行更新。

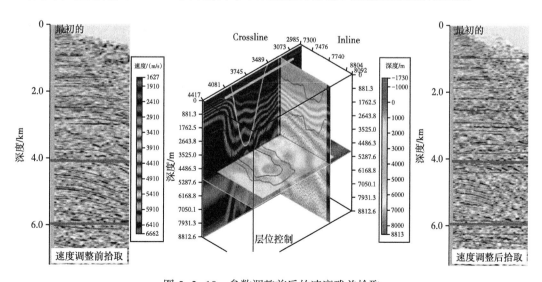

图 5-2-18　参数调整前后的速度残差拾取

总之，每次迭代要结合软件自身提供的控制手段，如检查 CRP 道集是否拉平，检查深度剖面成像是否合理，以及用钻井分层数据与深度剖面数据进行对比、三维可视化质控等，来确定最终速度是否合理。

实际生产工作中，通常是将以上几种建模方法在不同建模阶段进行综合应用，多数情况下是利用垂向速度建模或沿层速度建模方法通过人工解释对模型进行较粗网格的更新。在此基础上，再通过逐级细化的网格开展 RMO 曲线拾取和网格层析优化，拾取过程中做好质量监控和参数调整。最终利用层控网格层析技术对速度模型进行细节方面的优化及速度异常边界的精细刻画，获得最终精确速度模型。

如图 5-2-19 所示，通过几种方法的综合应用，建立了精确的速度模型，使得陡坡带速度变化及逆断裂对速度影响的描述更加精细。如图 5-2-20 所示，大民屯地区西陡坡整体构造格局更加合理，高陡地层成像精度更高，逆向断裂成像得到明显改善。

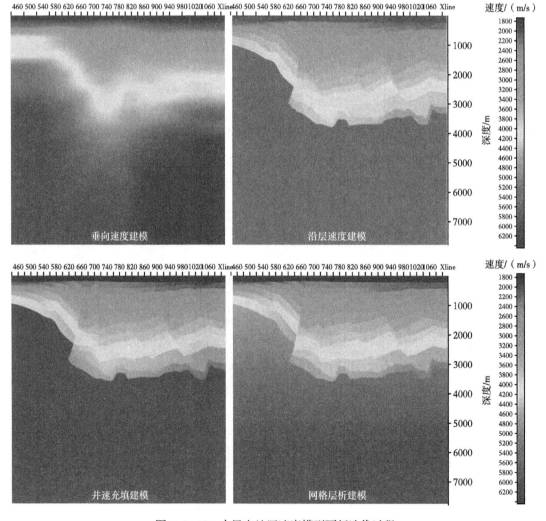

图 5-2-19　大民屯地区速度模型更新迭代过程

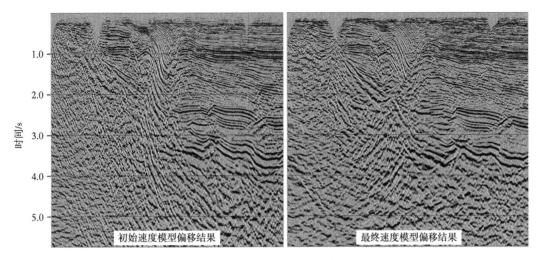

图 5-2-20 初始速度模型和最终速度模型偏移结果对比

四、各向异性速度建模

各向异性介质指物理性质具有方向特性的介质。最常见的就是成层沉积地层，可以认为其横向是各向同性的，垂向上存在各向异性，称之为垂向各向异性（VTI）介质；当这种介质受力拉长或挤压造成倾斜时则形成了倾斜各向异性（TTI）介质；当垂向上是各向均匀的，而横向上存在各向异性的介质则为横向各向异性（HTI）介质（图 5-2-21）。受构造运动和沉积环境变化影响，地震各向异性普遍存在于地下介质中，主要表现为地震波传播速度是传播方向的函数与体波间的相互耦合及横波分裂等现象。通常，所说的各向异性一般是针对速度各向异性。

图 5-2-21 各向异性介质示意图

随着辽河油田地震资料采集由常规三维采集转向"两宽一高"地震资料目标采集，新资料方位角和偏移距属性值域范围变得更宽，因此各向异性信息也更加突出。如果在地震偏移成像时忽略各向异性的影响，将会导致地震资料成像井震深度不匹配、复杂构造区道集同相轴有明显抖动现象，成像精度降低、速度模型地质意义不明显等问题，甚至产生构造扭曲及构造假象等。因此，在各向同性叠前深度偏移成像技术基础上开展各向异性叠前深度偏移成像技术是非常有必要的。

（一）各向异性相关参数

大部分情况下，现在地球物理业界中应用的叠前深度偏移各向异性参数公式是由 Thomson 定义的，主要用参数 δ 和 ε 来描述深度误差和远炮检距的剩余动校时差。δ 参数可以很容易地通过井深与地震数据深度偏移成果的深度匹配误差得到，ε 可以通过远炮检距的剩余时差分析或层析反演得到。时间域处理的各向异性参数公式是由 Alkhalifah 和 Tsvankin 定义的，通过 η 来评估远炮检距的剩余曲率。通常观察到的各向异性是由岩石本身固有的各向异性和一系列薄层速度平均引起的各向异性贡献的综合[4]。

在 Thomson 公式符号中，垂向速度和水平速度都和地面采集数据的近炮检距的动校速度（v_{nmo}）有关，即

$$v_{\mathrm{nmo}} = v_{\mathrm{v}}\sqrt{(1+2\delta)} \approx v_{\mathrm{v}}(1+\delta) \qquad (5-2-1)$$

和

$$v_{\mathrm{h}} = v_{\mathrm{v}}\sqrt{(1+2\varepsilon)} \approx v_{\mathrm{v}}(1+\varepsilon) \qquad (5-2-2)$$

式中　v_{nmo}——近炮检距估计的速度，m/s；

　　　v_{v}——测井曲线中的垂向速度，m/s；

　　　v_{h}——速度的水平分量，m/s。

换句话说，利用地面地震数据求得的速度要比地下垂直速度分量高（δ 为正值），因此，应用通过地震信息求得的较高速度进行各向同性偏移，成像深度要比实际深度大。从岩石物理学有关文献中可以了解到 ε 的范围通常为 $1.5\delta < \varepsilon < 2\delta$，因此，只要有较好的井控制就可以求取 ε。

除了各向异性参数 δ、ε，还必须对各向异性的对称轴进行定义。最简单的例子是垂直对称轴，这种情况对于水平的页岩沉积地层是合适的，但对于山地或其他陡倾角的各向异性地层是不合适的，此时应该考虑倾斜对称轴，一般通过地层的倾角 θ 和方位角 ϕ 进行定义。

（二）各向异性场建立

建立各向异性模型时，对井信息的需求强调了处理、解释、地质紧密一体化的重要性。当前工业界使用的方法是各向异性层析技术，它把自动拾取的高阶项剩余时差值作为输入数据。但该方法对各向异性的初始模型的准确性要求仍很高，也就是说要同时反演出所有的各向异性参数的要求是不现实的，因此必须进行一些假设，或输入先验的信息。

如图 5-2-22 所示，不同入射角的地震数据对各向异性参数的响应不同，而各向异性参数对入射角在 30° 以内的数据影响很小，所以在建立各向同性速度模型时，首先需要对原始地震数据按 30° 入射角进行外切，减小大偏移距数据对速度模型精度的影响。然后利

用前面所述的方法，在最新速度模型基础上，以网格偏移为手段，以同相轴是否拉平为评判标准，利用垂向速度建模、沿层速度建模和网格层析建模等方法进行更新迭代，得到各向同性速度—深度模型（v_{pz}）。

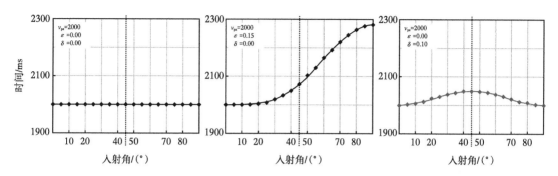

图 5-2-22　各向异性参数对不同入射角数据的相速度响应

各向异性场建立包括各向异性速度场（v_{pz}）和各向异性参数场 δ、ε、θ 和 ϕ 的求取，如图 5-2-23 所示。

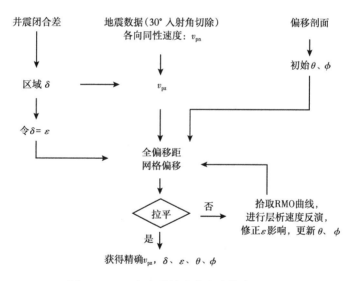

图 5-2-23　各向异性速度和参数求取流程

主要包括以下几步：

（1）建立测井地质分层和地震层位之间的匹配关系，求取每口建模井的所有地质层位的井震闭合差，然后利用闭合差求取各向异性参数 δ 的区域值，并将其按一定比例赋给各向异性参数 ε 作为初始值。

（2）利用求取的 v_{pn}，各向异性参数 δ、ε 及各向同性偏移成果数据体作为输入，通过建模软件求取初始各向异性速度模型（v_{pz}）、倾角体 θ 和方位角体 ϕ。

（3）利用初始各向异性速度和参数场对全偏移距数据进行各向异性偏移，然后通过拾取 RMO 曲线进行层析反演来更新 ε，直到获得精确的各向异性速度模型及参数。

如图 5-2-24 所示为利用雷家地区"两宽一高"地震数据求取的各向异性速度模型和参数体。

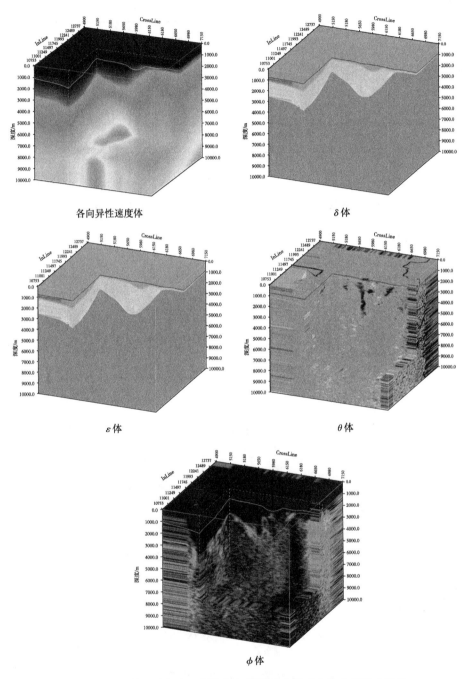

图 5-2-24　利用雷家地区求取各向异性速度模型和各向异性参数体

如图 5-2-25 所示，通过叠前深度偏移和 VTI 叠前深度偏移剖面对比可以看出，各向异性偏移剖面信噪比更高，对陡倾角地层和断裂成像精度更高。另外各向异性叠前深度偏移成果的井震误差更小，与测井地质分层更加吻合。而 TTI 和 VTI 叠前深度偏移剖面之间对比，井震误差几乎没有变化，只是断裂成像精度更高，断点收敛更精确。

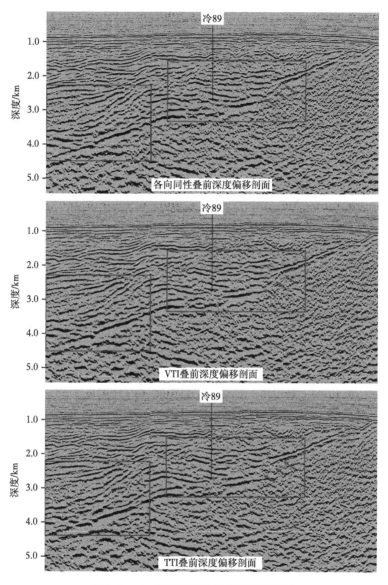

图 5-2-25　不同偏移方法偏移剖面对比

第三节　叠前深度偏移

随着辽河油田油气勘探重点转向深层潜山、火山岩、地层岩性和高陡构造等复杂区域，再加上地表障碍区类型和范围越来越复杂，这种"双复杂"区域对地震资料的叠前成像技术提出了更高的要求。叠前时间偏移技术受偏移方法原理限制，仅适用于地下横向速度变化比较简单的地区[11]。"双复杂"地区地震资料，品质普遍较差，信噪比相对较低且速度存在剧烈横向变化，甚至速度分界面都是倾斜或扭曲的，只有利用叠前深度偏移技术才能够实现共反射点的叠加和绕射点归位，修正因地层倾角大和速度变化快而产生的地下图像畸变，使复杂构造或速度横向变化较大的地震资料正确成像。此外，叠前深度偏移技术在解决成像问题的同时还能提高地震资料的信噪比和分辨率，压制多次波以及突出深层反射，并且深度域的地震剖面也更具地质意义。在已知精确速度模型的情况下，叠前深度偏移是精确地获得复杂构造内部成像最有效的手段之一，是真正的全三维叠前成像技术，这一点已经被多年来的处理实践所证实。

一、辽河油田叠前深度偏移发展历程

（一）技术探索阶段（1998—2006年）

辽河油田从1998年开始进行叠前深度偏移技术研究和试验。引进了帕拉代姆公司的Geodepth软件，对欧26井区约30km²的地震资料进行三维叠前深度偏移处理模块研究和生产试验，以期掌握叠前深度偏移技术的原理和软件应用方法。1999—2002年，分别利用大民屯西陡坡三维资料、大民屯凹陷静北三维资料对叠前深度偏移技术开展深入研究，对克希霍夫积分法叠前深度偏移和单程波动方程偏移方法进行试验，大民屯凹陷西陡坡成像质量得到改善，静北潜山顶界面反射特征更加清楚。2004—2005年，在大民屯凹陷西陡坡和东部凹陷复杂构造地区深度成像进行探索，2006年引入了Marvel特殊处理软件，同时升级Omega软件和CGG软件，增加了叠前深度偏移功能。

（二）关键技术攻关研究阶段（2007—2009年）

2007年和2008年连续两年对兴隆台潜山深度域成像的攻关研究拉开了辽河油田叠前深度偏移大规模深入研究和工业化生产的序幕。2007—2008年，利用西部凹陷兴隆台—冷东地区326km²的二次采集三维地震资料，持续开展了兴隆台潜山带叠前深度偏移成像技术攻关，清楚地落实了潜山内部结构和断裂展布特征，创造性地采用了自动反演法、交互速度分析加目标线偏移扫描法以及沿层速度分析法三种方法分层次、联合应用的叠前深度偏移建模流程，由宏观到精细，既提高了模型的精度，又保证了建模的效率[15]。该项目的成功是辽河油田叠前深度偏移研究的里程碑，开启了辽河油田潜山内幕油藏勘探开发的新纪元。如图5-3-1所示，叠前深度偏移对兴隆台潜山内幕断裂刻画更加清晰，地质信息更加丰富。

2009年利用外围龙湾筒地区100km²三维地震资料开展低信噪比复杂构造高精度成像技术研究，通过对地震资料特征、断裂发育区的地震波场和速度变化进行深度分析研究，优化了叠前深度偏移处理流程和关键参数，改善了外围低信噪比复杂构造的成像效果，使地震反射波归位合理、准确，有效落实了构造和断裂展布特征。同年以南海深海二维地震资料为基础进行了叠前深度偏移成像攻关处理，为南海的勘探工作提供了精确的地震资料。

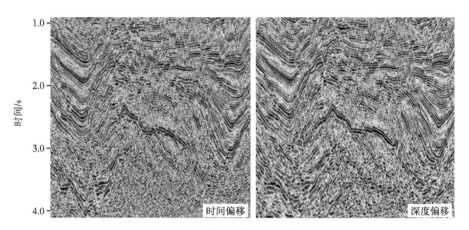

图 5-3-1　兴隆台潜山攻关叠前时间偏移与叠前深度偏移剖面效果对比

　　至此，辽河油田真正进入了叠前深度偏移技术的推广应用和工业化生产时代，在完成生产任务的同时，通过不断的钻研与试验，逐渐形成了辽河油田叠前深度偏移成像叠前资料处理、高精度速度建模及偏移技术等一系列配套技术流程，软件应用技巧和经验也在不断积累和改进。

（三）技术推广应用阶段（2009—2011 年）

　　2009 年起，越来越多的项目开始尝试应用叠前深度偏移技术，先后开展了热河台—欧利坨地区 200km^2 三维地震资料叠前深度偏移处理、茨榆坨—头台子地区 320km^2 三维地震资料叠前深度偏移处理等项目的深度偏移推广应用，取得了良好效果，有效改善了热河台—欧利坨地区地震成像精度，满足了落实该区域各构造单元内部结构和断裂展布特征的要求；有效提高了茨榆坨、头台子、永乐等潜山顶界的成像精度，落实了茨东、茨西两大断裂系的位置，为茨榆坨地区茨 110 井、茨 111 井的成功钻探提供了良好的资料基础。

　　如图 5-3-2 所示，深度偏移在高陡构造及边界断裂刻画成像方面效果更加明显。这些

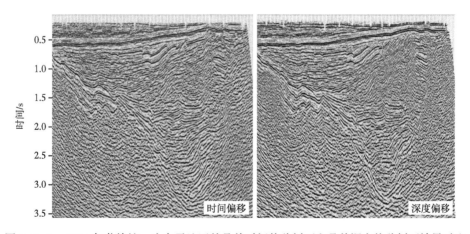

图 5-3-2　2011 年茨榆坨—头台子地区的叠前时间偏移剖面和叠前深度偏移剖面效果对比

项目的完成促进了叠前深度偏移技术不断完善和成熟,实现了叠前深度偏移在辽河油田的全面推广应用。

(四)工业化生产阶段(2012年至今)

2012年地震处理软件同步进行了全面升级,更新了叠前深度偏移速度建模工具。同时,引进了国际先进的 PC、GPU 地震资料处理集群,处理能力进一步提高,为更大规模的开展叠前深度偏移生产实践提供了设备保障。在此基础上,所有项目都进行叠前深度偏移处理,深度偏移技术进入了工业化应用阶段。

2012年利用大民屯地区 100km² 新采集的小面元地震资料开展针对大民屯西陡坡高陡构造和元古宇潜山的深度偏移成像攻关,加强处理解释一体化合作,进一步促进高陡构造、基岩潜山等复杂领域的勘探进程。同年利用热欧地区二次目标采集的高密度、小面元资料开展复杂断块成像研究,通过叠前三维数据规则化、层析反演速度建模、高精度叠前深度偏移成像等多项关键技术的成功应用,有效提高了资料整体品质,最终深度偏移成果信噪比达到 2 以上,界东、界西断裂系统清晰,潜山内幕信息更加丰富,为该区域深化勘探奠定了良好资料基础。

2013年利用东部凹陷北部地区 1500km² 地震资料、牛心坨地区 500km² 地震资料和欧北地区 360km² 地震资料分别开展连片叠前深度偏移处理。通过多域组合去噪、近地表 Q 补偿、共偏移距矢量体规则化、四维随机噪声衰减和多方法联合速度建模等一系列配套技术的应用,顺利完成了生产任务,大幅度提高了复杂构造区的成像精度,标志着辽河油田具备了大规模深度偏移生产能力。如图5-3-3、图5-3-4所示,通过连片叠前深度偏移深度处理,剖面整个基底构造轮廓更加清晰,地层接触关系进一步明确,局部微幅构造的刻画也更加精细,为整个东部凹陷北部地区的深化勘探提供了有力资料保障。

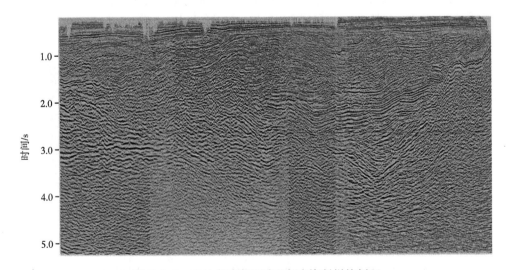

图 5-3-3 2013年东部凹陷北部老资料拼接剖面

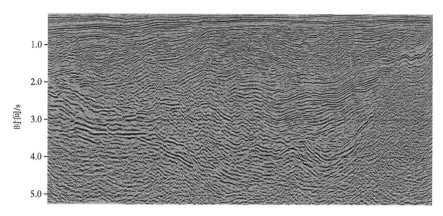

图 5-3-4 2013 年东部凹陷北部老资料连片深度偏移成果剖面

2014 年基于辽河坳陷首块"两宽一高"采集的地震资料——雷家地区三维地震资料开展高密度宽方位地震资料高分辨率成像研究。研究人员开发了方位各向异性校正技术,有效校正了蜗牛道集同相轴上下抖动的现象。随着方位角宽度、偏移距长度的增大,资料中的各向异性信息也更丰富,为了有效消除各向异性影响,开展了 VTI 和 TTI 各向异性叠前深度偏移技术研究,有效减小了井震深度误差;同年,基于佟二堡地区二次采集资料开展了深浅层速度模型融合建模方法研究;基于青龙台地区新采集资料开展首块数字检波器采集资料的深度域成像研究。

2015—2016 年分别利用佟二堡地区、兴隆台地区、红星地区、曙光地区、龙王庙地区和龙湾筒地区地震资料开展高陡构造,潜山内幕,火山岩等多种复杂构造的深度偏移成像研究,均取得不错效果,满足了当时地质任务的需求。

2017 年以来,随着辽河油田在西部矿权区及外部服务市场的拓展,以及面向油藏的精细地震成像需求的不断加大,地震资料处理中心积极开展新技术探索研究,在起伏地表小平滑面叠前深度偏移、各向异性叠前深度偏移及叠前 Q 偏移等前沿技术方面开展了大量工作。在柴达木盆地马仙地区、准噶尔盆地玛湖凹陷、大民屯凹陷沙四段页岩油、鄂尔多斯盆地宜庆地区等西部探区的一系列重大项目中,深度偏移技术都得到全面推广和应用,深度偏移技术已成为一种提高地震资料精确成像的常规手段。

二、叠前深度偏移方法基本原理

目前常用的叠前深度偏移方法有射线类偏移和波动方程类偏移两大类。射线类方法主要包括克希霍夫偏移、高斯束偏移以及控制束偏移等[3];波动方程类方法主要包括单程波偏移和逆时偏移。两大类方法都是以波动方程为理论基础,不同之处在于射线类偏移利用几何射线理论来计算波场的振幅以及相位信息,从而实现波场的延拓成像,而波动方程类偏移则是基于波动方程的数值解法。两大类方法各自具有优势与不足,一般来说,波动方程类偏移具有更高的成像精度,而射线类偏移则具有更高的计算效率和灵活性。辽河油田从 1998 年开始着手深度域偏移成像研究,随着计算机运算能力不断提高,历经了深度偏移的不同发展阶段，从最初的克希霍夫积分法深度偏移、高斯射线束深度偏移到最近的单程波深度偏移、双程波深度偏移（逆时偏）。在不同的发展时期，辽河油田地震资料处理中心根据自身软硬件实际情况都相应开展了大量实践研究，取得了很好的实践应用效果。

（一）积分法叠前深度偏移

克希霍夫积分法叠前深度偏移被认为是一种高效实用的叠前深度偏移方法，具有高偏移角度、无频散、占用资源少和实现效率高的特点，并且能够适应变化的观测系统和起伏地表，优化的射线追踪法和改进的有限差分法能够在速度场变化的情况下快速准确地计算绕射波和反射波旅行时，从而使积分法成为目前应用最为广泛的一种深度偏移方法，特别是在深度域速度建模过程中，是目前最常用的一种偏移方法[4]。当然，由于其自身方法的局限性，也存在焦散、多重路径、干涉现象，走时计算不准确，复杂构造难以准确成像的不足。

要进行共偏移距面叠前深度偏移，首先需要选定处理的标准偏移距个数和数值，将数据分选成若干个共炮检距三维数据体，然后对每个数据体进行规则化，使每个数据体的覆盖次数及实际可用的方位角等属性值域范围基本相同，再通过大地坐标将这些数据放在规则的面元网格中。接下来将每个采样点都作为绕射点处理，通过在三维深度域速度模型中激发动态射线来计算旅行时和权值，这样任意一点的反射系数就可以通过沿着与之相对应的绕射曲面加权求和得到，求和后的结果放在绕射点对应的深度为 z 和炮检距为 $2h$ 的成像点道集的位置上，绕射面的范围由偏移算子的孔径进行限制。依次类推，利用同一个速度模型对每一个规则化后的共炮检距数据体进行单独偏移处理，通过保留炮检距这个参数并在预先定义的反射点位置计算共成像点道集，该道集可以用作质量控制和层析速度模型建立的建模道集。

对于任意给定的绕射点 D（深度为 z，偏移孔径为 X，炮检距为 $2h$），其绕射曲面是由炮点到成像点的射线旅行时 T_s 和成像点到检波点的射线旅行时 T_r 之和得到（图 5-3-5）。

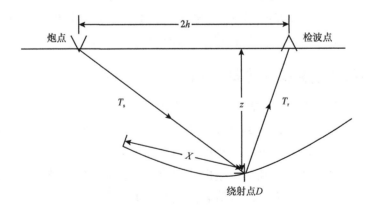

图 5-3-5　克希霍夫积分法旅行时计算示意图

叠前深度偏移射线追踪方法与叠前时间偏移是相似的，主要差别在于叠前深度偏移旅行时计算是沿着穿过复杂三维模型进行射线追踪计算得到的，射线走时路径为非对称路径，而叠前时间偏移是在偏移孔径范围内，沿着随时间一维变化的均方根速度进行的，为对称路径。另外射线追踪法对大入射角和剧烈速度变化等情况较为敏感。当模型比较复杂时，激发点或检波点与成像点之间的旅行时存在多值现象，这样射线路径也会在某些点交叉，即绕射曲面存在多值现象，因此在实际应用时对速度模型进行一定程度的平滑是有必要的。

克希霍夫积分求和算法对绕射曲面的多值现象目前还没有更好的解决办法，这是克希霍夫叠前深度偏移的一个弱点。在商业软件中对于这个问题存在三种解决方案：第一种方法是根据费马原理，仅选用传播时间最短的旅行时；第二种方法是仅选用传播距离最短的射线路径；第三种方法是选择使用最强能量的射线路径，其中第二种方法是目前最流行的。图 5-3-6 是 Marmousi 模型不同旅行时计算方法偏移效果对比情况。

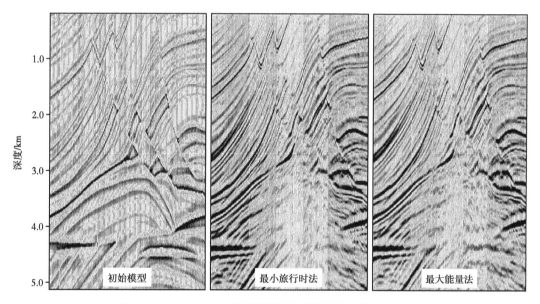

图 5-3-6　Marmousi 模型不同旅行时计算方法偏移效果对比

（二）高斯射线束叠前深度偏移

高斯射线束偏移是在克希霍夫积分法基础上发展起来的一种更贴近实际的偏移方法，该方法通过射线束追踪计算走时，充分考虑了射线弯曲和多路径等复杂波场情况，复杂构造成像精度更高，也是目前实际生产中应用较为广泛的一种深度偏移成像方法。

高斯射线束偏移的基本思想为将相邻的输入道进行局部倾斜叠加分解为局部平面波，然后通过高斯束将局部平面波分量反传至地下局部的成像区域进行成像[12]。该方法所使用的格林函数是一系列高斯束的叠加，每条高斯束代表了地下某处正则的局部波场，且对应每条高斯束的成像过程是相互独立的，因此可以对多次波至进行成像，且不存在波场的奇异性区域，高斯束叠前深度偏移可以在不同道集（炮点、接收点道集，或中心点、偏移距道集）上实现，以共炮集高斯束偏移公式为例：

$$I(x) = -\frac{1}{2m} \int \mathrm{d}w \int \mathrm{d}x_r \int x_s \frac{\partial G^*(x, x_r, w)}{\partial z_r} \qquad (5-3-1)$$

$$\partial G^*(x, x_s, w) u(x, x_s, w) \qquad (5-3-2)$$

式中　$u(x, x, w)$——炮集；

　　　*——求共轭；

　　　$G(x, x_s, w)$、$G(x, x_r, w)$——分别表示从炮点到成像点及从成像点到接收点的格林函数，用高斯束积分表示则有表达式。

$$G(x, x', w) = \frac{\mathrm{i}w}{2\pi} \int u_{\mathrm{GB}}(x, x', \boldsymbol{p}, w) \frac{\mathrm{d}p_x \mathrm{d}p_y}{\mathrm{d}p_z} \qquad (5-3-3)$$

式中　x'——x_s 或 x_r；

　　　u_{GB}——从震源 x 出发的单个高斯束在目标点 x' 的高斯束波场；

　　　$\boldsymbol{p}$——射线慢度矢量。

根据式（5-3-1）和式（5-3-2）可以看出：最终的成像值是由相互独立的高斯束局部波场进行叠加积分得到的，这种叠加积分可以解决复杂介质中存在的波场多次波至问题，且不存在波场的阴影区和焦散区。

基于射线的射线束叠前深度偏移兼具克希霍夫偏移高效以及波动方程偏移波场外推精度高的特点，因此在实际生产应用中将射线束偏移作为这两种方法的补充来考虑。高斯束偏移考虑了射线的路径，也可以一定程度上提高资料信噪比，适合于低信噪比、构造复杂区域，对起伏地表和多方位或宽方位地震采集数据也非常适用，也比较容易处理速度模型中任何类型的各向异性问题，但在复杂地质环境下，射线追踪也有一定的局限性：斯奈尔定律的应用在大反射角和速度突变的地方变得不稳定。

（三）单程波叠前深度偏移

射线类方法虽有很强的适应性和高效的运算能力，但其在精度上的局限性越来越难以满足目前精细处理的要求[13]，为满足复杂油气田勘探开发的需要，对具有更高成像精度的波动方程叠前偏移成像技术的开发及应用已成为地震偏移成像技术发展的必然趋势。

深度域延拓引入了波仅在一个方向传播的强制性假设，即波场不是从炮点向下传播就是波场从反射点向上传播，也即常说的单程波波动方程偏移，其主要包含有限差分法、傅里叶法、混合法这三大类方法，其中，常用算法是有限差分法。

有限差分法：通过差分算子逼近微分算子，适应速度空间变化的介质成像，但算法精度受控于拟微分算子的逼近程度，存在频散、算子异性、假频和陡倾角构造成像问题。

傅里叶法：相位解析函数延拓方法，算法精度高、无频散现象，但横向常速波场延拓，速度不能横向变化。

混合法：在频率—空间域和频率—波数域交互波场外推实现成像，兼顾有限差分法和傅里叶法各自优点，算法精度较高，但存在回转波、多次波及高陡构造成像问题。如图 5-3-7 所示为单程波傅里叶有限差分法（FFD）偏移成像过程。

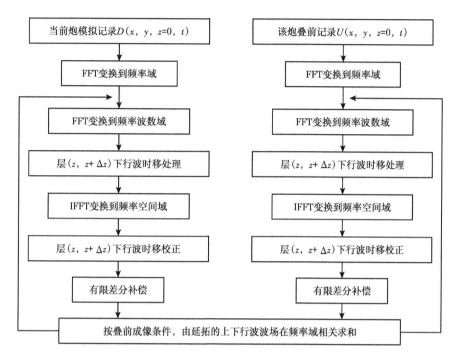

图 5-3-7　单程波傅里叶有限差分法（FFD）偏移成像过程示意图

（四）双程波叠前深度偏移（逆时偏移）

逆时偏移是一项无近似的全波方程偏移技术，逆时传播理论最早是 Whitmore 于 20 世纪 80 年代提出的，基础思想是：波在传播过程中，空间发生的事件完全依赖于时间，虽然在物理领域中时间属性是不可逆的，但在数学领域中，波动方程在时间上则是可逆的[14]。这也就可以说波的传播现象既可以沿着时间的前进方向来了解其传播过程，也可以反向沿着时间倒退的方向来了解同一个波传播的过程。基于以上思想，可以通过在时间方向的外推来求解声波或弹性波方程，从而实现逆时外推，与单程波不同，是在时间域延拓，因此又叫逆时偏移。

1. 逆时偏移原理

通常情况下，已知条件为检波点记录的地震记录，对二维地震来说，地面记录的波场值为 $P(x, z=0, t)$。假设 $t > T$ 时（T 为接收点记录的最大时间值），波场值全部为 0。具体过程以 $t=T$ 时刻波场情况为初始值，向时间变小的方向外推，以一个时间步长 Δt 为间隔地逐时间层计算 $t-\Delta t$ 上的各点 (x, z) 的波场。一直到计算出 $t=0$ 时刻的各点波场为止。完成整个逆时外推过程后，便可以得到波场关于水平位置、时间和深度的三维数据体 $P(x, z, t)$，反映了地面接收记录最大时刻 T 内的各个时刻地下波场信息。震源波场的正向外推过程与逆时外推类似，只是起始条件为震源相应的信息。

逆时偏移的成像理论基础来自于 Claerbout 提出的时间一致性成像原理，即成像点存在于地层内下行波波前时间与上行波波前时间相一致之处。也就是说逆时偏移成像点位于激发点波场外推与接收点波场外推时间相一致之处[15]。因此叠前逆时偏移需要同时进行激发点波场顺时外推与接收点波场的逆时外推。当 $T_s=T_r$ 时，运用合适的成像条件（一般为互相关条件）进行成像，然后将每炮结果叠加，最终得到地下反射界面的空间位置。因此叠前逆时偏移的工作就是对波场进行延拓和成像分析，具体分为三个阶段。

正演计算：利用波动方程正演算法计算由震源激发的振动沿时间轴正向传播的波场，并保存每个时间步的波场信息。

逆时外推：利用接收点接收的地震记录沿时间轴反向外推波场，并保存每个时间步的波场信息。

成像：分别读取保存的同一时刻的震源正向外推波场和检波点逆向外推波场，利用成像条件做成像运算，完成单炮偏移，最后叠加完成整个偏移过程。

2. 逆时偏移边界条件

在正演模拟和偏移成像过程中，由于计算区域是有限的，即只能在有限的区域内解波动方程。在模拟计算的过程中，会人为地划定模拟区域，从而造成人为的计算边界。这些边界是良好的反射面，会把入射到边界上的波反弹回来，在边界上就会不可避免地产生一些假象，使正演模拟和偏移成像结果受到影响，导致这些结果无法得到正确的解释，尤其是波场复杂的地方更是如此。为了消除这些假象，需要利用吸收边界尽量减少反射。

Robert 在 2009 年提出了随机边界模型，其思想是消除人工边界的自由边界条件反射波的相干性，使边界反射不能成像。这种边界条件的提出既可以消除人工边界对地震波的反射作用又可以解决逆时偏移过程中的波场存储问题。随机边界条件并没有对波场外推算子做任何改变，只是在偏移速度场外增加了随机速度层，从而形成随机速度模型。由于计算区外围有随机区，当波传到随机速度区域时波前面将被随机化，因为边界速度是随机的，也就是说边界反射的波相关性很差，相关结果近于 0，因此不会对成像结果产生不好的影响，同时，由于波场没有被边界吸收，因此可以将正演的波场重新逆推回去。

3. 逆时偏移噪声的产生机制与去除方法

虽然逆时偏移具有不受反射界面倾角限制、可以对回转波和多次波等有效成像等优点，但计算量大、存储量大以及低频成像噪声是制约叠前逆时偏移应用的三大瓶颈[17]。

逆时偏移中的互相关成像条件是基于这样的一种假设：即震源的波场代表着下行波，检波点的波场代表着上行波，上行波与下行波完全分离存在，对上行波、下行波求相关得到反射成像点。但是，当地下构造复杂、界面上存在强烈阻抗差异的时候，波场并不能完全有效地分离开，首波、潜水波、散射波等干扰波也满足互相关条件而得到虚假的成像点，造成低频干扰，逆时偏移低频成像噪声主要出现在浅层和强反射界面上。噪声的频率一般较低，一种简单的方法是高通滤波或导数滤波，但这种消除往往是不彻底的，并且会破坏波场的有用信息（如盐丘边界信息）。

　　压制逆时偏移中低频噪声的方法主要分为以下三类：第一类为波场传播过程中去噪，通过修改波动方程来压制边界的反射噪声；第二类是在应用成像条件时去噪，通过修改成像条件，使得最后成像结果中只保留真正反射界面的成像；第三类是在成像后滤波法去噪，对每炮的成像结果或叠加后的成像结果进行炮间距道集或角度道集滤波。如图 5-3-8 所示是利用 Marmousi 模型对不同偏移方法的测试效果，可以看到逆时偏移对复杂构造的成像精度是最高的。

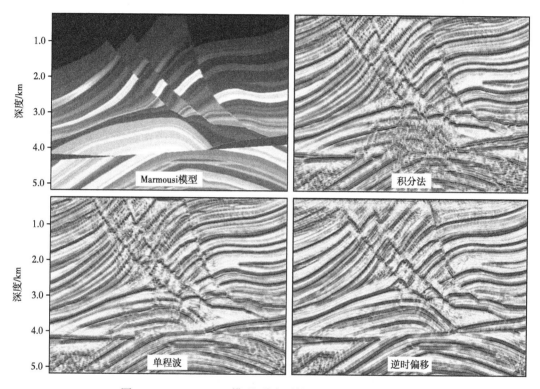

图 5-3-8　Marmousi 模型不同叠前深度偏移方法效果对比

三、应用效果

　　辽河油田自开展深度偏移研究以来，在辽河盆地内外、宜庆地区及外部服务市场等各个领域都进行了大量深度偏移实践应用，取得不错的效果，及时有效地满足了当时地质任务需求，为整个辽河油田的可持续发展奠定了坚实的资料基础。

　　如图 5-3-9 所示，该区存在高陡逆断层，地震资料信噪比非常低，主要地质目标是搞清西陡坡的格局和地层关系[18]。从图中可以看出克希霍夫叠前深度偏移剖面逆断层归位清楚，中深层地层成层性更好，信噪比有明显提高，构造形态更加真实可靠。通过地质人员解释，认为大民屯西陡坡整体构造格局更符合地质特征，可见克希霍夫叠前深度偏移对高角度复杂断块成像效果明显要好于时间偏移，深度误差也更小。

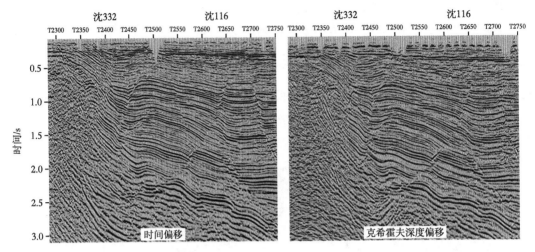

图 5-3-9　大民屯凹陷西部陡坡叠前时间偏移与克希霍夫叠前深度偏移剖面效果对比

下面是兴隆台潜山带的应用效果。该区地震资料受地表障碍物影响，变观严重，地下反射面元不均匀；环境噪声严重，有效信号能量弱；潜山内部地层成层性差、反射系数小，且存在逆断层。如图 5-3-10 所示是克希霍夫叠前深度偏移和射线束叠前深度偏移的剖面对比效果，可以看出，射线束偏移方法较克希霍夫积分法更具优势。潜山内幕信息更加丰富，信噪比更高，潜山内部大型逆断层得到很好刻画，改变了以往对潜山内幕为单一块状地质体的认识，断裂系统展布特征更容易识别，断裂组合更合理。

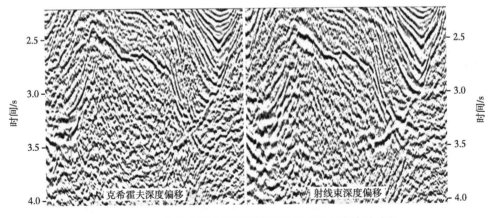

图 5-3-10　兴隆台潜山带不同深度叠前偏移方法效果对比

下面是单程波叠前深度偏移在太阳岛—荣兴屯构造带的应用效果。目标区位于东部凹陷南段，夹持于二界沟及驾掌寺两大生烃洼陷之间，发育古生界潜山、沙河街组砂砾岩扇体及火山侵入岩等多个规模地质体，成藏条件优越，为风险勘探—深层天然气领域的重点区带，但当前叠前时间偏移地震资料中深层成像效果差，无法满足构造精细解释及地质体精细刻画需求。通过积分法叠前深度偏移、单程波叠前深度偏移等偏移方法及其配套技术的成功应用，取得了很好的攻关效果。荣兴屯潜山及洼陷陡坡带成像质量明显提升，潜山内幕地层成像效果明显改善，洼陷区火山岩和砂砾岩扇体反射特征清楚，为风险井位部署工作提供了有力资料保障（图 5-3-11）。

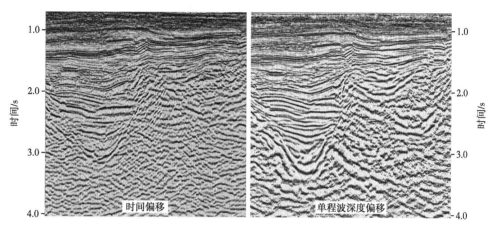

图 5-3-11　太阳岛—荣兴屯构造带时间偏移与单程波深度偏移效果对比

曙光斜坡带高升地区是西部凹陷重点勘探目标区，分为高、中、低潜山，潜山内幕断裂发育，倾角陡，断面波和绕射波信息弱，波场复杂，精确速度建模及成像困难。2016年以来，对该地区开展了多轮次的叠前深度偏移持续攻关，资料品质不断提升。元古宇潜山顶界面更易识别，储隔层信息更加清晰，潜山及地层之间的转换关系进一步明确，为地质人员深化该区勘探提供了高品质资料基础，如图 5-3-12 所示是积分法叠前深度偏移与逆时偏移的效果对比，可以看出，逆时偏移结果断面更加干脆，陡倾角成像更加清楚。

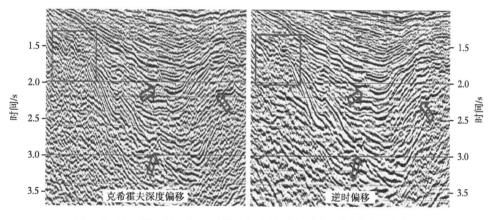

图 5-3-12　曙光斜坡带逆时偏移与克希霍夫深度偏移剖面效果对比

2017 年以来，辽河油田公司先后在柴达木盆地和鄂尔多斯盆地获得矿权区。这些地区地表条件极为复杂，高程起伏变化大，地质露头较多，岩性变化快，为此，辽河油田地震资料处理中心开始了基于真地表的叠前深度偏移方法研究。

理论和实际均证实，直接从"真地表"开始的叠前深度偏移方法是解决起伏地表地震波成像的有效手段。从近似真地表开始的叠前深度偏移，将地表的高程校正隐含在了偏移本身的过程中，比常规的高程校正更精确，能较好地解决复杂地形对地下构造的影响从而达到复杂构造精确成像的目的[16]。实际资料的应用情况也说明，基于小平滑面的起伏地表深度偏移对于地表平缓的地区对成像效果影响不大，对西部山地地表起伏比较大的资料成像效果较固定面偏移效果有了明显的改善。

如图 5-3-13 所示，新处理的深度偏移成果对比老成果构造上有明显变化，整个断裂系统更加清楚，构造格局及地层之间的接触关系进一步明确，为后续地质研究奠定了更加可靠的资料基础。

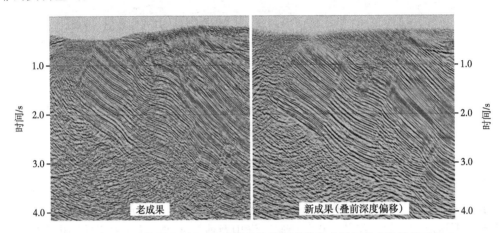

图 5-3-13　辽河西部矿权区地震资料叠前深度偏移成果与老成果效果对比

本节主要阐述了叠前深度偏移在辽河油田的发展历程以及四种常用叠前深度偏移方法（即克希霍夫偏移、高斯束偏移、单程波偏移以及逆时偏移）的基本原理和应用实践，叠前深度偏移算法原理有很大差异，每种方法都各有其优缺点，即使速度模型相同，成像效果也各有优劣。克希霍夫积分法计算效率高，便于目标处理，允许根据地层倾角和相干性进行加权和道切除，是目前主流偏移方法，但保幅性不好，不利于后期的属性分析和油藏描述，对强横向速度变化适应性差。射线束偏移在低信噪比地区比较有效，偏移噪声小，横向速度变化适应性强，但偏移地层倾角受限制，且计算效率较低。逆时偏移是多路径、全波场偏移算法，成像质量效果好，速度模型准确的情况下，无论是高陡断裂和复杂断块的清晰程度还是偏移成果的信噪比都有明显提高。除了叠前深度偏移速度场对偏移成像的精确度非常重要外，偏移模块中一些其他叠前偏移参数的选取也直接影响到叠前偏移的信噪比、分辨率和偏移运算时间，一方面要依据理论公式和经验，另一方面还要做必要的试验。

参 考 文 献

[1] 张文坡，等.辽河油田叠前时间偏移技术研究及推广应用 // 地震资料叠前时间偏移处理技术研讨会文集 [M].北京：石油工业出版社，2005.

[2] 季占真，柳世光，张淑梅，等.连片叠前时间偏移技术在辽河盆地西部凹陷的应用 [J].新疆石油地质，

2011，32（4）：418-420.

[3] 渥·伊尔马滋.地震资料分析 [M].刘怀山，王克斌，童思友，等译.北京：石油工业出版社，2006.

[4]Etienne Robein.地震资料叠前偏移成像 [M].王克斌，曹孟起，王永明，等译.北京：石油工业出版社，2012.

[5] 王克斌，曹孟起，张玮，等.连片叠前偏移处理技术与应用实践 [M].北京：石油工业出版社，2008.

[6] 邹才能，张颖，等.油气勘探开发实用地震资料新技术 [M].北京：石油工业出版社，2006.

[7] 李振春，等.地震叠前成像理论与方法 [M].东营：中国石油大学出版社，2011.

[8] 伊恩.F.琼斯.叠前深度偏移速度建模技术入门 [M].王克斌，曹孟起，王永明，等译.北京：石油工业出版社，2016.

[9] 勾丽敏，蔡希玲，刘学伟，等.噪声对叠前深度偏移层速度精度的影响分析 [J].石油地球物理勘探，2007，42（2）：156-163.

[10] 张军华，张在金，张彬彬，等.地震低频信号对关键处理技术环节的影响分析 [J].石油地球物理勘探，2016，51（1）：54-62.

[11] 马勇.起伏地表速度建模与成像 [D].北京：中国石油大学（北京），2017.

[12] 李慧，成德安，金婧.网格层析成像速度建模方法与应用 [J].石油地球物理勘探，2013，48（1）：12-16.

[13] 张文坡，宁日亮，郭平，等.辽河油田地震资料精细处理 [M].北京：石油工业出版社，2006.

[14] 付利敏.论 Kirchhoff 型偏移中的若干问题 [D].吉林：吉林大学，2012.

[15] 陈聪.叠前逆时偏移及成像 [D].北京：中国地质大学（北京），2011.

[16] 许璐，孟小红，刘国峰.逆时偏移去噪方法研究进展 [J].地球物理学进展，2012，27（4）：1548-1556.

[17] 陈振岩，陈永成，郭彦民，等.大民屯凹陷精细勘探实践与认识 [M].北京：石油工业出版社，2006.

[18] 郭平，宋宏文，张文坡，等.辽河油田大民屯凹陷地震资料的成像技术 [J].石油地球物理勘探，2006，41（1）：62-66.

第六章 应用实例

50年来，辽河油田地震资料处理紧密围绕不同时期油田勘探重点领域，针对地质需求，通过深入细致研究，取得了丰硕的成果，提升了地震成果资料品质，有效支撑了勘探开发研究工作。下面分别以兴隆台潜山油气藏、清水地区砂岩、大民屯凹陷页岩油、宜庆地区薄储层为例，介绍不同领域勘探目标地震资料处理的具体技术手段和取得的成果。

第一节 兴隆台潜山油气藏

一、项目概况

兴隆台潜山带由兴隆台、马圈子、陈家三个潜山组成，是辽河油田西部凹陷中央构造带的重要组成部分，勘探面积 $200km^2$，发育中生界和太古宇双层结构。潜山带三面环洼，呈"洼中之隆"，成藏条件优越。"十一五"期间主要以太古宇潜山为目标，探明储量 1.14×10^8t，建成百万吨油气产能，而中生界潜山探明储量仅为 1319×10^4t。中生界与太古宇作为整体潜山，具有相似的成藏背景，具有较大勘探潜力。中生界潜山油气藏勘探主要面临两个方面的问题：一是中生界残留地层厚度变化大、潜山内幕结构复杂、岩性复杂，油藏主控因素及分布规律认识不清；二是中生界潜山内幕地震资料反射特征不清，难以满足内幕结构刻画、岩性预测的需求（图 6-1-1）。

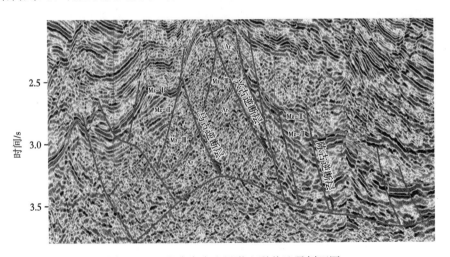

图 6-1-1 兴隆台中生界潜山联井地震剖面图

为了准确落实中生界潜山内幕地层构造形态及断裂展布特征，解剖砂砾岩体、角砾岩体等有效储层分布范围及其与有利圈闭配置关系，开展了兴隆台潜山带精细目标处理。具体处理要求有两个方面：一是提高中生界潜山地层成像质量，地震反射层次清晰、偏移归位准确，能够准确落实地层产状和断层；二是在保证资料信噪比和成像效果基础上，适当提高中生界分辨率。

二、原始地震资料特点

处理涉及原始采集资料共五块，如图 6-1-2 所示。为全面掌握所用资料实际情况，同时为后续处理工作奠定基础，开展了多个方面的原始资料分析工作，包括采集因素、覆盖次数、噪声发育、信噪比、能量、频率、极性及时差、高程及静校正量等。

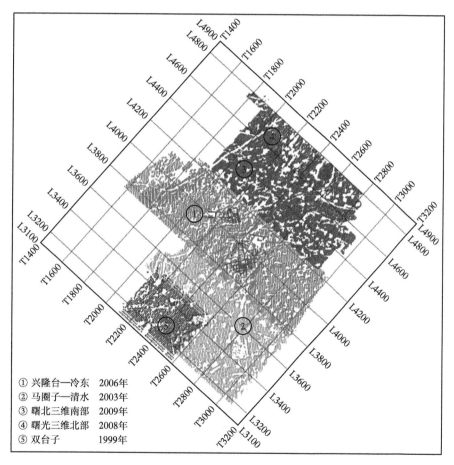

图 6-1-2　工区炮点分布图

（一）采集参数分析

五块地震资料采集的年度跨度为 10 年，从 1999 年至 2009 年，不同区块采集资料在激发接收仪器、震源类型、激发药量、观测方式、接收道数、面元大小、覆盖次数、横纵比等方面均存在一定差异。马圈子—清水地区面元大小为 25m×25m，覆盖次数 72 次，横纵比为 0.4；兴隆台—冷东地区面元大小为 25m×25m，覆盖次数 96、144 次，横纵比为 0.39；曙北三维南部地区面元大小为 25m×25m，覆盖次数 252 次，横纵比为 0.62；双台子地区面元大小为 25m×50m，覆盖次数 40 次，横纵比为 0.33。

（二）高程及静校正调查

处理工区位于西部凹陷盆内，地表起伏不大，地表海拔高程基本在 10m 以内，炮点高程为 0~6m，检波点高程为 0~7m。工区内炮点静校正量集中在 -8~12ms 之间，检波点静校正量主要分布在 -10~6ms 之间。由于采集年代不同，野外静校正量对应的基准面各不相同，其中 1999 年的双台子工区基准面为 9m，2009 年的曙北三维南部工区基准面为 9m，2003 年的马圈子—清水工区基准面为 8m，2006 年的兴隆台—冷东工区的基准面为 0m，因此在野外静校正应用之前，首先需要根据处理要求利用 2000m/s 的替换速度，把基准面校正到 0m 的统一基准面上，然后进行应用。

（三）极性时差调查

由于原始资料激发类型不同（井炮和可控震源）、不同采集仪器存在系统延迟时间，这就会导致资料在极性和时差方面存在差异，这些差异给一致性处理带来很大困难。通过对不同区块之间的单炮、叠加、自相关图等进行调查分析，明确了五个区块炸药震源极性一致；可控震源资料子波为零相位，炸药震源资料为最小相位。此外，五个区块间、马圈子—清水区块内部不同线束间存在一定时差。其中，马圈子—清水与兴隆台—冷东区块之间因静校正基准面不同而相差 9ms，曙北三维南部与兴隆台—冷东区块之间因静校正基准面不同而相差 12ms，马圈子—清水区块不同线束间因系统时差而相差 22ms。

（四）偏移距分析

全区偏移距的分布以 1000~4500m 为主，但是各个区块间、同一区块内偏移距分布不均。工区不同区块之间由于采集因素影响，最大、最小偏移距分布差异较大，覆盖次数的不均匀在偏移过程中会造成划弧现象，给精确偏移成像带来不利影响，偏移距分布的均匀程度对偏移成像尤为重要。

（五）频率分析

通过在共检波点域对资料浅层进行频率分析，明确了工区内浅层频率差异不大，不存在明显的低频现象，如图 6-1-3 所示。通过在叠加资料上对资料目的层进行频率分析，明确了兴隆台—冷东部分区域主频偏高，其原因是可控震源激发的资料存在高频噪声，如图 6-1-4 所示。通过选取靠近的炸药激发和可控震源激发单炮做频率扫描，发现由于采集因素影响，可控震源资料频带偏窄，缺失 8Hz 以下低频信息。

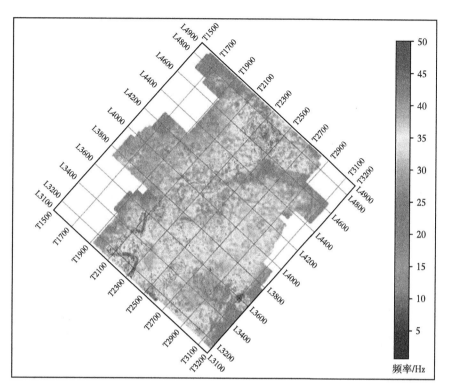

图 6-1-3 浅层共检波点主频属性平面分布图（460~800ms）

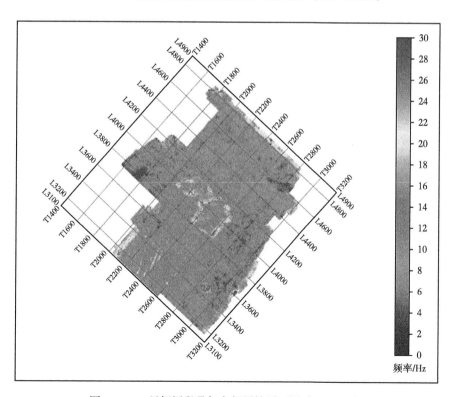

图 6-1-4 目标层段叠加主频属性平面图（1.5~3.5s）

在工区选取五条纵线进行初叠加，然后分别在浅、中、深三个层段上开时窗进行频谱分析，定量描述工区资料有效波的频带范围，目的层资料主频14Hz左右，有效波优势频率范围在5~37Hz之间，兴隆台—冷东区块可控震源区资料在目的层段的频带偏窄，与原始单炮扫描结论一致。

（六）能量分析

处理工区资料存在炸药和可控两种震源类型，而且炸药震源激发组合及单井药量等采集参数也均不相同，这些因素导致了各区块间资料能量差异明显，通过分析可知兴隆台—冷东可控震源采集数据的振幅级别是井炮的10^9倍，从能量调整前的纯波叠加剖面上，可以很清楚地看到能量的差异性（图6-1-5），这些因素给振幅补偿、反褶积、叠前时间偏移等处理环节带来一定的难度。

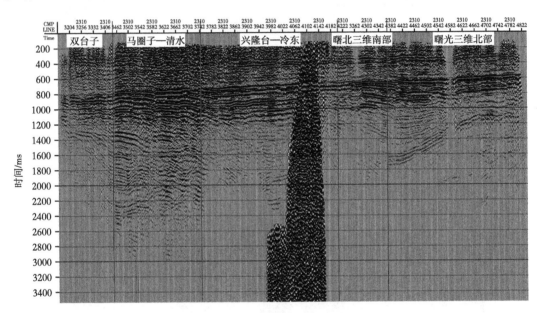

图6-1-5　能量调整前纯波叠加剖面图

（七）干扰波调查

从单炮、道集、平面属性上进行干扰波分析可以看出，工区内噪声重、干扰波类型多，面波、工业电干扰、异常强振幅等普遍发育（图6-1-6）。另外，工区内多次波比较发育，主要在西斜坡中深层和冷东逆断层附近；兴隆台—冷东区块可控震源单炮上随机噪声比较发育。

（八）信噪比分析

各区块资料受激发类型、激发能量、覆盖次数、噪声发育程度等因素影响，导致原始资料信噪比较低、且不同部位资料信噪比存在一定的差异，其中，兴隆台—冷东资料的城区部位信噪比最低。信噪比高低不一对偏移成像造成非常严重的影响，给处理带来一定的挑战。

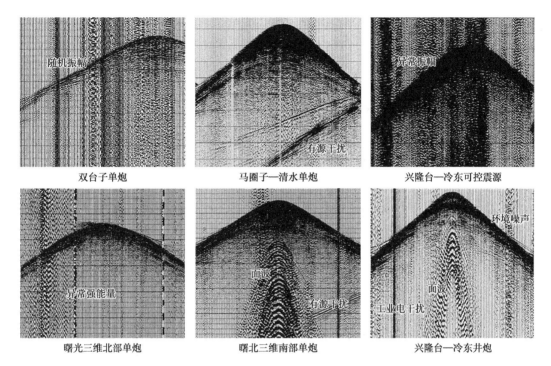

图 6-1-6 工区不同区块单炮干扰波调查图

通过对原始资料全面地分析，结合处理工区地质特征，总结原始采集资料特点如下：

（1）地表条件复杂，观测系统变动频繁，炮点分布不均匀；

（2）不同区块或同一区块不同线束间存在一定时差，可控震源子波类型、频率、能量与炸药震源均存在差异；

（3）不同区块资料覆盖次数、频率、能量、信噪比等方面存在一定的差异；

（4）噪声严重，面波、多次波等多种类型干扰波极其发育；

（5）原始地震资料有效频带窄，可控震源资料低频信息缺失；

（6）中生界潜山构造复杂、断裂发育、储层横向变化快、地震反射杂乱、有效反射波能量弱。

三、处理难点

结合原始资料特点，围绕处理地质任务，明确处理难点如下：

一是全区噪声干扰严重、类型多，尤其是兴隆台—冷东可控震源资料随机噪声及多次波极其发育，导致中生界资料信噪比较低，叠前精细保幅去噪、提高资料信噪比难度较大。

二是该次处理涉及五块原始采集三维资料，不同区块间资料覆盖次数、能量、子波等属性差异大，能量调整、数据规则化等一致性处理工作有一定难度。

三是中生界潜山内幕地震有效波反射能量弱、低频信号缺失，对精细速度建模和准确偏移成像形成很大挑战。

针对上述处理难点，在处理过程中采用提高信噪比处理、精细一致性处理、高精度偏移成像等技术对策来逐一解决。

四、主要处理技术

（一）提高信噪比处理

针对 50Hz 工业电、线性噪声、面波、异常振幅等常规噪声，通过技术优选，采用单频干扰压制、叠前相干噪声压制、自适应面波衰减、分频异常振幅压制等技术，并精细模块参数试验，逐步压制噪声，如图 6-1-7 所示，线性干扰、面波、异常振幅等噪声被逐步去除，同时有效信号没有损失，保证了潜山内幕信息的真实可靠性。特别是，针对马圈子—清水和曙北三维南部区块的邻炮干扰噪声，在炮域、检波点域和 CMP 域采用去异常噪声的方式压制效果不理想，最终采用矢量中值滤波邻炮干扰压制技术在共偏移距域对其进行压制，邻炮干扰被去除得比较干净，效果较好。

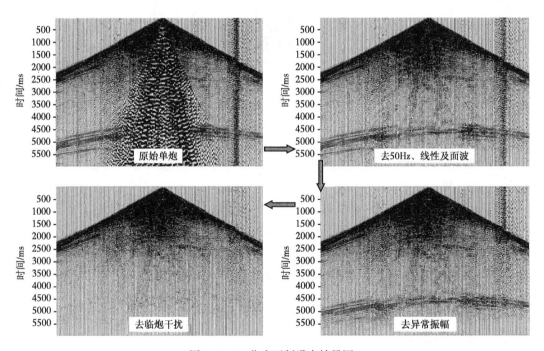

图 6-1-7　分步压制噪声效果图

工区内极其发育的多次波干扰是提高信噪比处理的一个难题，处理中从速度谱、道集、分偏移距叠加等多个方面对多次波进行识别，发现工区内西斜坡中深层和冷东逆断层附近是多次波发育的重点部位，主要分布在 0~2000m 的偏移距范围内，且多次波速度与一次反射波比较接近。

多次波干扰压制分两个阶段，第一阶段是在偏移前道集上利用聚束滤波技术整体上压制大时差多次波；第二阶段是在偏移后 CRP 道集和共偏移距面上，采用聚束滤波、f—k 滤波技术与精细速度解释迭代的方法精细压制相对小时差多次波。通过分阶段、多域、多方法结合，多次波得到较好压制，资料品质明显改善（图 6-1-8）。

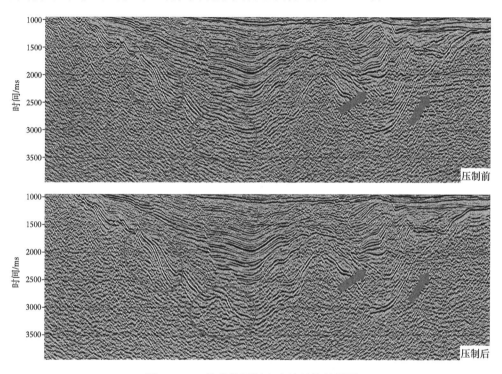

图 6-1-8　偏移前压制多次波干扰效果图

如图 6-1-9 所示是综合去噪前后的叠加剖面对比图，可以看到综合去噪后叠加剖面信噪比得到明显提升，信噪比大于 1 的数据由去噪前的 9.2% 增加到去噪后的 61.9%。

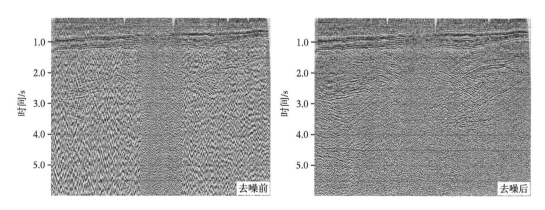

图 6-1-9　综合去噪前后的叠加剖面对比

此外，2006 年采集的兴隆台—冷东区块三维有 1180 炮可控震源采集资料，平面分布于两个区域。可控震源与炸药震源采集的资料在振幅级别、极性、频率、相位等诸多方面存在差异，严重影响着中生界地震资料的品质。处理中根据资料特点，选取多项配套技术，并制定科学合理的混合震源处理技术流程（图6-1-10）。

调整原则是可控震源资料向炸药激发资料靠拢，具体步骤如下：

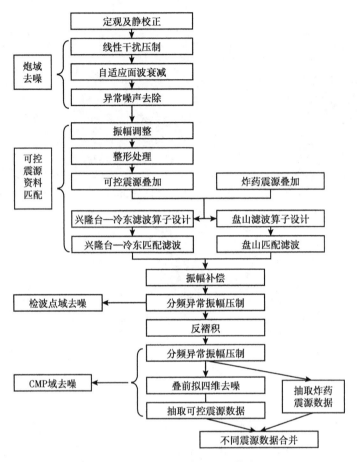

图6-1-10　可控震源资料处理技术流程

首先，需要解决两种震源激发数据的振幅差异问题。前面分析已知，可控震源数据振幅级别是炸药激发数据的10^9倍，通过乘以系数进行振幅调整，使两种震源资料振幅级别基本达到同一等级。

其次，是针对两种震源采集数据属性差异大的问题，在全面考虑可控震源资料特点基础上，通过分块精细求取和应用匹配滤波算子融合处理技术，使资料整体品质得到明显改善，中生界信噪比大幅提高（图6-1-11）。

最后，由于可控震源激发数据的随机噪声极其发育，导致混合震源资料区域的信噪比与邻近炸药数据之间还存在一定差距。针对这种情况，在地表一致性反褶积处理后的数据上，分别在共检波点域和CMP域进行异常振幅压制，再对可控震源数据在CMP域进行叠前拟四维去噪，有效提高可控震源数据覆盖区资料的信噪比，使剖面一致性更好，中生界资料信噪比进一步提升（图6-1-12）。

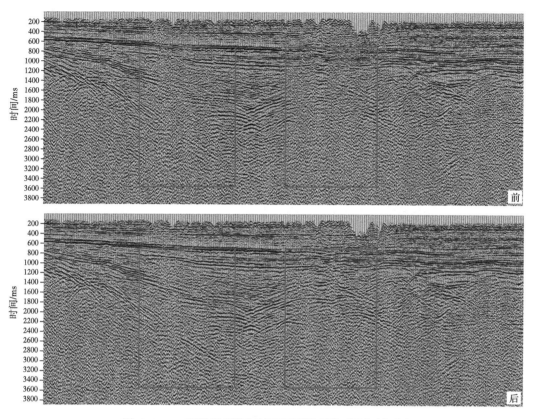

图 6-1-11 可控震源资料精细匹配处理前后叠加剖面图

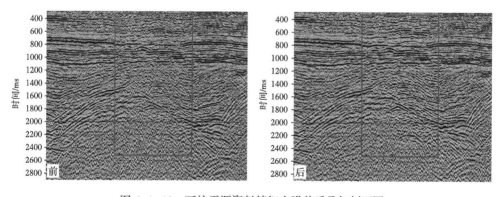

图 6-1-12 可控震源资料精细去噪前后叠加剖面图

（二）一致性处理

该次处理涉及不同年度采集的五块资料，在激发因素、接收因素、观测系统和覆盖次数等方面存在众多的差异，处理中针对这些差异采取了一系列技术措施进行精细一致性处理。

第一，结合物探基础数据库建设，利用基于曲时面的野外静校正方法，进行全区连片静校正计算，改善同相轴聚焦程度和连续性，有效解决基础静校正问题。针对基础静校正后残余的静校正问题，通过叠加速度分析和反射波超级道剩余静校正迭代进行解决，经剩余静校正处理后，剖面同相轴更聚焦，信噪比更高。

第二，根据前面的时差调查结果，以"先调整块内时差，再调整块间时差；两边资料向中间资料（兴隆台—冷东）靠齐"为原则，进行时差调整。调整后，互相关分析结果显示时差基本为0，叠加剖面上时差明显消除，实现"无缝拼接"，资料一致性明显改善。（图6-1-13）

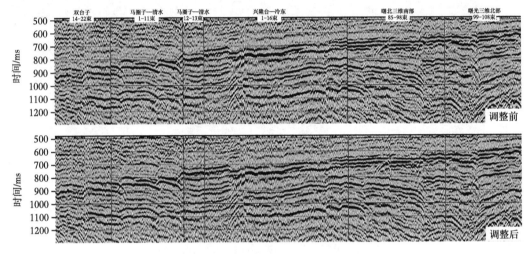

图6-1-13　极性时差调整前后叠加剖面对比图

通过原始资料分析已知五块资料在激发组合及药量等方面差异较大，导致资料振幅能量在纵向和横向上均存在很大差异，处理中先针对单块开展井控真振幅恢复，再进行多块间的地表一致性振幅补偿处理。通过VSP资料求取Tar因子，应用Tar因子进行真振幅恢复处理，使资料中深层能量得到恢复，整体符合实际物理特性；在真振幅恢复后，资料横向振幅能量还存在不均一性，通过整体的地表一致性振幅补偿处理后，使不同区块间资料能量更趋于一致。通过振幅处理，全区资料在垂向和横向上存在的能量差异问题得到很好的解决。针对不同区块间子波不一致的问题，采用地表一致性反褶积（步长16ms）提高资料一致性，改善子波横向一致性，子波旁瓣被较好压制，同时提高了资料主频，拓宽了有效频带。

由于受野外采集参数和实际施工等方面影响，全区部分区域近偏移距缺失严重，双台子区块为25m×50m面元，整个工区覆盖次数分布极不均匀，造成偏移划弧现象严重。首先采用五维叠前数据规则化的炮点加密方式解决双台子区块与其他区块面元不一致的问题；再整体进行规则化处理，解决由于不同区块间覆盖次数差异大导致的偏移划弧问题，有效地改善数据的空间采样均匀性，消除偏移噪声，提升资料信噪比（图6-1-14）。

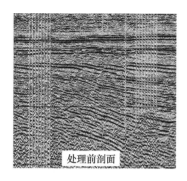

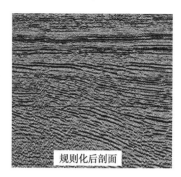

图 6-1-14　双台子区块五维数据规则化处理效果图

（三）高精度偏移成像

精细速度建模是高精度偏移成像的关键环节。深度域速度建模整体上分为初始速度模型建立和速度模型更新两个方面。

1. 建模道集优化

针对潜山内幕信噪比低、速度谱质量差，速度解释困难等问题，首先开展速度建模道集优化技术研究。建模道集优化遵循两个原则，一是技术选取尽量考虑去噪效果，以消除干扰噪声，增强同相轴连续性；二是突出有效反射信号，加强深层弱反射有效信号能量。在这个原则下，利用叠前拟四维去噪、$f-k$ 域线性干扰压制、$f-k$ 滤波去多次、优势频带加强和扩大面元组合叠加等技术，一方面优化 CMP 道集，改善同相轴连续性，提高建模道集信噪比；另一方面利用高品质建模道集，改善速度谱质量，提高垂向速度分析精度。通过多技术综合应用处理后，最终提升了建模道集品质，中生界速度谱质量有一定改善，提高了垂向速度拾取精度，如图 6-1-15 所示。

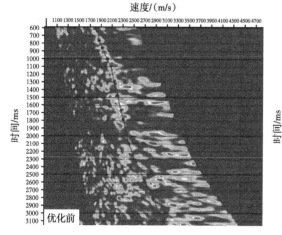
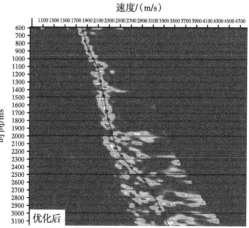

图 6-1-15　道集优化前后速度谱对比

2. 初始速度模型建立

该次处理是利用叠前时间偏移速度场经 Dix 公式转化为深度域的层速度场作为深度域的初始速度模型。在时间域速度模型建立过程中，综合利用 VSP、测井、地质等信息，采用道集优化、井速度建模、速度百分比扫描等方面，建立高精度的叠前时间偏移速度场。

3. 速度模型更新

以叠前时间偏移速度场经 Dix 公式转换成深度域层速度场，以此作为初始速度场，在时间偏移剖面上解释层位，并将速度插值到层位，然后转换到深度域，生成深度域速度场。在完成速度场初始建模后，根据深度域速度场进行叠前深度偏移，得到目标线叠前深度偏移的叠加剖面和相应的 CIP 道集，然后在此基础上，根据不同层段优选有效技术进行深度域速度更新。在中生界以上信噪比较高的地层，主要使用垂向剩余速度分析、构造约束层析反演和网格层析速度反演的方法进行速度更新；而在中生界以下信噪比较低的地层，主要使用垂向速度解释、沿层谱法层析反演和层段内速度百分比扫描的方法进行速度更新，这些算法并列存在，可以迭代使用（图 6-1-16）。

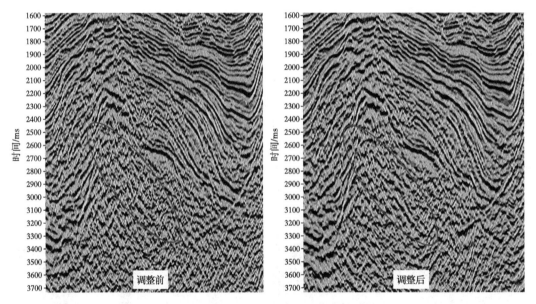

图 6-1-16　速度精细调整前后偏移剖面对比图

4. 偏移方法选择

针对潜山目标构造倾角较陡、埋深大等问题，为提高潜山内幕成像质量，开发应用了高斯射线束叠前深度偏移技术。相比克希霍夫叠前深度偏移方法，该方法将地震波场近似为沿中心射线附近传播，既保留射线方法的高效性和灵活性，又考虑了波场的动力学特征，对低信噪比和构造复杂区资料成像效果好，如图 6-1-17 和图 6-1-18 所示。

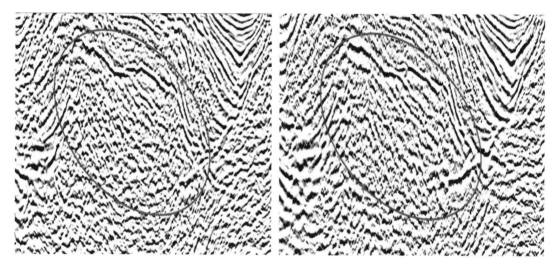

图 6-1-17　克希霍夫积分法偏移剖面　　　　图 6-1-18　高斯束法叠前偏移剖面

五、处理效果

通过本次研究处理，兴隆台—冷东地区中生界潜山的偏移成像效果得到一定提升。兴隆台—冷东中生界潜山顶、底不整合面反射特征清晰，内部三层结构特征清楚，满足了中生界潜山内部结构精细解剖和岩性预测需求（图 6-1-19 和图 6-1-20）。

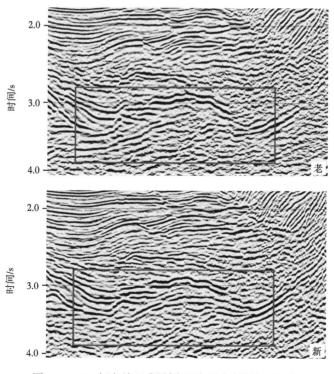

图 6-1-19　新老处理成果剖面对比图（纵线 4200）

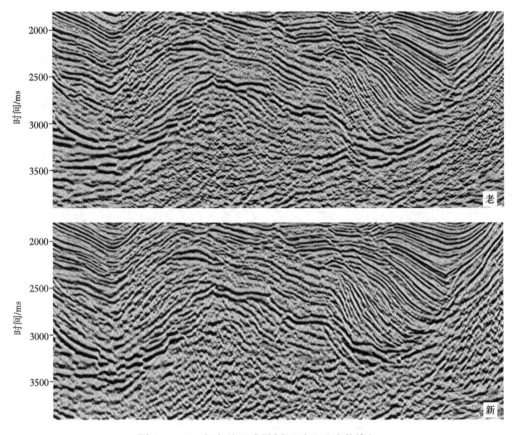

图 6-1-20　新老处理成果剖面对比（连井线）

基于高品质地震成果数据体，解释人员开展精细构造解释，重新划分了中生界的地层分布，梳理了内部断裂系统，落实了兴隆台—冷东地区中生界顶界构造图。

基于新的构造认识，解释人员开展精细研究，2018 年部署探井 10 口，完钻 3 口，陈古 8 井获工业油流，陈古 6 井获日产油 50t、气 5902m³ 高产油气流，继兴隆台—冷东地区南部形成高产之后，陈古 6 井使北部陈家潜山实现重大突破；同时优选老井试油 15 口，实施 5 口，3 口获工业油流，其中兴古 7-4 井在 2770.70~2824.5m 层段，压裂后日产油 14.5m³，有效控制了中生界整体含油范围，在兴隆台—冷东中生界新增含油面积 36.2km²，上报控制石油储量 4321×10⁴t。

六、结论与认识

兴隆台—冷东潜山油气藏目标处理为混合震源资料处理，同时涉及多块资料融合处理，地质目标复杂，精细处理难度大。在深入开展了混合震源资料融合处理、提高潜山内幕信噪比处理、潜山内幕精细速度建模等技术研究后，完善了潜山内幕油气藏的精细成像处理技术流程，提升了潜山内幕成像质量，为辽河油田潜山及内幕油气藏勘探提供了坚实的资料基础。

第二节 清水地区砂岩油气藏

一、工区概况

西部凹陷清水地区沙三段是以薄砂岩为主要目标的岩性油气藏，该区油气资源十分富集，已完钻 89 口探井，大于 3500m 探井 7 口，发现沙一段、沙二段、沙三段上亚段、沙三段中亚段等多套含油气层系。沙河街组沉积期，在东西两侧古地貌构造背景控制下，发育规模较大扇体，研究区处在扇体的中扇—前缘部位（图 6-2-1）。

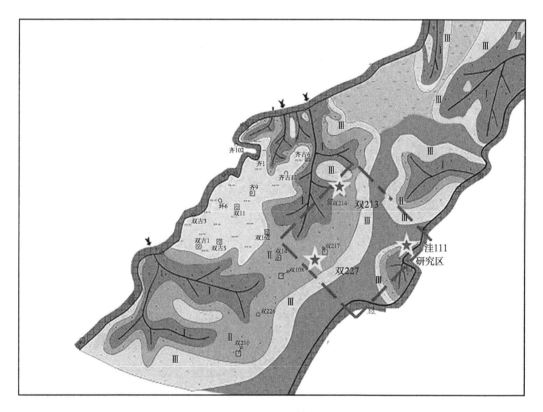

图 6-2-1　工区位置图

该项目的地质任务是搞清目的层沙三段内断裂系统关系，落实沙河街组有利岩性圈闭。处理要求是：提高目的层地震资料分辨率，做好保幅保真质控，为叠前反演提供资料基础。

二、原始资料分析

工区涉及四块地震资料，分别是 2008 年采集的曙光三维地震、2003 年采集的清水三维地震、2006 年采集的兴隆台三维地震和 1999 年采集的双台子三维地震，面元大小分别是 6.25m×12.5m、25m×25m、25m×25m 和 25m×50m。四个区块采集年代差异较大，且采集时针对的地质目标不同，设计的观测系统差异较大，数据的一致性较差。

　　将全区数据统一为 25m×25m 的面元，各区块覆盖次数悬殊（图 6-2-2）。统一面元后，由于曙光地区为小面元采集，覆盖次数高达 720 次，而双台子覆盖次数缩减为单块的一半，仅有 40 次，区块间覆盖次数相差数十倍。此外，偏移距分布的均匀化对偏移成像同样重要，通过调查，各区块不同偏移距段的覆盖次数差异也比较大，这些都会造成数据能量的差异，影响成像的质量。

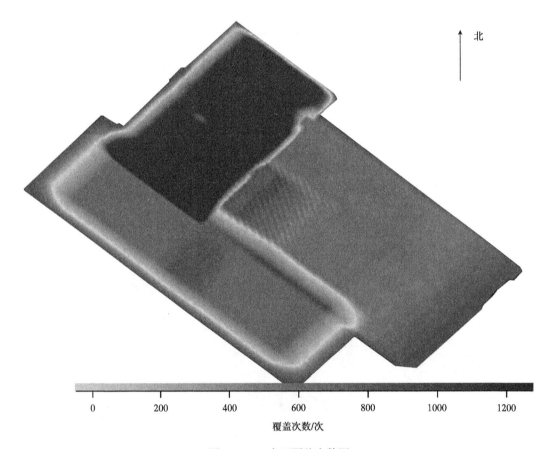

图 6-2-2　全区覆盖次数图

　　针对中浅层和目的层两个层段选取合适的时窗，对全区单炮进行空间属性分析发现：各区块资料的主频存在差异，其中，双台子地区较其他三块都低，双台子三维中浅层主频为 14Hz，深层主频仅有 10Hz。

　　对全区共检波点道集的噪声分布情况进行量化分析，结果表明，干扰极其严重的共检波点占全区的 13.7 %，位置主要分布在矿区、村镇等区域（图 6-2-3）。

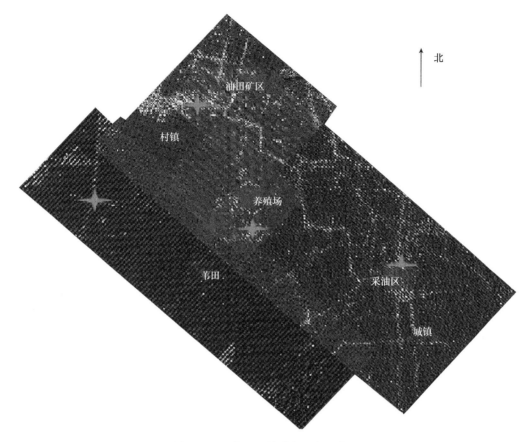

图 6-2-3 全区环境噪声分布示意图

受地表条件和工作环境的影响，各区块噪声类型比较多，且发育广泛，除了常规的坏道、面波、短记录、野值、工业电干扰之外，还发育大量外源干扰，给地震资料品质造成了很大影响，如图 6-2-4 所示。

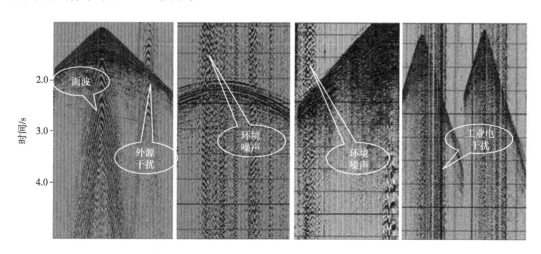

图 6-2-4 主要噪声类型

该区地震资料处理面临的难点如下：一是精确的表层静校正及吸收补偿难度大；二是不同区块间属性差异大，特别是双台子区块与周边悬殊，做好一致性处理难度大；三是原始资料沙三段信噪比较低，保幅保真提高资料信噪比难度大；四是目的层资料频带窄、主频低，难以满足储层预测的需求，提高储层分辨能力难度大；五是中浅层断裂较发育，造成地震波场复杂、横向速度多变，目的层精细偏移成像难度大。

三、主要技术对策

该次攻关的思路是：在扎实做好各项基础工作的同时重点解决保幅去噪、近地表校正、一致性处理、提高分辨率和高精度成像五个方面的问题。

（一）精细保幅去噪

保幅噪声衰减是提高地震资料信噪比的关键。在去噪过程中，遵循保真原则，尽可能地减少对有效信号的损害。根据噪声类型优选针对性去噪方法。异常噪声优先采用多道识别，单道压制的去噪方法。根据噪声发育的特点分时、分频、分域进行，不强调一次去噪的彻底性，通过多步去噪渐进，从而为后续研究奠定基础。

强能量噪声在炮域、检波点域、共中心点域或偏移距域等不同数据域内分布特征不同，通过统计法可以实现强能噪声的逐步压制，达到最好去噪效果。而规则噪声，当采集规则时，能够对噪声进行精细模拟，在此基础上自适应减去，可达到较好效果。当采集不规则时，去噪效果会受到影响，此时为了保证去噪精度，可以对缺失数据适当插值，以提高噪声的规则性及可识别性。十字交叉域自适应面波衰减是目前比较常用的一种面波去除方法。它是将属于同一检波点的炮集数据排列在一起形成一个交叉排列组，在每一个交叉排列组中面波呈圆锥体展布，将交叉排列组的数据数学变换转到 FKK 域，根据面波与有效波在 FKK 域分布范围的差异，有效地去除面波干扰的影响。

如图 6-2-5 所示是单炮逐级噪声去除的效果，利用减去法对去除的噪声进行质控，保证不损伤有效信号。

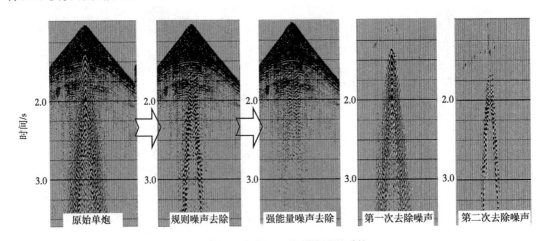

图 6-2-5 单炮逐级去噪效果及质控

如图 6-2-6 所示，噪声去除后，信噪比明显提高。

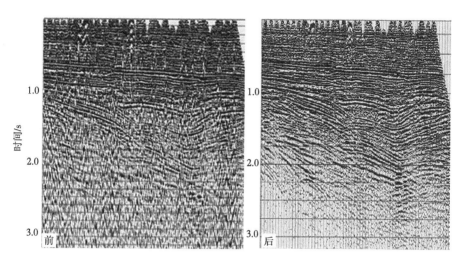

图 6-2-6　综合去噪前后叠加

　　工区内多次波发育，曙光三维地震勘探是小面元采集，观测系统设计是针对浅层目标，最大偏移距不足 3000m，给多次波压制增加了难度。采取分阶段去除的思路，首先，在速度谱解释时识别多次波，即参考相邻谱点的解释，有意避开多次波；其次，在反褶积方法的选择上，选用 $t—x$ 域的预测反褶积，压制一定周期的多次波；在此基础上，采取拉东变换和 $\tau—p$ 域预测反褶积联合的方法去除剩余多次波。如果多次波是区域性发育的，要掌握好多次波发育的范围，既要精准地去除多次，又要保证不损失有效反射。针对工区内多次波集中于小炮检距的特点，叠加时采用分偏移距加权的方式进一步提高结果的信噪比。

　　如图 6-2-7 所示，条带状多次波得到了很好的消除，突出了有效反射。

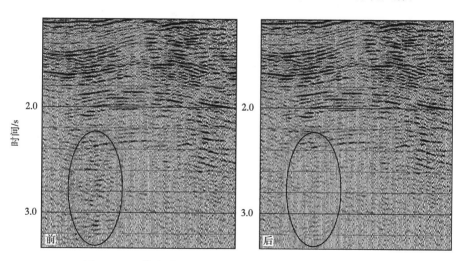

图 6-2-7　拉冬域（$\tau—p$ 域）多次波衰减前后的叠加剖面

（二）近地表校正

该区虽然地表起伏不大，但表层结构比较复杂，表层问题解决不好，不但影响地层的垂向分辨率，对储层横向变化的精细刻画也有较大影响，因此，做好近地表校正对于面向岩性勘探的资料处理非常必要。近地表校正包括精细的表层静校正和近地表吸收补偿两个方面。

与常规方法不同的是，该项目采用将静校正和近地表吸收两方面统一校正的技术，两者共用一个表层模型，数据一致性更好。该方法对初至的适应性较强，不要求完全拾取或仔细编辑就可以建立相对准确的表层模型，适用于大多数地表条件采集的单炮初至，具有较强的抗噪性。近地表吸收补偿在算法上引入了抗噪因子，能够有效控制对高频噪声的放大，实现叠前数据的振幅、相位一致性时空变补偿，解决了近地表吸收造成的能量差异和地震波的频散问题。如图 6-2-8 所示，河道处衰减的高频得到了有效补偿，频率特征趋于一致，横向一致性改善。

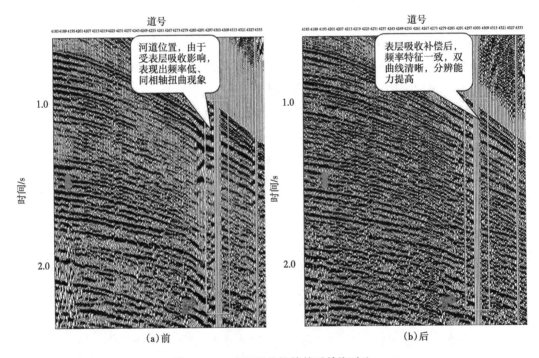

图 6-2-8　表层吸收补偿前后单炮对比

（三）提高分辨率

做好区块间和区块内的数据一致性处理是提高分辨率的首要工作，这部分工作采用的是常规技术，但需要做好科学的质量控制。在此基础上，为了使储层内部微弱的有效信息进一步显现，采用基于小波变换的叠前谱拓展技术。将地震信号分解到小波域，利用小波变换多尺度的优势，在小波域对高频成分的振幅增强，再反变换回去，从而拓宽地震数据的高频端的频带，提高地震资料的分辨率。该技术的优点是能够在提高分辨率的同时，很好地保持记录的信噪比和反射波同相轴的连续性，真正达到提高分辨能力的目的，满足储层垂向分辨的需求。

如图 6-2-9 所示，叠前谱拓展后对薄层刻画明显更加精细了，频谱分析可以看出，沙三段目的层的频带拓展了 5Hz。

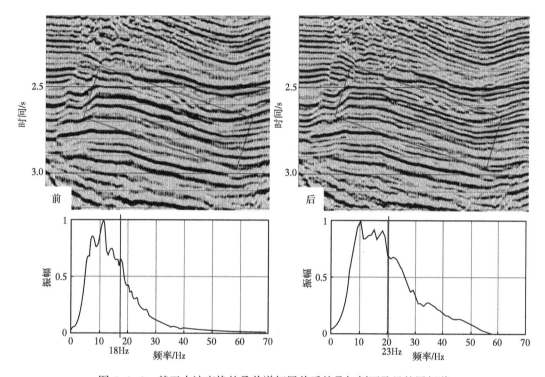

图 6-2-9　基于小波变换的叠前谱拓展前后的叠加剖面及目的层频谱

（四）高精度成像

储层研究对保幅性有着很高的要求，薄储层砂体厚度的变化往往直接靠剖面同向轴振幅强弱的变化来预测。因此，偏移前一定要做好数据的规则化处理，避免由于数据不规则导致的偏移划弧假象和振幅强弱变化假象，最终导致储层认识上的错误，造成严重后果。

由于原始数据面元差异较大，研究采用了 25m×25m 面元与 12.5m×12.5m 面元两套方案进行规则化。第一套方案需要插值和外推的道少，扔掉原有信息较多；第二套方案与其互补。结合试验效果，选择断点位置成像稍好的 12.5m×12.5m 面元进行数据规则化，如图 6-2-10 所示，消除了划弧现象，地层和断层信息得到清晰展现。

由于该区断层发育、构造复杂、速度横向变化大，在前面精细处理得到的高品质叠前道集的基础上，开展叠前时间偏移技术研究，提高资料横向分辨率。

在优选偏移算法和偏移参数的同时，做好更加精细的叠前速度模型建立。首先将初始速度按不同百分比进行偏移，输出相应的偏移剖面和 CRP 道集；然后，根据不同百分比速度的偏移剖面和 CRP 道集，进行速度拾取；再用拾取后的速度场重新做目标线偏移，输出 CRP 道集，反复迭代直到得到满意的速度场为止。建模过程中反复与地质人员结合，对速度模型进行调整与质量监控。

在调整偏移速度场时，充分利用合成记录和井分层资料、VSP 资料等进行约束，应避免速度场的剧烈变化，特别是多人进行建模时，最后对背景速度场进行统一调整，以确保整体速度场的合理性。

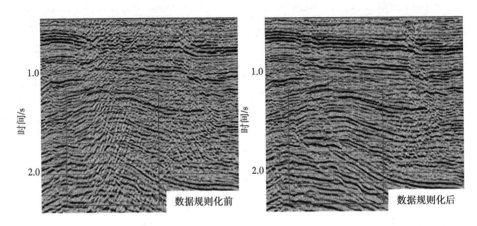

图 6-2-10　数据规则化效果

上述是采用的关键技术，关键环节选用的方法、试验及主要参数见表 6-2-1。

表 6-2-1　清水地区有利岩性区处理参数表

序号	处理内容	采用方法	主要试验方法和参数
1	项目设计	资料质控分析	炮点类型、极性、静校正、信噪比、能量、频率、子波一致性
2	静校正	Totrim 基准面静校正	基准面：1600m　替换速度：3000m/s 炮检距范围 /m：0~2000、0~3000、0~4000
		剩余静校正	相关拾取时窗：先大后小 时移量：从 24ms 到 48ms，间隔 8ms
3	叠前去噪	面波压制	锥体去面波：视速度 / (m/s)：100~2300，100~2500，100~2800 频率 /Hz：8，10，12
		异常振幅压制	分频去噪，频带增量：3Hz 门槛值：2，4，6，8，10，12，…，20
		高精度拉东域去多次波	DDCUT：120
4	振幅补偿	球面扩散振幅补偿	Tar 因子，1.0，1.2，1.4，1.6，1.8
		地表一致性振幅补偿	时窗：800~3500ms

续表

序号	处理内容	采用方法	主要试验方法和参数
5	宽频处理	表层吸收补偿	近地表 Q 稳定因子：1000，参考频率：30Hz
		可控震源小相位化	小相位化
		地表一致性反褶积	时窗：500~4500ms，预测步长：12ms，16ms，20ms，24ms，28ms，32ms
		预测反褶积	时窗：500~4500ms，预测步长：12ms，16ms，20ms，24ms，28ms，32ms
6	偏移成像	叠前时间偏叠移	偏移孔径（时间 / 半径）/（ms/m） （500/3000），（2500/3500），（3500/6500）

四、应用效果

研究的技术应用在清水地区三维地震资料叠前时间偏移处理中，取得了较好效果。道集是开展叠前反演的基础，如图 6-2-11 所示，道集信噪比整体得到提高，同相轴的拉平度较好，以往小偏移距能量较弱的现象得到改善。

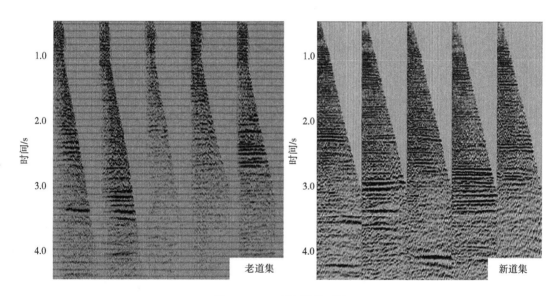

图 6-2-11 新老道集对比

如图 6-2-12 所示，实际道集 AVO 特征与合成道集趋势一致，表明新资料相对保幅性较好，能够满足岩性勘探的需求。

如图 6-2-13 至图 6-2-16 所示，新处理的信噪比和分辨率都比老资料有很大提高，尤其是目的层沙三段，分辨率有了明显提高，主频较老资料提高 10Hz，以往难以识别的薄层能够较好地识别出来。

部分地区断层成像清晰，断面断点清楚，如图 6-2-16 所示，冲积扇体顶底反射特征清楚，空间展布范围有效落实，为解释人员准确预测岩性提供了宝贵的基础资料。

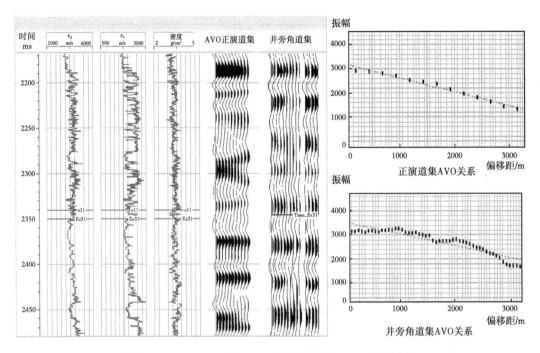

图 6-2-12　双 216 井 AVO 正演及井旁道 AVO 特征对比

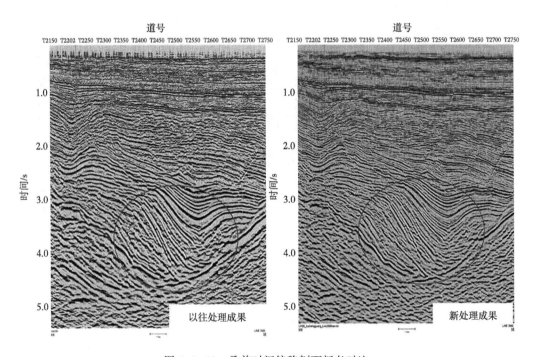

图 6-2-13　叠前时间偏移剖面新老对比

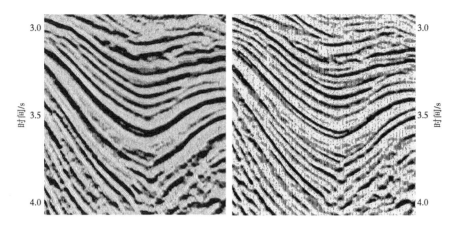

图 6-2-14 目的层局部放大

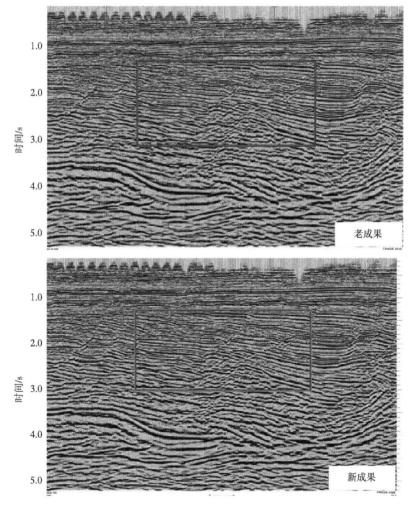

图 6-2-15 叠前时间偏移剖面新老对比

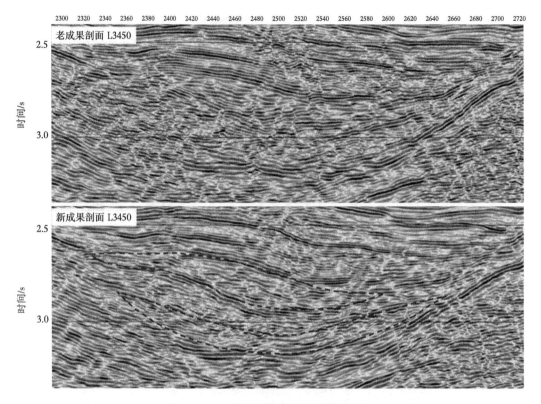

图 6-2-16　叠前时间偏移剖面新老对比

　　如图 6-2-17 所示是过双 227 井新老剖面标定的对比情况，明显看出沙三段地震资料的主频提高，地震分辨厚度由以往的 50m 提高至 30m。如图 6-2-18 所示，相比老资料，该次处理资料成像精度高，断点归位精度得到提升，且相干体上小断层刻画更加清晰。

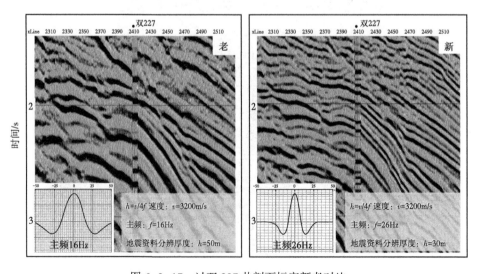

图 6-2-17　过双 227 井剖面标定新老对比

图 6-2-18　相干体切片新老对比

五、结论与认识

该次研究以地质需求为目的，开展面向岩性的精细地震资料处理，加强技术创新，严格质量控制，建立了适合清水地区特点的以精细保幅去噪、精细近地表校正、叠前谱拓展提高分辨率为核心的地震资料保幅处理技术系列，应用效果明显，地震资料分辨能力由以往 50m 提高到 30m，应用新处理的资料，提供了井位建议 3 口，取得了较好的成效。建立的技术系列为以后同类目标的资料处理提供了重要借鉴。

第三节　大民屯凹陷页岩油气藏

一、项目概况

大民屯凹陷沙四段页岩油地层具有典型的"三明治"结构特征，生油指标好、地层厚度大，且原始地层压力保持好、脆性矿物含量高，具有良好的勘探条件。根据四次油气资源评价，沙四段下亚段页岩油资源量为 $3.43 \times 10^8 t$，勘探潜力较大。沈 352 井的试油成功，沈平 1 井和沈平 2 井两口水平井的投产，都展示了大民屯凹陷沙四段页岩油良好的勘探前景和潜力。

该节围绕页岩油层的地震分辨能力、小断裂精细刻画等地质目标，依托"两宽一高"地震资料，以宽频保幅为核心，应用 OVT 域处理、黏弹性叠前偏移等关键技术，充分发挥"两宽一高"地震资料优势，提高地震成果资料的精度和道集的品质，满足页岩油勘探的需求。

二、原始资料情况

工区涉及两块三维地震资料，分别为 2015 年和 2013 年两个年度采集，均为"两宽一高"地震资料，总面积为280km²。2015年采集的资料采用低频可控震源单台单次激发、单点检波器接收，面元为10m×20m，覆盖次数为828次，横纵比为0.78，激发扫描频带为1.5~96Hz，原始数据量约为25TB。2013年资料为井炮高密度采集，采用单井激发，组合检波器接收，面元为12.5m×25m，覆盖次数为180次，横纵比为0.4，原始数据量约为3.3TB。两块资料面元的差异严重影响数据的规则性，给后期偏移成像带来了很大挑战。

工区内地表条件复杂，各种障碍物较多，区内分布大小村镇近191个，有较多的鱼池和养殖区。沈山铁路穿过工区中部，工区内还有G1113丹阜高速、G304国道、S107省道和多条县乡级公路。蒲河位于工区东部，自南向北贯穿工区，这些复杂的采集环境都会对原始资料品质造成较大影响。同时，相比常规采集资料，"两宽一高"地震采集资料受激发、接收方式的影响，抗噪能力较差，单炮环境噪声较重。干扰波类型较多，包括谐波干扰、面波、异常振幅、非固定频率伪单频噪声、工业电干扰等，多种类的噪声将有效信号淹没，初始叠加剖面上几乎看不到沙四段页岩油地层的有效反射信息（图6-3-1）。

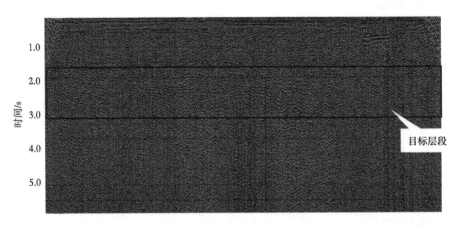

图6-3-1　初始叠加剖面

由于可控震源的激发条件具有较好的一致性，如图6-3-2所示，从沿炮线方向抽取的共偏移距剖面上看，单炮能量整体比较均衡。

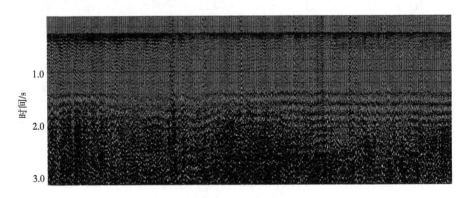

图6-3-2　共偏移距面

结合单炮和初叠加的分频扫描以及频谱分析可见（图 6-3-3、图 6-3-4），原始资料浅层有效频带为 5~40Hz，主频为 25Hz；中层有效频带为 5~25Hz，主频为 15Hz；目的层有效频带为 5~20Hz，主频约为 12Hz。总体看来，资料频带较窄，提高分辨能力难度非常大。

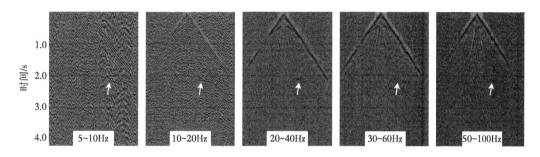

图 6-3-3　单炮分频扫描

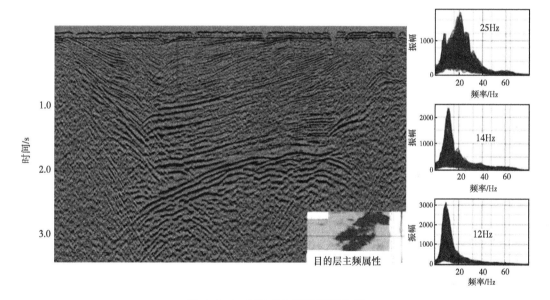

图 6-3-4　初始叠加剖面频谱分析

该次处理工作主要存在以下三个难点：

第一，保幅提高信噪比难。受野外采集激发、接收方式的影响，可控震源单点采集抗噪能力较差；同时，研究区存在大量障碍物，导致原始地震资料信噪比较低，单炮上干扰波类型繁多，谐波干扰、面波、异常振幅、非固定频率伪单频噪声、工业电干扰等与有效信号混叠在一起，无法识别有效信号，保幅提高信噪比难。

第二，保真拓宽频带难。研究区页岩油地层频带窄，主频低，保真拓宽频带比较难。首先，研究区表层结构相对复杂，导致研究区存在明显的静校正和表层吸收问题，降低了原始资料的分辨率。其次，页岩油地层埋藏较深，上覆泥岩等地层对高频信号吸收严重，导致原始资料中页岩油地层频带较窄。

第三，准确成像困难。大民屯凹陷页岩油地层构造复杂，波场混乱，影响速度建模精度；另外，页岩油地层发育大量微小裂缝，HTI 现象明显，严重影响建模及成像质量。

三、主要处理技术

地震资料处理围绕地质需求，针对存在的问题和难点，采用保幅提高信噪比、井控宽频处理及 OVT 域精细处理等技术对策。处理过程中，一方面精益求精，对叠前保幅去噪等成熟技术进行创新应用，充分挖掘技术和资料潜力；另一方面强化技术创新，对宏 OVT 子集规则化、Q 叠前偏移等新技术进行开发研究，提高地震资料分辨率和成像精度。

图 6-3-5 是项目采用的技术流程：优选适合宽方位高密度数据的去噪方法，如十字交叉域面波衰减等，保幅保真压制噪声；充分利用工区井资料，采用井控反褶积处理消除子波横向一致性差异；利用表层吸收补偿和黏弹性叠前偏移对频率、能量、相位的影响进行校正，使中频、高频成分得到恢复；通过低频补偿技术对低频信号能量进行补偿，改善小断裂成像质量，从而提高成果资料空间分辨率，改善页岩油层成像效果。

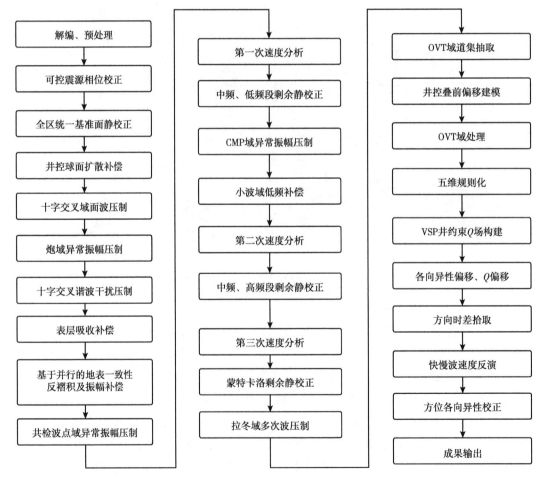

图 6-3-5　处理流程图

（一）保幅提高信噪比

由于近地表结构影响，大民屯地区的资料存在较明显的静校正问题。通过对折射波法和野外微测井等静校正方法试验对比，最终采用野外静校正低频结合折射波静校正高频，再进行分频剩余静校正的技术流程解决静校正问题。并采用自动拾取初至，人工检查的方式，对研究区 8 万多炮进行了精细的初至拾取，如图 6-3-6 所示，静校正后，初至更加光滑、平直，一致性更好。

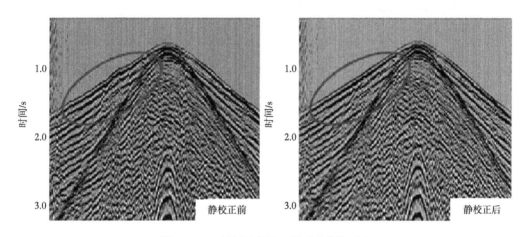

图 6-3-6 折射波静校正前后的单炮对比

单台单次可控震源激发采集的资料，噪声尤为严重，信噪比较低。处理中采用精细分频、多域分类、循序渐进的去噪思路，针对不同噪声采用不同的技术，在提高资料信噪比的同时，充分保留原始资料有效频率的信息。在去噪过程中，由于低频面波区分布范围大，影响深层的低频弱有效信息，因此要特别注意对低频有效信息的保护。

工区内工业电干扰广泛发育，为了不伤害有效信息，首先通过地震道的主频属性把被干扰的数据道选择出来，再利用单频滤波方法进行压制。针对低频面波干扰，使用自适应面波衰减技术在十字交叉排列上压制。该方法适合于宽方位高密度资料的面波去除，因为随着横纵比增加，对同一条接收线，每条炮线上的炮点增多，在十字交叉域里面波能够表现为完整的锥体，并且面元越小，空间采样密度越大，数学变换越不易产生假频。针对工区的异常振幅干扰、谐波干扰和高频干扰，采用异常振幅分频衰减技术进行衰减，根据"多道识别，单道去噪"的思想，在不同的频带内自动识别地震记录中存在的强能量干扰，确定出噪声出现的空间位置，根据用户定义的门槛值，利用空变的方式予以压制，从而提高原始资料的信噪比。

当野外采集受障碍物影响时，会造成排列扭曲或炮点位置偏移，影响噪声模拟的精度，导致规则噪声的去除效果不理想。通过抽取不同的数据域或者对数据进行插值后去噪的方式可以改善去噪效果。如图 6-3-7 所示，由于炮点分布极不规则，因此在常规的十字交叉道集内去噪，噪声残留非常严重。结合去噪技术的原理，对数据进行重新排列组合，抽取了具有不同类型、相同特征的拟十字交叉道集进行二次去噪，取得了较好的应用效果。

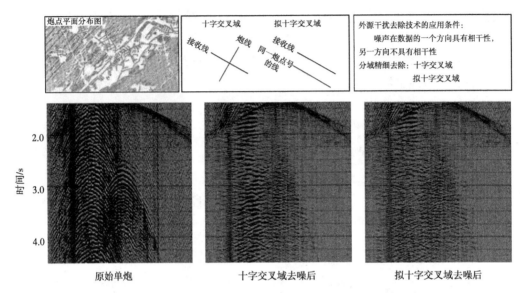

图 6-3-7　外源干扰逐级去噪效果

如图 6-3-8 所示，对野外缺失的排列先进行插值，有利于噪声的模拟，去噪后再扔掉插值，也可以使去噪效果更加精细。

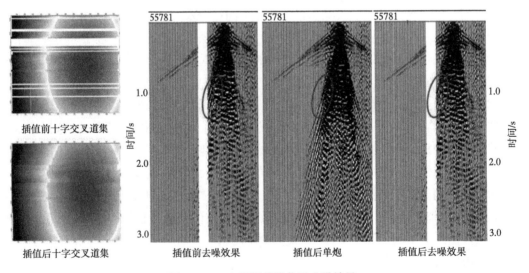

图 6-3-8　空间插值优化后去噪效果

如图 6-3-9 所示，保幅去噪后，中深层的信噪比有了较大提高，叠加剖面深层的有效信号凸显出来，并且仍保留着丰富的低频信息。

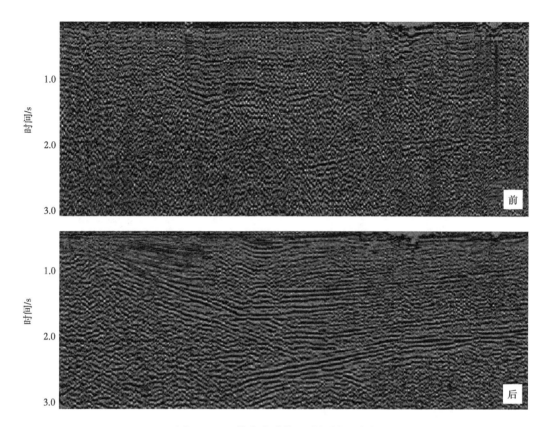

图 6-3-9　综合去噪前后叠加剖面对比

（二）井控宽频处理

在获得高信噪比道集基础上，开展井控宽频处理技术研究。通过原始资料分析，原始单炮目的层主频仅有 13Hz，而已钻井合成记录标定，主频达到 30Hz 左右时才能满足页岩油地层精细划分的需求。众所周知，低频信号和高频信号共同决定了资料的有效频宽和分辨能力。针对可控震源低频激发能量弱、地层吸收高频衰减等问题，重点开发应用了低频拓展、表层吸收补偿、Q 叠前偏移等技术，并充分利用微测井、合成地震记录、VSP 井信息加强过程约束及质量控制，确保在保真的前提下对有效信号的频带拓展。

低频拓展的实现过程是先在目的层段提取地震子波，再对子波进行信噪分离得到信号谱和噪声谱，然后对信号谱进行谱整形得到低频补偿算子，通过褶积将算子应用到数据中，提高低频信号的信噪比。利用合成地震记录对低频补偿后的结果进行标定，确保低频补偿的合理性。如图 6-3-10 所示，通过应用该项技术，目的层低频端拓宽 2~3Hz，倍频程由 3 提高到 4，有效改善了断裂成像精度。

如图 6-3-11 所示，低频能量得到有效补偿，补偿后偏移剖面断裂成像改善明显，断裂系统更加合理。

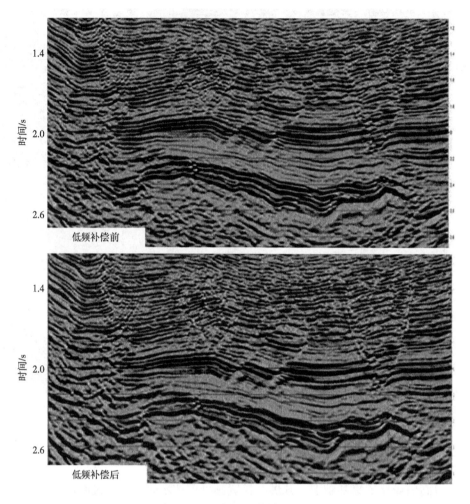

图 6-3-10　低频补偿效果对比

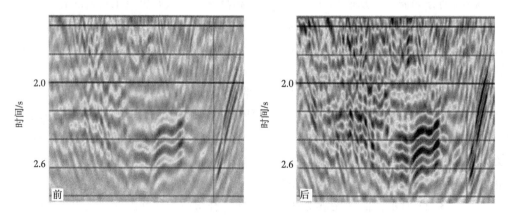

图 6-3-11　井控低频补偿前后 7Hz 低通效果对比

高频拓展采用表层吸收补偿和 Q 叠前偏移技术。表层吸收补偿是通过基于地表一致性算法的频移法求取表层相对 Q 场，过程中利用微测井对表层模型进行约束，以求取更加精确的表层旅行时。如图 6-3-12 所示，表层吸收补偿后，高频信号能量得到有效恢复，子波横向一致性明显变好。如图 6-3-13 所示，高频端大幅度拓宽，目的层主频提高 7~10Hz。

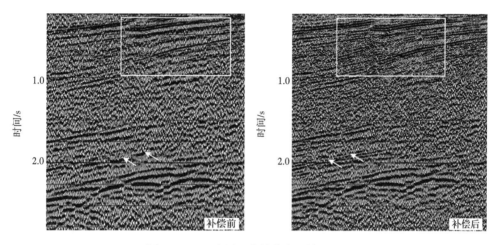

图 6-3-12　表层吸收补偿应用效果对比

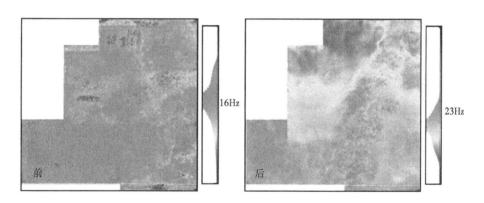

图 6-3-13　表层吸收补偿前后的目的层主频属性对比

Q 叠前偏移技术是将地层吸收补偿与叠前偏移有效地结合，如图 6-3-14 所示的公式可以看出，Q 叠前偏移是在常规偏移基础上增加了相位校正项和振幅补偿项，可以在表层吸收补偿的基础上实现中深层的地层吸收补偿，进一步恢复深层弱信号能量，提高资料分辨率，改善深层成像质量。Q 叠前偏移是在成像的同时进行补偿，原理上更加科学。Q 叠前偏移技术的核心在于 Q 场的求取，研究区内有 8 口 VSP 井，结合 VSP 资料获取的 Q 曲线，进行 Q 扫描，参考扫描结果精细拾取 Q，同时，引入均方根速度对 Q 场进行纵向和横向的约束，从而获得精确的三维时空变 Q 场。

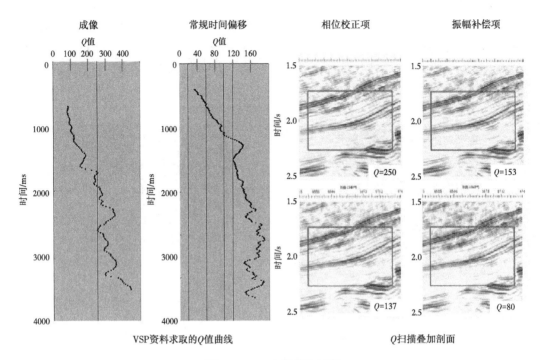

图 6-3-14　Q 场建立过程

如图 6-3-15 所示，经过对比对薄层分辨能力进一步提高，高频端在表层补偿基础上又拓宽了 5~7Hz。此外，Q 叠前深度偏移在保证分辨率的基础上，对陡倾角构造成像及页岩油地层精细刻画方面效果更好（图 6-3-16）。

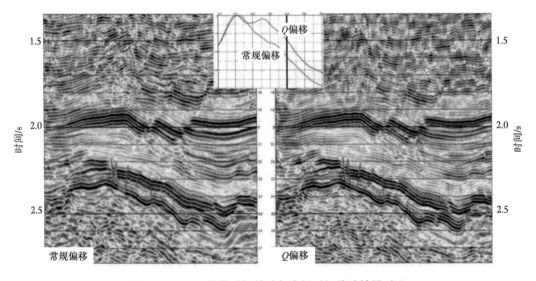

图 6-3-15　Q 叠前时间偏移与常规时间偏移效果对比

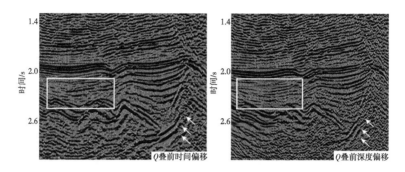

图 6-3-16　Q 叠前深度偏移与 Q 叠前时间偏移效果对比

（三）OVT 域精细处理

针对研究区存在 HTI 及微小断裂精细成像问题，开发应用 OVT 域精细处理技术。OVT 域处理是面向"两宽一高"地震资料的特色处理技术，能更好地保持地震方位信息，更真实地反应 AVO 响应特征，有利于提高微小断裂的成像精度。OVT 域精细处理主要包括 OVT 域子集抽取，OVT 域规则化、OVT 域偏移成像及 HTI 校正等环节。

研究区涉及的两块三维地震资料，炮线距和接收线距差异较大，如果按照常规参数进行 OVT 域子集划分，将无法进行融合。针对该问题，开发应用了宏 OVT 子集划分技术，实现了两块数据采用统一参数划分 OVT 子集。以 2015 年采集的"两宽一高"地震资料参数为主，通过对 2012 年数据划分后的 OVT 子集进行优化，重新数据组合和编号，与 2015 年资料相同编号的 OVT 子集混合在一起，实现了多期次采集地震资料的 OVT 域融合处理（图 6-3-17）。宏 OVT 子集划分技术对挖掘不同期次采集数据的潜力具有重要意义。

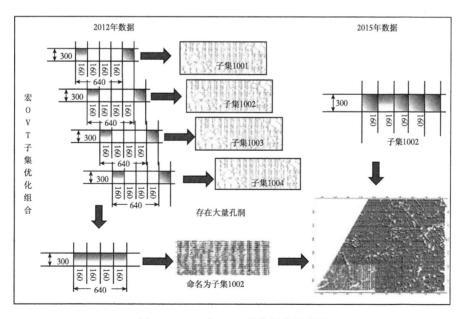

图 6-3-17　宏 OVT 子集划分示意图

针对覆盖次数差异造成的偏移划弧问题，利用 OVT 域数据规则化技术，有效消除了偏移划弧现象，改善了成像质量（图 6-3-18）。

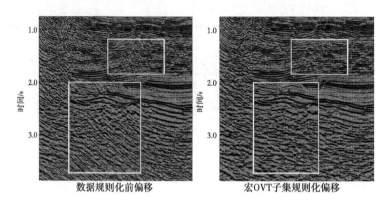

图 6-3-18　OVT 域数据规则化效果

当地下存在裂缝时，地震波沿着裂缝方向传播，速度较快，垂直裂缝方向传播，速度较慢，因此，对于同一个反射面元内的不同方位的地震道，也存在随方位变化的时差，这就是方位各向异性时差产生的原因。受方位各向异性的影响，即使使用准确的速度和合适的偏移方法，道集也不能完全校平，这种含有方位各向异性信息的偏移道集即 OVG，也叫蜗牛道集。因为其保留了方位信息，对叠加成像的精度和 AVO 反演造成很大的影响，于是，开发了 QRS 三参数校正法，如图 6-3-19 所示，通过方位各向异性校正，原来道集随方位角呈周期性变化的方位时差得以消除。由于消除了道集的方位时差，来自同一地层的反射能量可以更好地同相叠加，因此局部的成像有所改善，分辨率和成像精度进一步提高。另外，求取的校正参数还可以用于后续的裂缝预测。

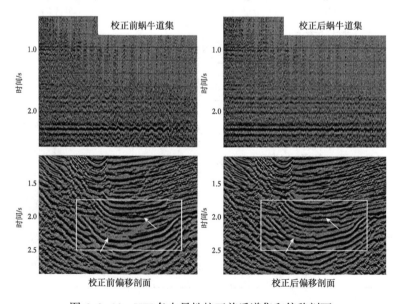

图 6-3-19　HTI 各向异性校正前后道集和偏移剖面

四、应用效果

与老成果对比，新处理成果反射特征改善明显，岩性相变点和页岩油反射信息可以清晰识别，可以实现页岩油内部地层三段式划分（图6-3-20）。

如图6-3-21所示，新成果主频提高11Hz，分辨能力提高16m，且井震关系吻合较好，保幅保真性好，基于新成果，首次厘清了大民屯凹陷沙四段内部四级层序构造特征。

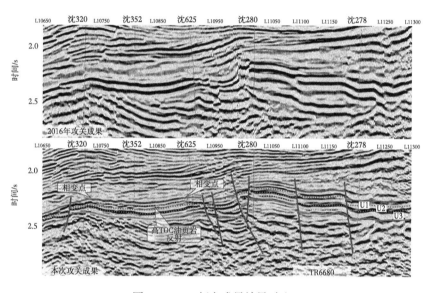

图6-3-20 新老成果效果对比

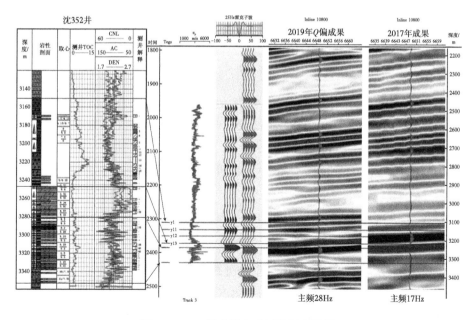

图6-3-21 新成果合成记录标定效果

如图 6-3-22 所示，新成果目的层小断裂的刻画更加清晰，细节信息更加丰富。

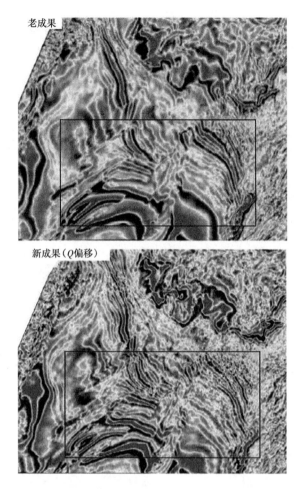

老成果

新成果（Q偏移）

图 6-3-22　新老成果时间切片对比图

利用"两宽一高"地震资料，开展叠前方位各向异性裂缝检测技术研究，对静安堡潜山太古宇进行裂缝预测，研究结果表明，太古宇风化壳的裂缝发育范围广，诸如A1 井、A83 井、A93 井、A97 井、S23-11 井、S23-12 井和 S23-013 井等都处在裂缝发育强度较大位置，这与累计产量统计数据相一致，证明了裂缝预测结果的合理性（图 6-3-23）。

五、结论与认识

以大民屯凹陷沙四段页岩油为地质目标，结合"两宽一高"地震资料特点，开展了保幅提高信噪比、井控宽频处理、OVT 域精细处理等技术研究，形成了针对页岩油的地震处理技术系列。资料品质得到提高，大民屯凹陷沙四段反射特征改善明显，岩性相变点和页岩油反射信息可以清晰识别，目的层小断裂成像精度提高，信息更加丰富，为后续地质研究打下了良好的资料基础。

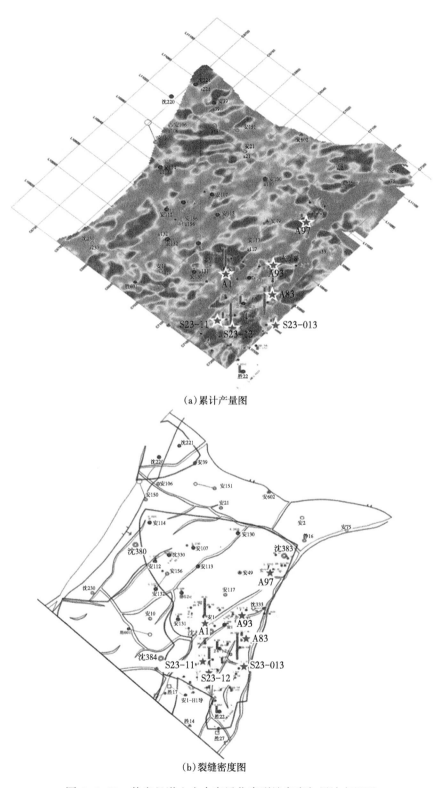

（a）累计产量图

（b）裂缝密度图

图 6-3-23 静安堡潜山太古宇风化壳裂缝密度与累计产量图

<h1 style="text-align:center">第四节　宜庆地区薄储层</h1>

一、项目概况

鄂尔多斯盆地勘探面积广，油气资源丰富，存在中生界和古生界两套含油气系统。灵台—宁县区块受烃源岩控制，发育中生界含油系统和古生界含气系统，勘探潜力大。辽河油田矿权区三维部署区地理上位于灵台—宁县区块的东北部，构造上属于鄂尔多斯盆地南缘伊陕斜坡，按照"整体部署、分步实施"的原则，自2020年开始逐步实施覆盖全区的三维地震勘探。

（一）表层地质条件

辽河油田宜庆地区地形起伏剧烈，整体地势中间低、四周高，地表侵蚀切割强烈，以黄土山地为主，塬、梁、川、沟相互交织、沟壑纵横，塬台顶部平坦，周围为深切的沟谷，马莲河横穿工区南北。地表高程940~1350m，塬上、塬下最大高程差可达230m（图6-4-1）。

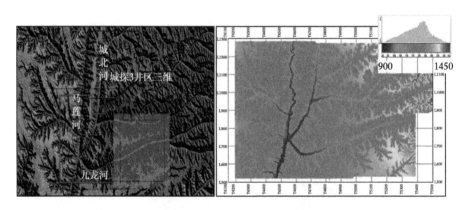

图 6-4-1　宁县—正宁地区地表高程和表层厚度图

（二）深层地震地质条件

灵台—宁县区块位于鄂尔多斯盆地南缘，地跨伊陕斜坡和渭北隆起两大构造单元，构造上相对盆地主体复杂。北部宁县—正宁三维部署区构造上属于伊陕斜坡，具有"东南高，西北低"的单斜构造特点。地层横向分布稳定、平缓，倾角小于1°。宁县—正宁地区主要发育古生界二叠系煤系烃源岩和中生界延长组湖相泥岩两套烃源岩层。

（三）地质任务

（1）落实各层系构造形态及断裂空间展布特征，识别主要目的层断距大于10m的断层；

（2）精细刻画前侏罗纪古地貌及低幅度构造圈闭（10m以上），落实浅层含油富集区；

（3）落实延长组长 8 段、长 7 段、长 6 段等砂岩储层空间展布，满足致密储层页岩油"甜点"区预测需求，支撑水平井部署与轨迹设计；

（4）精细刻画上古生界盒 8 段、山西组砂体和太原组展布特征，预测厚度大于 10m 的优势砂体分布区；

（5）落实下古生界及元古宇结构及不整合面上下地层接触关系，预测内幕地层岩性、岩相变化，落实有利含气目标区；

（6）精细刻画前石炭纪古地貌特征，识别延伸距离大于 500m 的侵蚀沟槽。

二、原始地震资料分析

对原始地震数据进行全面细致分析是处理工作的基础。针对宁县—正宁地区新采集三维地震数据，在数据进站完成观测系统定义后，从野外采集参数、静校正、干扰波和信噪比、能量、频率、子波一致性、数据极性、拼接等几个方面进行全面细致分析。

（一）采集参数分析

宁县—正宁地区宁 51 井区采用井炮 + 可控震源联合激发、无线节点接收的"适中面元、宽方位、高覆盖"的采集方案，具体采集参数见表 6-4-1。

表 6-4-1　宁县—正宁地区野外采集观测系统参数

观测系统	36L5S230T2R
面元大小	20m×40m
覆盖次数	23 纵 ×18 横
接收道数 / 道	8280
纵向排列方式	4580-20-40-20-4580
道距 / 炮点距 /m	40/80
接收线距 / 炮线距 /m	200/200
最大炮检距 /m	5813
最大非纵距 /m	3660
横纵比	0.79
炮密度 / (炮 /km^2)	62.5
炮道密度 / (道 /km^2)	520000

（二）静校正分析

宁 51 三维工区为典型的黄土山地地表，塬、梁、川、卯、沟相互交织、纵横分布，主要地表类型有塬台、川道、沟壑三种类型，海拔高程为 970~1430m，呈现东高西低的趋势（图 6-4-2）。

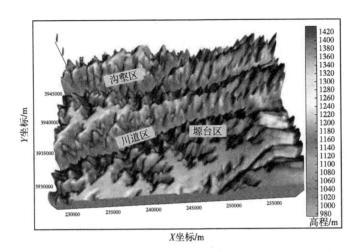

图 6-4-2　宁 51 三维工区地表高程立体图

工区地表大多为第四系黄土，按照黄土含水性区分为干黄土、湿黄土和含泥湿黄土，在黄土层中间夹杂不同厚度的姜石层；沟系区黄土相对较薄，一般厚度在 4~5m。依据地震资料大炮初至反演的低降速层厚度数据表明，工区近地表条件横向变化剧烈，黄土厚度分布为北薄南厚，黄土山地低降速带厚度在 250m 左右，沟底和川道低降速带厚度为 3~15m。

从宁 51 三维工区原始单炮初至、叠加剖面及共偏移距剖面分析可知，该地区资料存在十分严重的静校正问题。如图 6-4-3 所示，原始单炮初至扭曲现象十分突出，有效信号的双曲线特征被严重破坏，全区静校正问题非常严重。

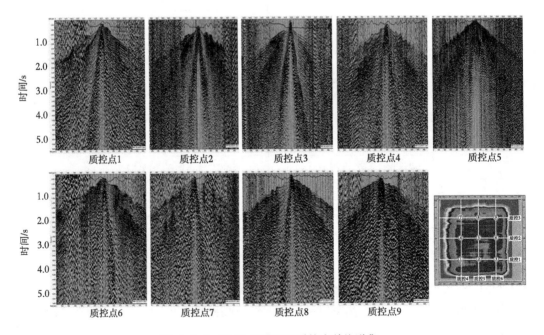

图 6-4-3　宁 51 三维工区质控点单炮道集

如图 6-4-4、图 6-4-5 所示，整个剖面信噪比非常低，基本看不到有效反射波的同向轴，严重影响地层成像。

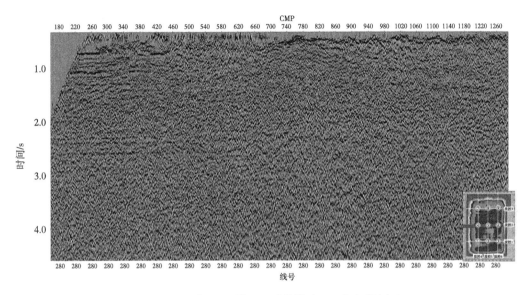

图 6-4-4 宁 51 三维工区质控线（L280）初叠剖面

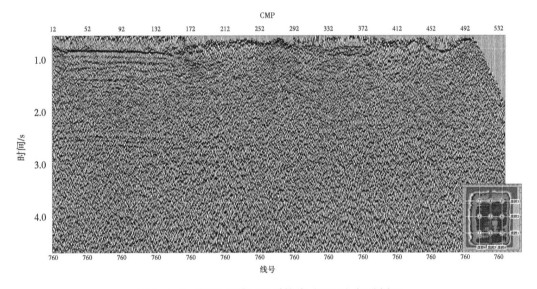

图 6-4-5 宁 51 三维工区质控线（T760）初叠剖面

（三）信噪比分析

通过对宁 51 三维工区原始地震数据质控点单炮分析，工区主要发育近炮点强能量干扰、高频干扰、折射干扰、随机干扰等噪声，如图 6-4-6 所示。面波的速度范围为 450~980m/s，浅层多次折射干扰速度范围为 1500~2800m/s。

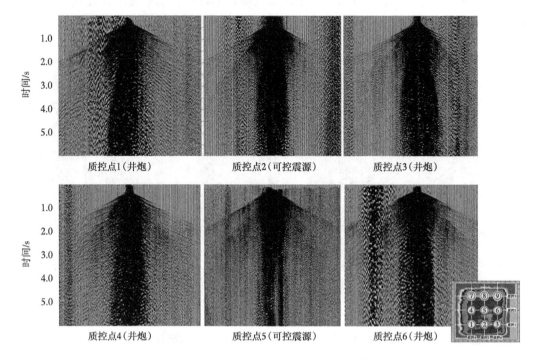

图 6-4-6　宁 51 三维工区质控点单炮道集

从质控线原始叠加纯波、增益剖面中可以看出，工区整体信噪比较低，有效反射波基本淹没在噪声之中，噪声严重制约了有效信号的同相叠加及成像（图 6-4-7、图 6-4-8）。

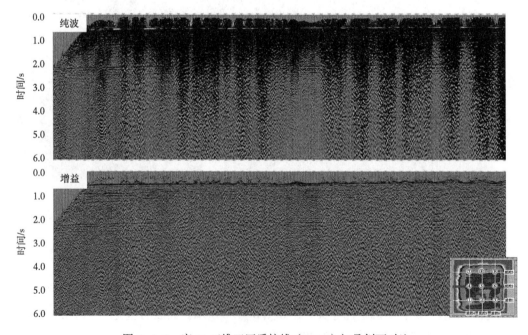

图 6-4-7　宁 51 三维工区质控线（L280）初叠剖面对比

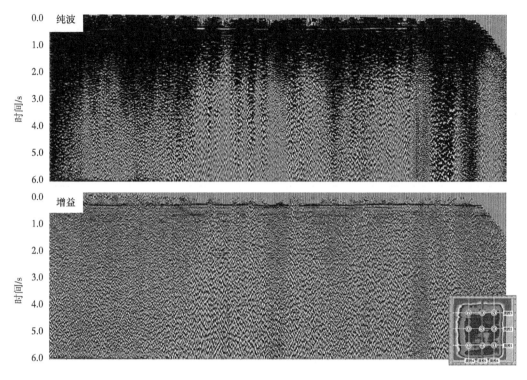

图 6-4-8　宁 51 三维工区质控线（T760）初叠剖面对比

（四）频率特征分析

频率分析对确定叠前资料噪声去除、优势频带速度分析以及整个处理过程中的质量监控尤为重要。因此，对工区地震数据进行全面细致的频率分析显得尤为重要。该次处理通过对工区质控线的叠加剖面进行高通、低通频率扫描，以及对叠加剖面从浅至深的频谱分析获取整个工区原始地震数据的频率特征，为后续资料处理提供依据。

如图 6-4-9 所示，浅层 400~1800ms 有效信号频宽为 2~40Hz，主频在 15Hz 左右，目标层 1500~3000ms 有效信号频宽在 2~30Hz 之间，主频在 10Hz 左右，与剖面的频率扫描结果吻合，说明工区资料目标层有效频带窄，缺乏低频信息。

无论是频谱分析还是频率扫描，都是局限在个别炮、部分叠加剖面上进行，不能全面地反映全工区数据的频率特征。另外，单炮记录的频谱分析会受到选取时窗中强能量干扰波的影响，如果干扰波能量占主要成分，则第一主频是干扰波的主频而非有效信号的主频，显然更关注有效信号的主频。为了了解全区的主频情况，在叠加剖面上选取目的层段为统计时窗，统计零振幅值的个数，进行全区过零点主频分析。

如图 6-4-10 所示，原始数据浅层主频与地表分布明显相关，主频在 16Hz 左右，黄土层厚的地区主频偏低，说明吸收衰减严重；而从目标层主频的频谱显示可以看出，主频在 14Hz 左右，与地表分布相关性不强。

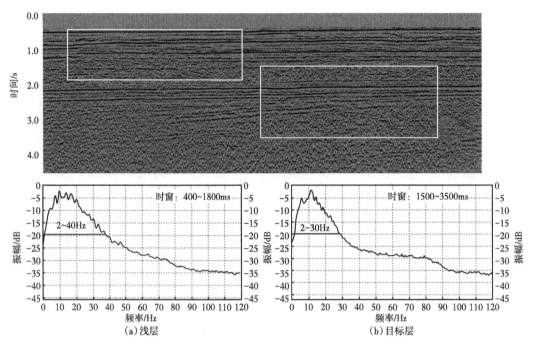

图 6-4-9　工区质控线 280 叠加剖面及分时窗频率分析

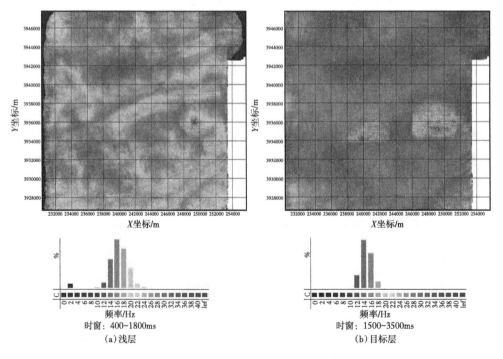

图 6-4-10　工区初叠数据分时窗平面主频属性图

三、处理思路及关键技术

(一)处理难点

结合地质任务及对原始地震数据的分析,在静校正、保真去噪、提高分辨处理、准确成像等方面存在的技术难点主要有以下几方面:

(1)工区为典型黄土塬地貌,沟壑纵横、地形起伏变化剧烈、近地表结构复杂,如何实现精细表层建模并解决静校正问题,落实微幅构造,是处理的重点及难点。

(2)工区原始数据信噪比较低,面波、近炮检距异常能量、折射干扰等噪声非常发育,保幅保真提高有效信号信噪比也是处理的难点。

(3)工区目标层段泥岩、砂岩交互沉积,地质勘探对资料的分辨率有较高要求,但是由于近地表吸收导致原始数据目标层段主频较低,频宽较窄,如何保真提高资料分辨率也是处理的难点。

(4)工区目标层广泛分布薄砂体、小断裂等微幅构造,如何实现地震数据的准确成像也是处理的难点。

(二)处理思路

根据地质任务,尤其是目的层段勘探需要,结合实际资料特点及处理难点,强化过程分析,制定行之有效的一体化技术对策。处理过程中,以复杂地表静校正、保幅保真提高信噪比、基于地质需求导向的井控宽频处理、各向异性偏移成像为核心,着重强调基础工作和关键环节的质量监控,在关键处理环节中,结合工区地质、测井资料,利用合成地震记录进行层位标定和对比,严格控制处理质量。

(三)关键处理技术

1. 高精度静校正技术

准确的初至信息是静校正能够准确计算的前提和基础。针对工区炸药震源、可控震源两种激发方式的资料特点,应用混合震源初始拾取流程,对于炸药震源拾取第一个起跳点,对于可控震源拾取第一个波峰,首先对初至波进行数据优化,然后进行综合智能自动拾取和人机交互修改,最终得到精确的初至信息用于后续的层析反演静校正的计算。如图 6-4-11 所示,最终拾取道数和拾取率都非常高,共计完成 2.6996 万炮,2.9 亿道的初至拾取,拾取率 91.06%,为后续层析反演静校正、折射静校正的技术提供了可靠准确的基础数据。

在高质量初至拾取基础上,开展近地表速度模型层析反演,在层析反演过程中,根据迭代收敛曲线、理论初至与实际初至融合对比来质控反演结果的准确与否,如图 6-4-12 所示,炮检点静校正与地表高程变化相关性非常好,黄土塬的沟壑、川道都有明显对应关系,说明近地表速度模型准确,静校正技术合理。

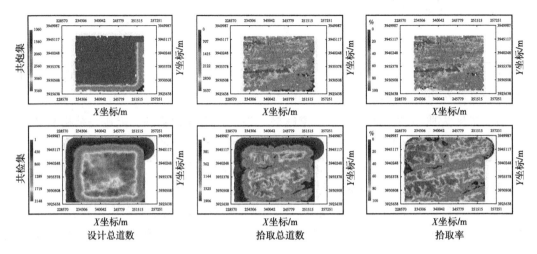

图 6-4-11　区初至拾取属性统计图

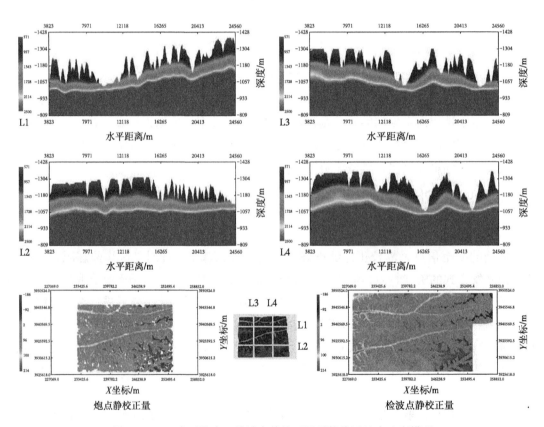

图 6-4-12　全区炮点、检波点静校正及质控线近地表速度模型

基于近地表速度模型计算静校正量，通过与野外静校正、折射静校正的对比发现（图 6-4-13、图 6-4-14），不管是单炮记录的应用效果还是叠加剖面的效果，基于初至

信息的层析反演静校正能够更好地解决工区静校正问题，可以实现有效信号同向轴拉平及同相叠加，能够明显提高数据成像信噪比。

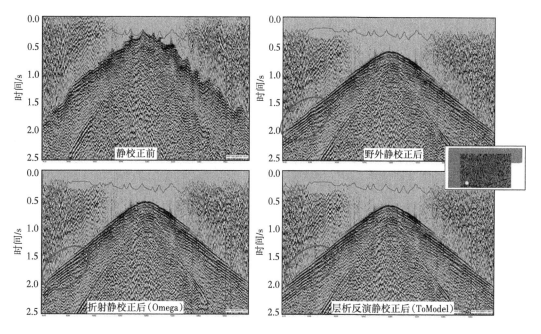

图 6-4-13　工区共炮集应用不同静校正量对比图

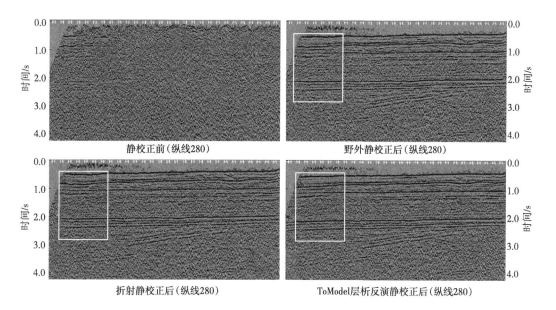

图 6-4-14　工区质控线（纵线 280）不同静校正方法叠加剖面对比

2. 保幅叠前去噪技术

提高信噪比是地震资料处理的首要任务，高精度静校正实现了工区有效反射的同相叠加，但是各种噪声的存在降低了地震记录的信噪比，制约地震处理结果质量的提高。尤其在黄土山地地区，由于地表激发和接受条件的限制，原始资料品质信噪比本身不高，而近炮检距异常振幅、面波、线性干扰、折射干扰等多种噪声广泛发育，严重影响了地震资料的信噪比。因此，客观分析地震数据中的各种噪声，应用合理有效的针对性技术方法实现叠前地震数据信噪比的保真，对提高对后续处理至关重要。

1）近炮点强能量去除

从原始资料分析可知，工区广泛分布着近炮点强能量干扰，而近炮点强能量分布与低降速带厚度有关。在针对该类噪声压制时，首先根据发育范围按三角区、方形区进行区域划分，然后通过频率扫描在不同频率范围进行分频异常能量压制，最后在时间上进行门槛值时变控制，实现该类噪声的分区、分频、分时针对性压制。

如图 6-4-15 所示，通过分区、分频、分时的针对性压制，近炮点强能量得到有效压制，从频谱分析中也可看出，强能量的有效压制提高了有效信号的主频，同时一定程度上提高了有效信号的信噪比。

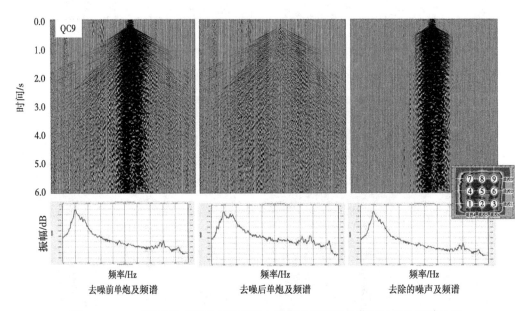

图 6-4-15　工区质控点近炮点强能量去除前后及噪声单炮和对应的频谱分析

2）曲波变换线性干扰压制去除

在原始资料分析中，发现工区广泛分布着以折射干扰为代表的线性干扰，严重制约着有效信号的信噪比。因此，应用曲波变换技术，可在频率—波数域更加细致地划分频率波数范围，实现线性干扰的有效去除，同时减少假频现象，取得更好的保真性。如图 6-4-16 所示，通过该方法的应用，能有效去除线性干扰，提高有效信号的信噪比。

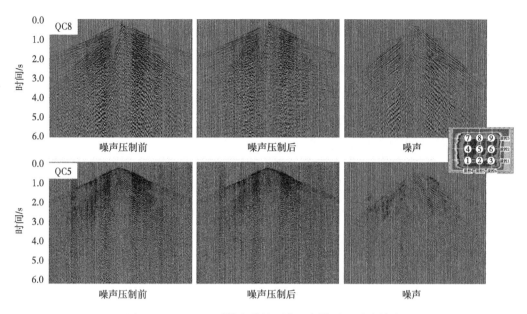

图 6-4-16 工区质控点线性干扰压制前后及噪声单炮

3）去噪前后效果对比

通过多方法对比、多域组合、多轮次迭代有效压制工区数据的噪声信息，如图 6-4-17 所示，综合去噪后叠加剖面有效信号信噪比明显提升，有效信号的连续性有明显提高，说明去噪效果明显。

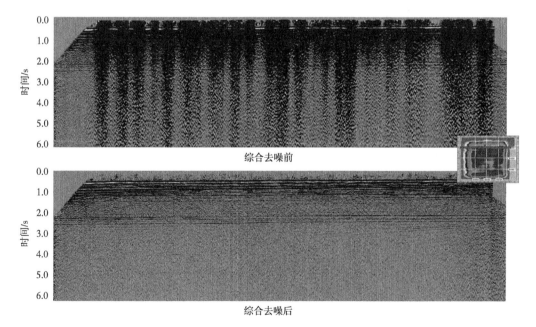

图 6-4-17 工区质控线综合去噪前后叠加剖面

如图 6-4-18 所示，综合去噪后资料信噪比由之前的 0.8~1.0 提升到了 1.6~1.8，大幅提升了有效信号的成像质量，为后续处理提供了优质道集，夯实了数据基础。

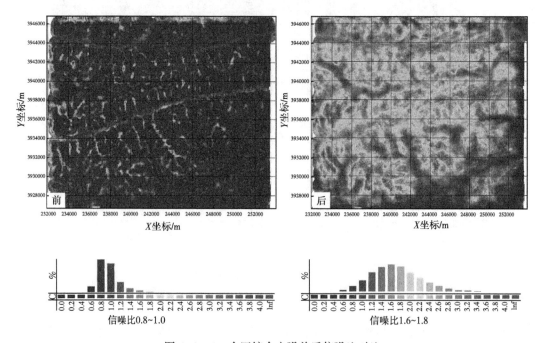

图 6-4-18　全区综合去噪前后信噪比对比

3. 井控宽频处理技术

从原始资料分析和地质任务中，发现该区目的层段多为泥岩、砂岩的薄互层以及页岩、泥岩混层，地质解释对数据的分辨率有很高的需求。因此，基于地质需求，形成了井控宽频处理技术，最大限度地利用工区已知井的测井、VSP 等资料，将"井点数据"和井旁地震数据进行一体化联合分析，以达到保幅、保真的处理要求，井控处理是近年在地震资料处理中得到验证的先进的处理技术。井控宽频处理思路是充分利用工区井资料，通过近地表 Q 补偿、低频补偿、井控反褶积技术，逐步拓宽资料的频带。

1）近地表 Q 补偿技术

Q 是一个表征岩石特性的参数，是储能和耗散能的比率，它是描述在黏弹性介质中的不同频率的地震波衰减的参数，直接影响地震信号的相位和分辨率。

近地表 Q 补偿技术基于初至信息层析反演的近地表速度模型，首先应用微测井约束的层析模型根据经验公式建立时空变的表层 Q 场，再根据双井微测井约束调整近地表 Q 场，然后用该 Q 场进行补偿。

如图 6-4-19 所示，近地表 Q 场与近地表速度有很好的负相关性，而应用近地表补偿后，叠加剖面的分辨率得到提升，从频谱分析看在 15~40Hz 部分高频信息获得提升，资料频谱得到扩宽，解决了黄土塬近地表地震波吸收衰减的问题。

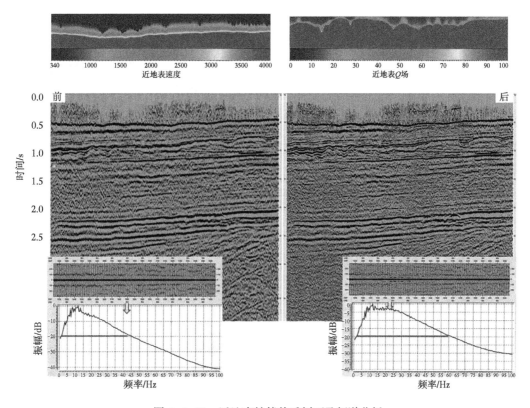

图 6-4-19 近地表补偿前后剖面及频谱分析

2）井控反褶积技术

要实现对识别薄砂体、微幅度构造、断裂带、断裂系统的精细刻画，处理过程中提高地震资料分辨率尤为重要。反褶积是压缩地震子波、提高分辨率的手段，是资料处理中的重要环节之一。反褶积方法较多，不同方法及参数的选择，直接影响资料的信噪比和分辨率。怎样选择合理的反褶积模块和参数，突出地震资料优势频带，做到分辨率与信噪比的和谐统一是至关重要的。

随着勘探程度的加深，井信息越来越丰富，在反褶积处理时，利用井资料对反褶积参数进行约束、优选，对反褶积结果进行定量监控，在提高地震资料分辨率的同时，成果要有较高的保真度，得到更加真实可靠的地层构造和振幅信息，进一步提高后续地震解释的精度和可信度。

如图 6-4-20 所示，通过提取吻合度参数优选最佳反褶积参数可以看出，当预测步长为 8ms 时，相关系数最大为 0.82。

3）井控宽频处理效果对比

通过近地表 Q 补偿、井控反褶积处理后，地震数据的分辨率大幅提升。对叠加剖面目标区进行主频属性分析发现（图 6-4-21），井控宽频处理后主频由 17Hz 提升到 22Hz，同时全程应用合成地震记录进行标定质控，达到保真提高地震数据分辨率的目的。

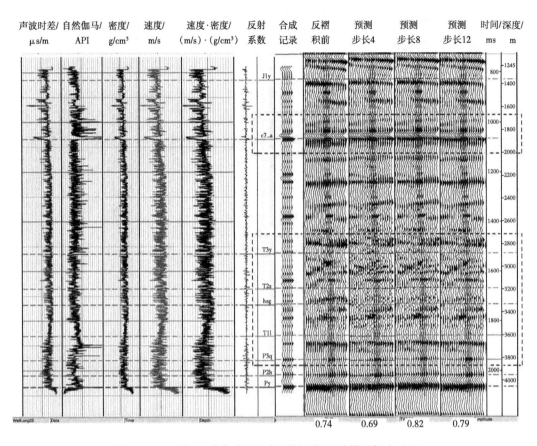

图 6-4-20　陇 22 井合成记录与不同反褶积补偿的标定对比

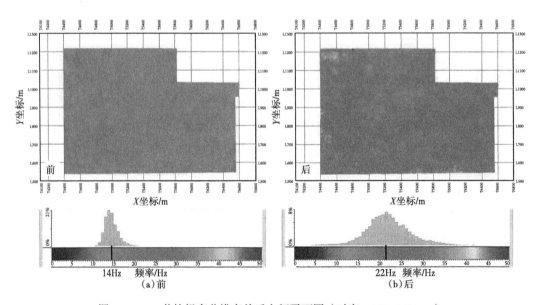

图 6-4-21　井控提高分辨率前后主频平面图（时窗：700~3500ms）

如图 6-4-22 所示，合成记录标定的相似系数逐步提升，由开始的 0.65 提升到 0.83，井震关系逐步提升。

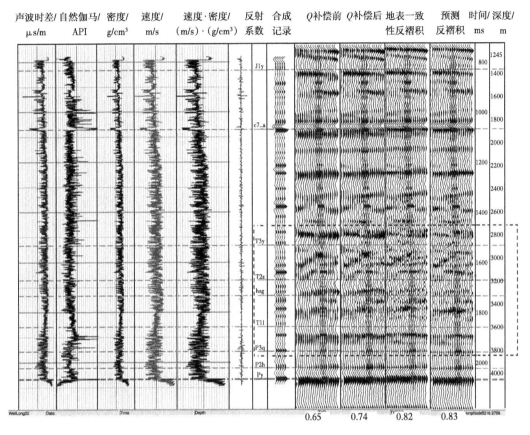

图 6-4-22　井控宽频处理过程中陇 22 井合成记录标定

4. 叠前深度偏移技术

在复杂构造或速度横向变化比较剧烈的地区，叠前深度偏移可以修正陡倾地层和速度横向变化产生的地下成像的畸变，使反射能量聚焦，同相轴正确归位。结合宁 51 地区处理要求，采用如下处理流程：

（1）采用处理解释一体化运作模式，充分利用地质解释的层位建立时间域实体模型，并根据层位、近地表调查资料及测井速度约束速度变化趋势。

（2）尽量提高用于叠前深度偏移速度分析的叠前道集信噪比，以提高速度反演的精度。

（3）使用叠前时间偏移速度建立初始的深度偏移速度场，再用沿层层析迭代偏移速度场。在进行速度模型迭代时，采用基于模型的层析成像反演法，逐层更新速度，在确保第一层的速度基本准确后再开始下一层，直到得到最终速度场。同时在模型优化过程中充分利用测井资料对速度场进行约束。

（4）在沿层迭代的层速度场的基础上进行网格层析处理，进一步优化层速度模型，得到各向同性速度模型。

在宁 51 三维叠前深度偏移处理中，首先进行层位解释，通过分析井速度变化及全区均方根速度场的变化规律，由浅至深解释了 12 套层位，密度为 800m×800m；然后进行各向同性速度场的建立，主要包括初始速度场建立、近地表表层速度建立、沿层层析迭代速度优化和网格层析迭代速度优化；最后基于精确的深度域速度模型，开展基于小地表圆滑面的 OVT 域叠前深度偏移，完成全区精确深度偏移成像。

其中初始速度场的建立使用了多信息约束速度建模技术，应用叠前时间偏移成果解释层位、叠前时间偏移速度、井资料等多种信息研究工区速度分布规律，建立初始速度模型。基于初始速度场进行目标线叠前深度偏移，利用偏移道集拾取沿层剩余时差，得到更新后的速度，然后逐层使用沿层层析成像技术对层速度—深度模型修改优化，最终使得每层的沿层剩余速度接近 0 值，对初始速度模型实现横向精度的逐步逼近。通过工区沿层偏移迭代前后的剩余速度谱，可以发现通过多轮次的沿层迭代，沿层速度谱更加收敛，速度趋势更加符合真实地层构造发育走势。如图 6-4-23 所示，工区沿层偏移迭代前后的偏移剖面，速度模型沿层迭代后，偏移剖面成像质量明显改善，尤其是浅层目标区长 7 附近成像质量大幅提升。

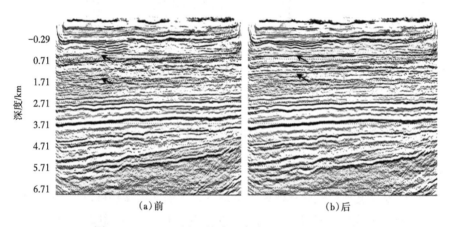

图 6-4-23　工区沿层偏移迭代前后的偏移剖面对比

沿层迭代后对速度场进行 4×4 网格的叠前深度偏移，利用偏移后的道集自动拾取垂向剩余时差，对自动追踪结果进行编辑平滑后，结合地层的倾角倾向，进行网格层析成像反演，利用井资料约束速度改变量，通过小网格的更新速度，进一步提高速度的精度。如图 6-4-24 所示是网格层析迭代前后垂向剩余谱和 CIP 道集，可以看出基于数据驱动的多轮次网格层析后，速度模型更加精确，偏移道集同向轴更加平直且收敛。

完成深度域速度模型的构建后，进行基于小地表圆滑面的 OVT 域叠前深度偏移，如图 6-4-25 所示，深度偏移成果与时间偏移成果相比，首先剖面的波组特征更加合理，其次对于微幅构造的成像更加准确，另外对古生界成像归位也更加准确合理。

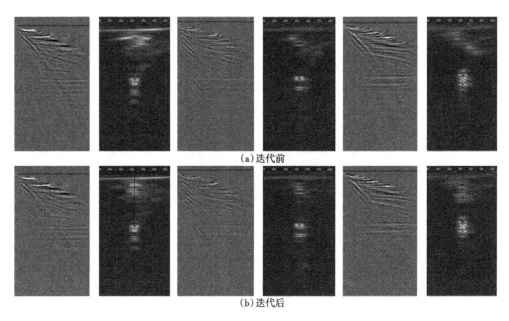

(a) 迭代前

(b) 迭代后

图 6-4-24 工区网格层析迭代前后垂向剩余谱和 CIP 道集

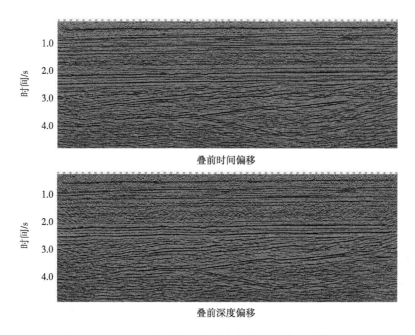

图 6-4-25 工区叠前深度偏移与叠前时间偏移成果对比

四、处理效果分析

在细致全面地分析原始资料和总结以往处理流程的基础上，该次处理较以往成果有了一定的改善，并取得了较好的效果。下面分几个方面介绍处理效果。

（一）与二维老资料对比分析

如图 6-4-26 所示，新处理资料成像质量明显改善，从侏罗系到奥陶系，信噪比得到大幅度提升，构造特征清楚，侏罗系的披覆、前积和河道成像清楚。

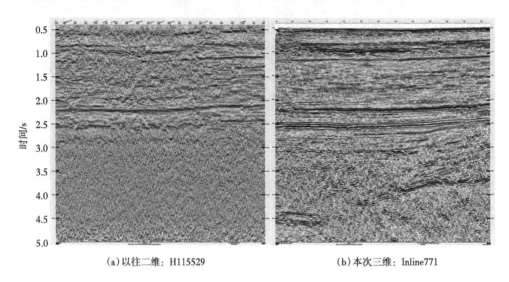

(a) 以往二维：H115529　　　　　　　　(b) 本次三维：Inline771

图 6-4-26　宁 51 工区以往二维偏移剖面与本次三维偏移剖面的对比

（二）成果数据属性及井震对比分析

如图 6-4-27 所示，成果数据的信噪比主要集中在 4~8 之间，说明数据整体信噪比很高，达到预定地质任务要求，能够满足精细勘探的需求。

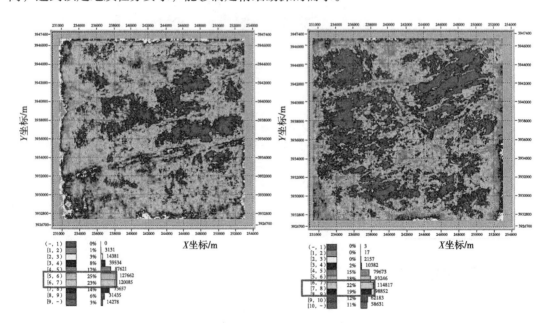

图 6-4-27　工区成果数据不同时窗信噪比分析

　　如图 6-4-28 所示，资料分辨率主要分布在 25~30Hz 之间，说明数据分辨率非常高，能够实现对砂岩、泥岩互层的识别刻画，达到预定地质任务要求。

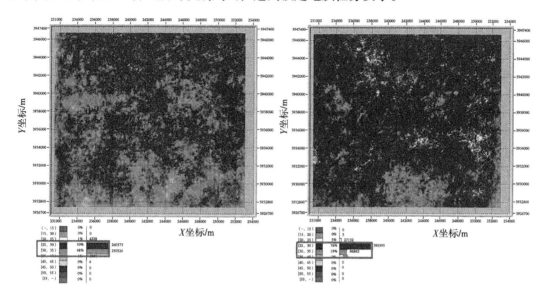

图 6-4-28　工区成果数据不同时窗分辨率分析

　　如图 6-4-29、图 6-4-30 所示，新成果在中生界断层的平面展布特征清楚，中生界侏罗系古河道、披覆构造、地层超覆特征清晰；上古生界地质现象丰富，水下分流河道平面展布特征清楚；下古生界奥陶系碳酸盐岩层系地质现象丰富，下古生界断层平面展布特征清楚，地质现象丰富。

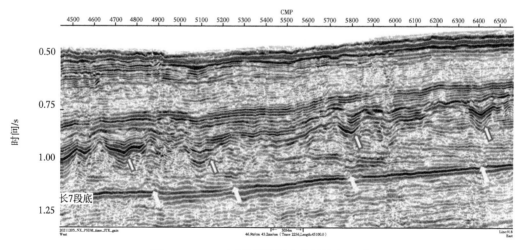

图 6-4-29　工区成果数据中生界放大显示

　　根据钻探资料的反馈，新成果与工区已知井的吻合度较好，从成果数据过工区重点井位的连井剖面可以发现，新成果与井旁道波形及振幅能量相对关系与合成记录吻合性较好。

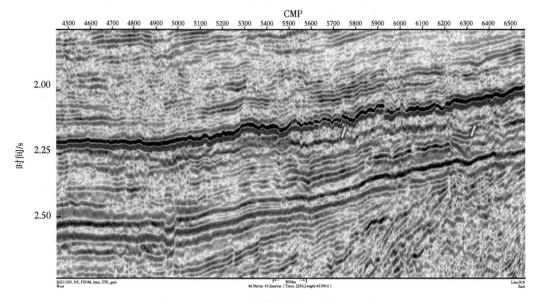

图 6-4-30　工区成果数据古生界放大显示

如图 6-4-31 所示，新成果数据与宁古 3 井不管是在中生界还是古生界都有非常好的对应关系，说明该次处理成果准确可靠，为新矿权区的精细勘探奠定了基础。

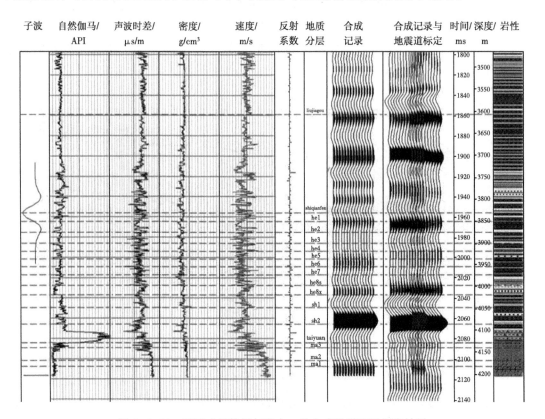

图 6-4-31　工区成果数据与宁古 3 井合成地震记录标定结果

五、结论与认识

该项目以宜庆地区山地资料为研究对象，通过应用各项处理技术，取得了较好效果，并获得以下认识：

（1）静校正是黄土山地地震资料处理的基础，做好静校正对后续相干噪声压制、速度建模及偏移成像都有着重要的意义；

（2）测井约束的层析静校正、井控宽频处理、"真"地表速度建模与成像等技术的开发应用，是处理成功的关键；

（3）为了满足薄层保幅、保真处理需求，关键步骤都应采用频谱、属性切片、测井合成记录标定等多方法质控。特别是在提高分辨率处理中，一定要保证提频后频谱震荡关系不能发生变化，标志层极性及相位应与合成记录保持一致；

（4）针对环境干扰严重的区域，应进一步加大炮道密度，提高原始资料信噪比。